现代光子学系列译丛

表面等离激元纳米光子学

布隆格司马(Brongersma, M. L.)
基克(Kik, P. G.) 编著

张 彤 王琦龙 张晓阳 李 晨 译

东南大学出版社
SOUTHEAST UNIVERSITY PRESS
·南京·

内容简介

表面等离激元纳米光子学是研究突破光学衍射极限的情况下,光与物质相互作用的一门科学和技术,是近年来发展迅速的一个前沿交叉学科,在纳米尺度的光操控、单分子水平的生物探测、亚波长孔径的光透射增强和超高分辨率光学成像等领域具有广泛的应用。本书介绍了孤立的和周期性的金属纳米结构中的表面等离激元的激励,讨论了表面等离激元波导的特性,阐述了基于表面等离激元的成像方法,介绍了等离激元结构的实验表征和仿真模拟技术,最后概述了表面等离激元纳米光子学在拉曼光谱、集成光学器件以及光存储等领域中的应用。

本书可供高等院校光学、物理电子学、凝聚态物理学和微纳光子学等方向的理工科研究生阅读或作为教材使用,也可供相关领域的科技工作者阅读。

图书在版编目(CIP)数据

表面等离激元纳米光子学 / (美)布隆格司马
(Brongersma,M. L.),(美)基克(Kik,P. G.)编著;张
彤等译. —南京:东南大学出版社,2014.12(2021.7
重印)
书名原文:Surface plasmon nanophotonics
ISBN 978 - 7 - 5641 - 5465 - 3

Ⅰ. ①表… Ⅱ. ①布… ②基… ③张… Ⅲ. ①纳米技术-
应用-等离子体物理学-光电子学 Ⅳ. ①O53

中国版本图书馆 CIP 数据核字(2015)第 004848 号

江苏省版权局著作权合同登记
图字:10 - 2014 - 134

表面等离激元纳米光子学

出版发行	东南大学出版社	
出 版 人	江建中	
责任编辑	张 煦	
社 址	南京市四牌楼 2 号	
邮 编	210096	
经 销	各地新华书店	
印 刷	江苏凤凰数码印务有限公司	
开 本	787 mm×1092 mm 1/16	
印 张	13.75	
字 数	334 千字	
版 次	2014 年 12 月第 1 版	
印 次	2021 年 7 月第 5 次印刷	
书 号	ISBN 978 - 7 - 5641 - 5465 - 3	
定 价	49.00 元	

* 本社图书若有印装质量问题,请直接与营销部联系,电话:025 - 83791830。

译 者 序

近十多年来,基于表面等离激元(Surface Plasmon,SP)的研究取得了重大进展,SP 在纳米光电集成、光学成像、生物传感、数据存储等领域得到了广泛应用,获得了国内外学者的极大关注。由于表面等离激元领域在国内研究时间较短,发展迅猛,目前国内在该领域十分缺乏全面的中文专著和教材供研究人员参考。这次翻译的译著共两本,一本是《Surface Plasmon Photonics》,由 Mark L. Brongersma 和 Pieter G. Kik 主编,这本书的每一章节都由相关领域的研究学者结合自己的最新研究成果编辑而成;另一本是《Plasmonics:Fundamentals and applications》,其作者是 Stefan A. Maier,这本书是目前国际上最早系统地论述表面等离激元的著作之一。因此,这两本译著不仅涵盖了表面等离激元学科的基本理论和应用方向,深入讲解了其基本原理和关键技术,而且从广度上结合目前的研究热点,对表面等离激元进行了详细论述,建立起了基于表面等离激元的不同研究方向之间的联系。原著的每一位作者均是世界范围内这一研究领域的杰出研究者,他们对等离激元学的发展状况的概述和总结,能够使国内相关专业的科研工作者、研究生以及感兴趣的读者更加深入地了解该领域,使他们不仅能够系统地学习和理解这个新兴学科,还能够与其他研究领域相结合,进一步拓宽研究思路,促进等离激元学在中国的发展。

本人接触到这两本著作,都是在原著刚刚出版之时。由于原著一经出版就在该领域产生了很大的影响力,我当时就萌生了要将它们翻译成中文的想法,但由于琐事缠身,一拖几年过去了,竟到今日方才完成初稿。

虽然目前 SP 已成为国内研究人员关注的焦点之一,然而相关物理学名词,如 SP,SPP (Surface Plasmon Polariton),SPR(Surface Plasmon Resonance)的中文翻译尚未完全统一,存在着不同译法。因此,这里将结合这些名词的由来及国际上对这些名词的物理解释,对目前国内的不同译法做简单介绍,并据此给出我们认为最符合其物理含义的中文译法,供读者参考。

Plasma 一词最早于 1839 年作为生物学名词(proto plasma)出现,1928 年由美国科学家 Langmuir 和 Tonks 首次将其引入物理学[1],描述气体放电管中的一种物质形态,由于它是一种电中性电离气体,所以大部分中文译法为"等离子体",而台湾学者和北京大学的赵凯华教授将其译为"电离浆"[2]。我们这里采用主流的第一种翻译方法。

科学研究中第一次观察到表面等离激元是在 20 世纪[3],1902 年 Robert W. Wood 在金属光栅上进行光学反射测量时观察到了这一当时还不能解释的现象,直到 50 多年后的 1956 年,David Pines 才首次从理论上对这种现象进行了解释[4],将快速电子穿透金属之后的能量损失特性归因于金属内的自由电子集体振荡。类比于早期研究的气体放电等离子体振荡(plasma),他将这种金属内的自由电子集体振荡命名为 plasmon。徐龙道教授等人编著的《物理学词典》中对 plasmon 的解释为"A collective excitation for quantized oscillations of the electrons in a metal"[5],从量子观点看它是一种准粒子,是一种元激发,因此国内研究人员在早期翻译时引入了"激元"这一概念[6]。上世纪八九十年代的中文文献以及词典[7]通常将其翻译为"等离激元"、"等离子激元"或"等离子体激元",这些译法与被译为"等离子体"的 plasma 也有所区分。

1958 年,Turbader 首先对金属薄膜采用光的全反射激励方法[8],观察到 SPR 现象,尤其是 1968 年 Otto 及 Kretschmann 分别发表了里程牌性质的文章[9,10],激发了人们将 SPR 应用于传感领域的热情。SPR 的物理解释是"an optical phenomenon arising from the collective oscillation of conduction electrons in a metal when the electrons are disturbed from their equilibrium positions. Such a disturbance can be induced by an electromagnetic wave (light), in which the free electrons of a metal are driven by the alternating electric field to coherently oscillate at a resonant frequency relative to the lattice of positive ions."[11]。由此可以看出,SPR 是 SP 受到光的激发产生的。目前通过检索文献可知它的中文译法通常为"表面等离子体共振"或"表面等离子共振"[12,13],而较少翻译为"表面等离激元共振",这与 SP 的中文译名是有一定矛盾的,这可能是由于 SPR 早在 SP 被深入研究之前已广泛应用在生物传感及检测等领域,因此由于历史习惯原因,大部分中文文献中仍将其称为"表面等离子体共振"或"表面等离子共振"。

美国伊利诺伊大学的 Ralph G. Nuzz 教授在论文中写道,"Two types of surface plasmon resonances (SPRs) are used in surface-based sensing:(i)propagating surface plasmon polaritons (SPPs) and (ii) nonpropagating localized SPRs(LSPRs)"[14]。因此,SPR 可以分为传导的 SPP 模式和局域的 LSPR 模式。LSPR 通常翻译为"局域表面等离子共振",而 SPP 的译法一直并未统一。为了找到最准确的中文译法,我们首先要理解 SPP 中的 polariton 一词的含义。黄昆院士在上世纪五十年代创造性地提出了极性晶体振动模式和宏观电场的耦合产生声子极化激元,虽然这一名称不是黄昆给出的,但科学界公认他是这一概念的创始人。他在文献[16]中写道,"晶体中电磁波的推迟效应对长波光学波的影响是什么? 我注意到这可能是应用这对唯象方程的另一个理想的问题。但是要解决这个问题意味着要将这对方程与所有的麦克斯韦方程联立,而不仅仅是与静电学方程联立。我得到了非常有趣的结果,它们不再像通常电磁波的传播,结果引入了一种新的运动模式,它包含了电磁波和极化晶体的晶格声子,具有许多新的特性"。由此,黄昆院士的理论可以延伸到更普遍的物理问题,北京大学的甘子钊院士在纪念黄昆先生 90 诞辰的文章[17]中写道"从量子理论的观念来看,介质中传播的激发态的波,常常可作简谐近似,可以看作准粒子(或者叫元激发),这种元激发是玻色子。电磁场和这种波的相互作用可以看作光子(光子是玻色子)和这种玻色子的相互作用。耦合的结果是产生新的准粒子(元激发),是光子和这种玻色子的杂化,是一种新的玻色子。""polariton"这个英文概念源于 1958 年 Hopfield 的研究激子在晶体中的传播的论文,他在文章中写道"It is shown that excitons are approximate bosons, and, in interaction with the electromagnetic field, the exciton field plays the role of the classical polarization field. The eigenstates of the system of crystal and radiation field are mixtures of photons and excitons.""The polarization field 'particles' analogous to photons will be called 'polaritons'." "Optical phonons are another example of polaritons." 可以看出,Hopfield 的论文中所说的激子极化激元与黄昆院士提出的声子极化激元均为极化激元中的一类。1974年 Stephen Cunningham 和他的同事提出了 surface plasmon polariton 的概念[18]，其物理解释是"A surface plasmon polariton (SPP) is an electromagnetic excitation existing on the surface of a good metal. It is an intrinsically two—dimensional excitation whose electromagnetic field decays exponentially with distance from the surface"[19]。根据上述理论，沿着导体和真空或介质的界面传导的等离极化激元也是极化激元中的重要一类。目前很多中文论文都将其与 SP 的中文译法相混淆，均翻译为"表面等离激元"、"表面等离子激元"或"表面等离子体激元"，这显然并不合适。北京大学的甘子钊院士和南京大学的王振林教授都将 SPP 译为"表面等离子极化激元"[20]，此外，由李景镇教授主编的《光学手册》写道"当前学界已将由电磁场共振激发的金属/电介质界面表面等离子体激元定义为表面等离子体极化激元。"[21] 根据上述的物理解释和含义，我们认为将 SPP 翻译为"表面等离极化激元"是目前最准确的一种译法。

因此，我们在对正文中物理名词进行翻译时均依据以上理论解释，并通过参考大量文献，力求避免因译者的理解局限所带来的错误。另外，参与本书的编译及校对的还有部分博士生及硕士生，此处不一一介绍，对他们一并表示感谢。

张 彤

2014 年 9 月

参考文献

[1] Langmuir I.. *Oscillations in ionized cases*. PNAS,1928,14:627.

[2] 赵凯华. 再论 plasma 的译名. 物理,2007(11).

[3] Wood R. W.. *On a remarkable case of uneven distribution of light in a diffraction grating spectrum*. Phil. Mag. Lett. , 1902, 4:396.

[4] D. Pines. *Collective energy losses in solids*. Rev. Mod. Phys. , 1956, 28:184-198.

[5] 徐龙道. 物理学词典. 北京:科学出版社,2004.

[6] G. Hincelin, A. Septier, 杨铎. 在表面等离子激元的激发作用下光电阴极电子发射产额的选择性增强. 红外技术,1981(03).

[7] 冯端. 固体物理学大辞典. 北京:高等教育出版社,1995.

[8] Lofas S. , Malmqvist M. , Ronnberg I. , et al. *Bioanalysis with surface palsmon resonance*. Sensors & Actuators, 1991, 5:79-84.

[9] A. Otto. *Excitation of nonradiative surface plasma waves in silver by the method of frustrated total reflection*. Z. Phys. , 1968:216, 398.

[10] Kretschmann E. , Raether H.. *Radiative decay of non-radiative surface plasmons excited by light*. Z. Naturf. , 1968, 23A:2135.

[11] Lu X. , Rycenga M. , Skrabalak S. E. , et al. *Chemical synthesis of novel plasmonic nanoparticles*. Annual review of physical chemistry, 2009, 60: 167-192.

[12] 吴英才,袁一方,徐艳平. 表面等离子共振传感器的研究进展. 传感器技术,2004(05).

[13] 郑荣升,鲁拥华,林开群,等. 表面等离子体共振传感器研究的新进展. 量子电子学报,2008(06).

[14] Stewart, M. E. , et al. *Nanostructured Plasmonic Sensors*. Chemical Reviews, 2008, 108(2):

494-521.

[15] Hopfield J. J.. *Theory of the Contribution of Excitons to the Complex Dielectric Constant of Crystals*. Phys. Rev., 1958, 112:1555.

[16] 黄昆. 中国科学进展. 北京:科学出版社, 2003.

[17] 秦国刚. 黄昆文集. 北京:北京大学出版社, 2004.

[18] 甘子钊. 极化激元研究的进展——纪念黄昆先生 90 诞辰. 物理, 2009(08).

[19] Fleischmann, M., P. J. Hendra, A. J. McQuillan.. *Raman spectra of pyridine adsorbed at a silver electrode*. Chem. Phys. Lett., 1974, 26:163.

[20] Zayats A. V., Smolyaninov I. I., Maradudin A. A.. *Nano-optics of surface plasmonpolaritons*. Physics reports, 2005, 408(3):131-314.

[21] 王振林. 表面等离激元研究新进展. 物理学进展, 2009(03).

[22] 李景镇. 光学手册(下卷). 西安:陕西科学技术出版社, 2010:1622-1627.

前　言

　　当本书所讨论的表面等离激元纳米光子学提出时，全球数百个科学团队争相进行这一领域的研究。而利用金属纳米结构来控制远低于衍射极限长度的光的新技术更是带来了无数激动人心的机遇。从每年发表的呈指数增加的论文数量(第1章)就可以看出，毫无疑问我们正处在一个许多科学和技术领域即将发生巨大变革的时代前夕，这些领域包括光子学、算法、互联网、生物学、医学、材料科学、物理学、化学和光伏电池等。

　　在本书的准备过程中，能与此领域的一些顶尖科学家一起工作是我极大的乐趣和荣幸。这本书真实地反映了这一快速发展的科学技术领域的近况并重点介绍了一些重要的历史性进展。本书大部分章节讨论现有的研究成果，并给出了一些充满希望的研究方向。第2章和第3章讨论单个金属纳米颗粒的等离激元激发和金属纳米结构的周期性阵列。第4章至第7章讨论金属波导的特殊性质以及能够在芯片上处理信息的金属—介质光子晶体结构。第8至第10章将讨论表面等离激元引起的场集中和成像技术(包括超透镜和纳米光学天线)。第11至第13章讨论能够"看见"光的能流的纳米光学探针以及最新的功能强大的电磁仿真工具的快速发展进程。最后4章(14章～17章)分析了具有巨大商业潜力的表面等离激元纳米光子学在生物学以及数据存储和集成光学范围内的一系列激动人心的应用。

　　在此我们要感谢所有撰稿人，他们为我们带来了当前等离激元学领域研究进展的优秀介绍。我们同样要感谢 Kathleen Di Zio 和 Beatriz Roldán Cuenya 在精神上对我们工作的巨大支持。Kathy 也在许多章节的校对方面做出了重要贡献，并给出了许多有用的编辑意见。与你们每个人一起工作是我极大的荣幸。

编　者

Mark L. Brongersma

Pieter G. Kik

目　　录

第1章　表面等离激元纳米光子学

PIETER G. KIK[1] AND MARK L. BRONGERSMA[2]

[1]CREOL, College of Optics and Photonics, University of Central Florida, Orlando, FL 32816, USA

[2] Geballe Laboratory for Advanced Materials, Stanford University, Stanford, CA 94305, USA

1.1　引言

最近几年,我们共同见证了基于表面等离激元的结构和器件的一系列基础研究与发展。表面等离激元是存在于导体与电介质分界面的集体电荷振荡。这种振荡具有多种形式,从沿着金属表面自由传播的电子密度波到金属颗粒上的局域化的电子振荡都属于这一范畴。表面等离激元的特殊性质使其在纳米尺度的光操控、单分子水平的生物探测、亚波长孔径的光透射增强和突破衍射极限的高分辨率光学成像等众多领域具有广泛的实际应用。本书是专为进入这个多元并快速发展的领域——不久前被称之为"等离激元学"——的人员编著的。它覆盖了表面等离激元学科的基本理论及其一些新的应用方向,本书的撰稿人均为这一研究领域在世界范围内的先驱者和引领者。他们共同提供了表面等离激元学领域的最新发展状况的概述,以及该领域未来发展方向的一些个人观点。希望本书可以激发读者的研究兴趣,使更多的人加入这一研究领域,共同塑造表面等离激元学未来的研究方向。

1.2　表面等离激元——历史简介

在科学家们开始着手研究金属纳米结构的独特光学特性之前,它就已被艺术家们用来制作可以变色的玻璃工艺品和对教堂的窗户进行着色。其中最著名的例子要追溯到拜占庭时期(公元4世纪)的Lycurgus杯。第一次观察到表面等离激元的科学研究大约可追溯到20世纪初。1902年,Robert W. Wood教授在测量金属光栅的反射率时观察到无法解释的现象[1];几乎同一时期,1904年,Maxwell Garnett利用当时新发展的金属德鲁特理论(Drude theory)和Lord Reyleigh推导的小球的电磁特性,解释了掺杂有金属颗粒的玻璃呈现彩色的原因[2]。为了更深入地理解这一问题,1908年,Gustav Mie提出了现在被广泛运用的球形颗粒的光散射理论[3]。

大约50年之后,在1956年,David Pines从理论上描述了快速电子穿透金属之后的能量损失特性[4],并将其归因于金属内的自由电子集体振荡。类比于早期气体放电中的等离子体振荡的研究工作,他把这种振荡称之为"等离激元(plasmons)"。巧合的是,在同一年 Robert Fano 为了描述透明介质中的束缚电子与光之间的耦合振荡引入了"极化激元"这一术语[5]。在 1957 年,Rufus Ritchie 发表了关于电子透过金属薄膜能量损失的研究报告,表明等离激元模式可存在于金属表面附近[6],这一研究报告是针对表面等离激元的第一次理论描述。1968 年,在最初 Wood 的观察实验经过了近 70 年之后,Ritchie 和同事们解释了金属光栅反常现象是由于在光栅表面激励起了表面等离子共振[7]。同样在 1968 年,表面等离激元的研究取得了重要进展,Andreas Otto、Erich Kretschmann 以及 Heinz Raether 提出了多种在金属薄膜上光学激发表面等离激元的方法[8],使得研究者们易于进行表面等离激元的相关实验。

尽管此时表面等离激元的特性已被熟知,但它与金属纳米颗粒的光学特性之间的联系还没有建立起来。1970 年,在 Garnett 关于玻璃掺杂金属的颜色研究 60 年之后,Kreibig 和 Peter Zacharias 进行了一项比较 Au 和 Ag 纳米颗粒的电学与光学特性的研究[9]。在这一工作中,他们第一次利用表面等离激元的概念描述了金属纳米颗粒的光学性质。随着该领域的继续发展,振荡电子与电磁场之间耦合的重要性变得更加明显,在 1974 年,Stephen Cunningham 和他的同事提出了表面等离极化激元(surface plasmon-polariton, SPP)的概念[11]。

金属光学领域的另一重要发现也发生在同一年,Martin Fleischmann 和他的同事观察到位于粗糙的 Ag 薄膜表面附近的吡啶分子的拉曼散射增强现象[11]。虽然当时没有意识到拉曼散射(光子与分子振动之间的一种能量交换)被增强是由于表面等离激元的存在使得粗糙 Ag 膜表面的局域电磁场增强而引起的,但是这一发现导致了表面增强拉曼散射(Surface Enhanced Raman Scattering, SERS)领域的建立。所有的这些发现都为现在表面等离激元纳米光子学的蓬勃发展奠定了基础。

1.3　表面等离激元——现状和未来

从早期开始,表面等离激元光学(surface plasmon optics)逐渐从基础研究慢慢向应用研究过渡。目前基于等离激元(plasmon)的研究正处于一个许多关键技术领域,如光刻、光数据存储和高集成度电子加工,都接近基本物理极限的时期。现阶段的几个技术难关都可以利用表面等离激元的独特性质来克服。得益于许多最近的研究,各种基于等离激元的光学器件和技术都得到快速发展,包括各种无源波导、有源开关、生物传感器、光刻掩膜板等。这些进展引出了一个关于金属光子学和纳米光子学的科学与技术的新概念——等离激元学(plasmonics)[12]。

等离激元学领域的发展可以从科技文献的数量清楚地反映出来,图 1.1 展示了每年发表的标题或摘要中包含"surface plasmon"这一词条的文章数量。从 1990 年开始,文章数量每五年翻一番。这一快速增长主要得益于日益发展和商业化的电磁仿真编码、纳米制备技术和物理分析方法,它们为研究者和工程师们设计、合成以及分析纳米金属结构的光学性质提供了重要工具。在 1991 年,基于表面等离子共振(surface plasmon resonance, SPR)传感器的商业化对该领域起了主要的推动作用。现在,所有与表面等离激元相关的文献之中,大约 50% 都涉及将等离激元用于生物探测这一领域。

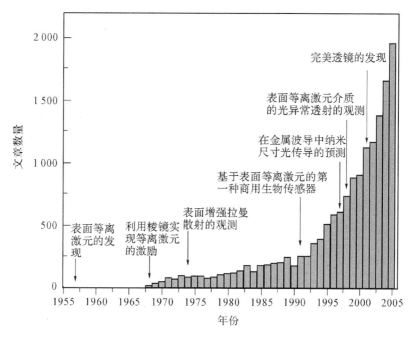

图 1.1　每年发表的标题或摘要中包含"surface plasmon"词条的科技文章数量表明了金属纳米光子学领域的快速发展（数据来源于 www. sciencedirect. com）。

　　最近,金属纳米结构也得到了广泛的重视,因为它能够在纳米尺度上传导和操控"光"(即 SPPs),这一研究领域的新发现正在加速发展。1997 年,Junichi Takahara 和同事提出直径在纳米尺度的金属线可以传导光束[13]。1998 年,Thomas Ebbesen 和同事报道了亚波长金属孔阵列的光异常透射(extraordinary optical transmission, EOT)现象。2001 年,John Pendry 提出金属薄膜或许可用作"完美透镜"[14,15](perfect lens)。所有的这些发现都激发了大量的新研究,在一些令人兴奋的综述文章中已有介绍[16,17]。值得注意的是,本书的简要概述不可能包括等离激元学所有不同的研究方向,我们只是试图呈现一个简短的历史性的展望,其中包括基本原理和一些当前的热点话题,而不是进行详尽概述。在随后的部分,我们将重点介绍本书涵盖的各个主题,这些主题代表了目前等离激元学领域的最新进展。

1.4　本书内容概要

　　本书包含 17 个章节,大致可以分为 5 个部分,将在后文用加黑字体标出。虽然所有的章节都是相互独立的,但是这 5 个大方向可以帮助我们建立不同研究方向之间的联系。

　　孤立的和周期性的金属纳米结构中的表面等离激元的激励将在第 2、3 两章讨论,阅读这部分可对贯穿全书的基本概念的理解打下坚实基础。第 2 章介绍了孤立的金属纳米颗粒和周期性金属纳米颗粒阵列的近场和远场光学特性(图 1.2)。首先定性地介绍了金属纳米颗粒的表面等离激元激励方法,并详细讨论其共振现象;随后介绍了金属纳米颗粒阵列的性质(消光光谱、近场光学、非线性光学性质以及颗粒间的相互作用)。早期金属纳米颗粒阵列在这个领域内充当着重要的角色,并支撑着众多新应用方向的发展。如从第 7 章讨论的基于纳米颗粒的等离激元(plasmonic)波导到第 14 章展示的用于表面增强拉曼光谱的高级先进的基底。对于金属纳米颗粒的光学性质的深入理解可帮助我们更直观地理解光学纳米天线的共振现象(第9章)和尖端增强光谱(第10章)。

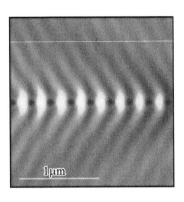

图1.2 光栅常数为**400 nm**的金属纳米链的近场光分布(第2章)。纳米链是用右侧全内反射方法在**800 nm**处激发。图像由光子扫描隧道显微镜拍摄,圆圈标示的是纳米颗粒。

第3章首先介绍了二维亚波长孔洞阵列金属薄膜的光异常透射现象的理论基础,然后解释了入射面被周期性波纹面结构包围的单孔的光异常透射现象,以及出射面被周期性波纹面结构包围的单孔的聚束效应(beaming effect)产生的原因。近些年,光异常透射现象对等离激元学领域的关注起到了巨大的推动作用,表面等离极化激元在该现象中的作用也被广泛讨论。

表面等离激元波导将在第4章至第7章,第15章中详细分析,这种波导可在纳米尺度操控和传播"光"。同时还介绍了一些不同结构的波导,它们都有各自的优缺点。

第4章介绍了如何利用近场光学技术来表征SPP波导的性质。首先利用光子扫描隧道显微镜表征沿图形化金属薄膜传播的SPP,并解释了其可用于成像的原理。作者们将这项技术用于分析直波导、弯曲波导和布拉格光栅结构的性质。这些测试工作使得人们对图形化的条带波导的性质有了更深刻的理解,而且对设计更复杂的器件,如生物传感器、干涉仪和有源等离激元结构等具有重要价值。

第5章讨论了由嵌入在各向均匀介质中的金属条带组成的等离激元传输线的特性。为此介绍了一种可以从很多商业求解软件中获得本征解的计算方法。重点讨论了金属条带所支持的SPP长程模式,以及一些重要的实际问题,比如金属条带表面粗糙度以及弯曲的边缘对其模式传播距离的影响。还介绍了一些实际的器件结构,如周期性波纹面波导(periodically corrugated waveguides)和弯曲波导,这些都是等离激元器件的重要组成单元。

第6章论证了利用纳米图形化金属表面的光子带隙效应来实现微型化的光子线路单元的可行性。特别介绍了通过利用周期性波纹面金属表面的线缺陷(line-defect)来实现SPP的传导和路由功能,也介绍了通过求解著名的李普曼—薛定谔方程(Lippmann-Schrödinger equation)的数值方法来模拟这些结构的特性。本章可使读者直观了解这些器件的工作原理,并获得关于如何设计晶格的间隙、高度以及在特定工作波长下获得高透过率的实际应用知识。

第7章讨论了如何构造可将光波模式限制在亚波长范围内的金属波导。详细介绍了两种典型的波导类型:基于纳米颗粒的波导和金属/绝缘体/金属波导。这些波导虽然传播距离短(数微米),但其为纳米级的光学和光子器件的发展提供了新的思路。

基于表面等离激元的场集中化(field concentration)**和成像方法**将在第 8 章至第 10 章讨论。这些成像技术包括著名的完美透镜和无孔近场光学显微镜,二者都是利用金属纳米结构和激励 SPP 来实现深亚波长尺度操作。

第 8 章概述了超透镜(superlenses)的新颖特性。超透镜是一种可实现对亚波长尺寸物体成像的光学器件。本章首先讨论了超透镜基本理论以及薄金属平板如何实现波矢谱中的宽波段倏逝波的增强,这种倏逝波增强可用来重构亚波长尺寸物体的像。随后介绍了一系列的实验,这些实验提供了有关 Ag 超透镜传递函数的信息,并展示了利用其实现分辨率达到 60 nm 或者 $\lambda/6$ 的亚波长成像技术。超透镜在超高分辨率成像、高密度存储器件和纳米光刻等领域展现了巨大的商业应用潜力。

第 9 章分析了可实现高度场集中化的"共振蝶形天线"(图 1.3(a))的特性。实验和理论结果都证明:相对于入射光,局域光场增强超过 1 000 倍,并给出了这种共振现象的物理解释,以及共振行为与天线尺寸的对应关系。

第 10 章介绍了应用无孔近场光学显微镜对 SPPs 进行局部激励和探测的技术。在这种显微技术中,一根非常尖锐的金属针尖被用来成像。与第 9 章的蝶形天线相似,金属针尖也可以将入射的自由空间光波转化成位于针尖尖端的强受限场(图 1.3(b))。并详细地解释了避雷针效应(lightning rod effect)和表面等离子共振如何共同作用形成了这种局域化。也正是由于这种光约束效应,才使得这些微小的针尖可用作微型(二次)光源来实现纳米级空间分辨率成像。为了解释该现象,本章介绍了在图案化金属表面的 SPP 干涉、衰减和散射是如何被可视化的。金属针尖附近的强局域场可产生一系列非线性效应,包括二次谐波和连续波。这些非线性效应已经被实验验证,并在理论方面得到了分析。可以预见,这些显微技术将在未来的等离激元纳米器件分析中起到重要作用。

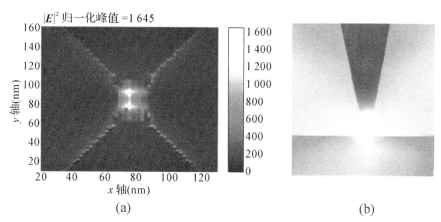

图 1.3　(a) 间隙为 **16 nm** 的蝶形天线的模拟电场 $|E|^2$ 增强,测量面位于天线上方 **4 nm**(第 9 章)。(b) 无孔近场光学显微镜中的金属针尖下的光场增强效果图。

等离激元结构的实验表征和模拟技术将在第 11 章和第 12 章介绍。我们现在对于等离激元器件的理解主要是基于强大的远场和近场光学的分析手段和数值模拟方法。基于 SPP 的纳米结构能够在纳米尺度对光进行操控,这一特殊能力对分析和预测纳米结构的性能特征产生了重大的而又十分有趣的挑战。一些挑战和它们的解决方案将在第 11、12 和 13 章中介绍。

在第 11 章中,Alain Dereux 讨论了探测纳米尺度光学结构附近的近场光分布的各种方法。这一章介绍了在实际的近场测量中,无法同时测量电场和磁场。还介绍了一种预测散射结构的近场光分布的计算方法,并列举了一些具体的实验案例验证了该计算方法在特殊实验条件下的有效性。

第 12 章概述了多种可预测等离激元结构和器件性能的数值模拟方法。首先介绍了金属纳米结构数值建模在以下各方面所面临的挑战,包括任意的器件结构、光频段金属复杂的色散性质以及表面等离激元远离金属介质界面时的快速衰减等。并介绍了目前各种模拟方法的优缺点以及这一研究领域未来发展的趋势。

第 13 章介绍了一种非常直观的,可用于预测复杂金属结构和系统的光学响应的模型,即等离激元杂化模型。这种模型与从原子轨道建立起来的、已得到广泛证实的分子轨道形成理论十分相似。这种模型可通过对基本单元的共振行为的理解来预测整个复杂系统的局域等离子共振行为,为光学工程师未来设计功能化的等离激元纳米结构提供了强有力的工具。本章解释该模型的基本理论,还介绍了它的一些重要应用实例,包括同心多层壳结构和多颗粒结构。

表面等离激元纳米光子学的应用将在第 14 章至第 17 章介绍。在这些章节中讨论了一些已经被商业化的,或拥有巨大潜力将要被商业化的应用方向。

第 14 章主要集中讨论了表面等离激元在拉曼光谱中的应用,以及如何利用金属纳米结构改善这种技术的方法。拉曼散射光谱可以识别分子的"指纹",在分子传感和生物领域至关重要。精心设计的金属纳米结构可令表面增强拉曼散射(SERS)技术的探测灵敏度远高于传统的拉曼光谱技术。本章进一步展示了,在特殊条件下,位于蛋白质沉积层下的纳米颗粒化的 Ag 薄膜可被精细地重新调节其局部结构,以获得显著的 SERS 增强。这种新发现的金属纳米结构为蛋白质传感提供了新的方法,可应用于蛋白质微阵列技术中。

第 15 章介绍了多种基于长程表面等离极化激元的集成光学器件(图 1.4)。概述了目前的最新进展,重点介绍了无源器件,包括直波导、弯曲波导、S 型波导、Y 型接头、四端口耦合器、马赫–曾德尔干涉仪(Mach-Zehnder interferometers)和布拉格光栅(Bragg gratings)。

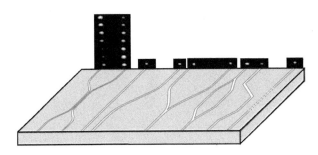

图 1.4   第 15 章中描述的几种基于长程 SPPs 的集成光学器件的结构示意图。内嵌图展示了在实际器件出射端面拍摄的光学图像。

第 16 章讨论了一种基于近场的,并可以突破目前光数据存储极限的独特技术。该技术主要是利用"超分辨率近场结构"(super-resolution near-field structure)在薄膜表面产生强烈的局域光场和局域表面等离激元,进而展现出强烈的光学非线性效应。利用这种非线性共振系统中所产生的强局域场可以实现容量超过 1TB 的光数据存储和读取。

第 17 章介绍了利用金属结构来修饰和控制染料分子的荧光特性。重点介绍了一个最近报道的现象:在玻璃基底上,由等离激元耦合的受激荧光分子团的发射可进入一个锥形的定向波束。该现象使得简单而有效地收集所发射的光子成为可能。本章作者预测将近场光子操控和其他的纳米光子技术结合起来,将开辟荧光在生物物理和生物医学上应用的一个新时代。

参考文献

[1] R. W. Wood: On a remarkable case of uneven distribution of light in a diffraction grating spectrum, Phil. Mag. 4, 396 (1902).

[2] J. C. Maxwell Garnett: Colours in metal glasses and in metallic films, Philos. Trans. R. Soc. London 203, 385 (1904).

[3] G. Mie: Beiträge zur Optik trüber Medien, speziell kolloidaler Metallösungen, Ann. Phys. (Leipzig) 25, 377 (1908).

[4] D. Pines: Collective energy losses in solids, Rev. Mod. Phys. 28, 184-198 (1956).

[5] U. Fano: Atomic theory of electromagnetic interactions in dense materials, Phys. Rev. 103, 1202 (1956).

[6] R. H. Ritchie: Plasma losses by fast electrons in thin films, Phys. Rev. 106, 874 (1957).

[7] R. H. Ritchie, E. T. Arakawa, J. J. Cowan, R. N. Hamm: Surface-plasmon resonance effect in grating diffraction, Phys. Rev. Lett. 21, 1530-1532 (1968).

[8] A. Otto: Excitation of nonradiative surface plasma waves in silver by the method of frustrated total reflection, Z. Phys. 216, 398 (1968), Kretschmann, E. and Raether, H. , Radiative decay of non-radiative surface plasmons excited by light, Z. Naturf. 23A, 2135 (1968).

[9] U. Kreibig, P. Zacharias: Surface plasma resonances in small spherical silver and gold particles, Z. Physik 231, 128 (1970).

[10] S. L. Cunningham, A. A. Maradudin, R. F. Wallis: Effect of a charge layer on the surface-plasmonpolariton dispersion curve, Phys. Rev. B 10, 3342 (1974).

[11] Fleischmann, M. , P. J. Hendra, A. J. McQuillan: Raman spectra of pyridine adsorbed at a silver electrode, Chem. Phys. Lett. 26, 163 (1974).

[12] Brongersma, M. L. , J. W. Hartman, H. H. Atwater: Plasmonics: electromagnetic energy transfer and switching in nanoparticle chain-arrays below the diffraction limit. in: Molecular Electronics. Symposium, 29 Nov. -2 Dec. 1999, Boston, MA, USA. 1999: Warrendale, PA, USA: Mater. Res. Soc. , 2001, (This reference contains the first occurrence of the word "Plasmonics" in the title, subject, or abstract in the Inspec R _ database).

[13] J. Takahara, S. Yamagishi, H. Taki, A. Morimoto, T. Kobayashi: Guiding of a one-dimensional optical beam with nanometer diameter, Opt. Lett. 22, 475-478 (1997).

[14] T. W. Ebbesen, H. J. Lezec, H. F. Ghaemi, T. Thio, P. A. Wolff: Extraordinary optical transmission through subwavelength hole arrays, Nature (London) 391, 667-669 (1998).

[15] J. Pendry: Negative refraction makes a perfect lens, Phys. Rev. Lett. 85, 396-3969 (2000).

[16] W. L. Barnes, A. Dereux, T. W. Ebbesen: Surface plasmon sub-wavelength optics, Nature 424, 824-830 (2003).

[17] R. Zia, J. A. Schuller, M. L. Brongersma: Plasmonics: the next chip-scale technology, Materials Today 9, 20-27 (2006).

第 2 章 纳米颗粒阵列的近场和远场特性

ANDREAS HOHENAU, ALFRED LEITNER AND FRANZ R. AUSSENEGG
Institute of Physics and Erwin Schrödinger Institute for Nanoscale Research at the Karl-Franzens University, Graz, Austria; http://nanooptics. uni-graz. at

2.1 引言

研究人员对于金属纳米颗粒(即具有亚微米尺寸的颗粒)的电动力学特性如此关注是因为其表面等离激元模式(参看 2.2.2 节)。单个金属纳米颗粒在某种程度上可以看做是一个表面等离激元谐振器,像其他任何谐振器(阻尼适中)一样,振荡一旦被激励,振荡振幅的大小将比激励振幅高出几个数量级。对于金属纳米颗粒上的表面等离激元而言,这意味着相对于激励电磁场来说显著增强的局域电磁场[1-4]。

金属纳米颗粒的应用正是基于不同形式的共振现象。生物标记[5,6](第 14 章)、光学滤波器[7],或产品标签[5,8]利用了纳米颗粒的消光和吸收特性。波导应用[9,10]则利用的是共振频率附近频段的近场增强(第 7 章)。表面增强效应,如表面增强拉曼散射(第 14 章)或表面增强荧光[4,11,12],不仅利用了金属纳米颗粒共振的近场效应,还利用了其远场效应:一方面近场增强效应提高了激励效率,另一方面纳米颗粒作为发射天线可增强原子或者分子与远场光的耦合共振作用。

本章中介绍的有序金属纳米颗粒阵列主要是用于科学研究的目的。这是因为制备这些阵列需要使用非常复杂和昂贵的电子束光刻工艺,即便如此,电子束光刻与其他的纳米颗粒制备方法(化学合成法、真空热沉积金属岛薄膜)相比,仍具有巨大的优势,如不可比拟的设计灵活性,颗粒的单分散性和均匀性。

2.2 单个金属纳米颗粒上的表面等离激元

2.2.1 金属的光学性质

金属的性质是由处于基态的准自由电子决定的,这些电子是束缚在金属体内而不是单个原子周围。金属的高电导率和高光学反射率等熟知的特性都是由这些自由电子所决定的。

定性的来说,金属内的自由电子的行为类似于一种自由载流子气体(等离子体),而且可被激发形成稳定传播的等离子体波[13]。等离子体波是一种纵向电磁电荷密度波,将其量子化被称为"等离激元（plasmons）"。它以两种形式存在：等离子体（plasma）内部的体等离激元（bulk plasmons）和束缚在等离子体与介质交界面上的表面等离激元（surface plasmons），两种模式都不能与相邻介质中传播的电磁波（光）模式直接耦合。表面等离激元存在于像 Au、Ag、Al、Cu 这样的金属中，根据不同的金属和相邻介质的介电常数，可从直流频段扩展到光频段和近紫外频段。

2.2.2　金属纳米颗粒上的表面等离激元（SPN）的定性描述

对于大小在金属穿透深度范围内的单个金属颗粒（例如，在光频段对于 Ag 来说，穿透深度大约为 20 nm），表面等离激元与体等离激元的明确界限消失了。与金属体材料不同，外加电磁场可穿透金属纳米颗粒内部，使自由电子相对金属离子晶格产生位移。聚集在颗粒表面的正负电荷在颗粒内部形成一个局域恢复电场，它随着电子气相对离子晶格位移量的增加而增大。金属颗粒中偏移的电子和恢复力场就形成了一个振荡器，它的性能由电子的有效质量和有效电荷、电子密度和颗粒的几何形状决定。这种贯穿本章中的共振现象就被称为金属纳米颗粒上的表面等离激元。

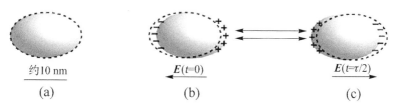

约10 nm
(a)　　　　　$E(t=0)$　　　(b)　　　　　$E(t=\tau/2)$　　　(c)

图 2.1　暴露在电场中的金属纳米颗粒（a），自由电子相对离子晶格产生偏移（b-c）。相对表面上的极化电荷对电子产生一个恢复力，这些与大量的电子气一起，导致相干的和共振的电子气振荡。

大多数与金属纳米颗粒上的表面等离激元（surface plasmons on metal nanoparticles，SPN）相关的物理效应都可用这一简单的谐振子模型定性来理解。从光谱上看，SPN 共振可在可见光至近红外波段，且由颗粒的形状、周围环境和金属种类决定。一旦共振被激励，SPN 的电磁场振幅将在激励振幅的 10 倍以上（即光学近场增强），和传统的谐振子相似，SPN 的阻尼衰减限制并决定了共振的最大振幅和谱宽。

考虑该共振模型对于 SPN 的定性描述来说是非常重要的，尤其是对下面要讨论的衰减机制，该 SPN 量子机制的观点是重要的，因为在通常的激励条件下，且阻尼取光频通常的值时，在一给定的时间①几乎没有一个 SPN 量子存在于纳米粒子上。更进一步说，金属纳米颗粒通常都不止一个共振模式，不同的共振模式对应于其不同的电荷分布和场分布。对于最低阶（或偶极子）的 SPN 模式，这些分布由偶极子的特性决定；更高阶的能量模式则与高阶的多偶极子电荷分布相关。

2.2.3　SPN 的理论描述

1. 米氏理论

对球形金属纳米颗粒的表面等离激元的精确解析理论描述是关于球体的光散射和吸收的米氏理论（Mie Theory）的一部分[4,14,15]。根据米氏理论，球形颗粒的不同本征模式具有偶极子或多偶极子的特征，这些共振模式的激励强度由激励电磁场在矢量球谐函

---

① 这可由 SPN 寿命（约 10 fs），吸收截面（例如：10^{-10} cm^2 量级）以及光强度（例如：在 800 nm 波长处为 100 kW/cm^2，光子通量约 $4 \times 10^{23} s^{-1} \cdot cm^{-2}$）

数的扩展项决定。

2. 准静态近似

对于相对所涉及电磁场的局部变化而言很小的颗粒,准静态近似得到的结果和实验结果相当吻合。准静态近似假设激发场是均匀场,且在颗粒内部没有延迟。在该假设情况下,由相应的与频率相关的介电函数代替静电场值,静电学的结果可适用。根据这一理论,金属椭球体颗粒平行于椭球 i 轴方向的极化率(国际单位制)可表示为

$$\alpha_i = \frac{4\pi}{3}abc\frac{\varepsilon_m - \varepsilon_e}{\varepsilon_e + A_i[\varepsilon_m - \varepsilon_e]} \tag{2.1}$$

ε_m 和 ε_e 分别为金属和周围环境与频率相关的介电函数,A_i 为形状常数或者去极化常数。a,b,c 分别为椭球体半轴长,A_i 取决于椭球体颗粒的轴长比,以及激发场相对于椭球轴的极化方向。A_i 的值由椭球体的轴长比决定[14],其值范围在 0 到 1 之间。对于 $a=b=c$ 的球形颗粒,所有方向上的 $A_i = 1/3$。

尽管准静态近似很简单,但其揭示了影响表面等离子共振的主要参数:

- 颗粒形状
- 金属的介电函数
- 周围环境的介电函数

值得注意的是准静态理论不能解释光的再辐射(散射)问题。这是由于在准静态公式中忽略了极化和由极化引起的延迟电磁场之间的相互作用。在改进公式中,散射近似地被包含在一个复有效去极化常数 A_i[15] 中,这一修正只是唯象地引入,而非严格证明的。另外,准静态理论只适合描述偶极的表面等离激元模式。

3. 偶极子近似

对于一个准确的近似,椭球体金属颗粒上的偶极的表面等离激元模式在颗粒外的电磁场,可用位于颗粒中心的共振点偶极子的电磁场来解析地描述[13]。这与球形颗粒的准静态近似结果一致,并且只要颗粒之间的间距远大于颗粒自身的尺寸,任意形状的金属纳米颗粒上的偶极的表面等离激元模式都可用该方式描述。这个准静态近似的主要结论是将 SPN 的电磁场划分为两个有界的空间区域:

- 近场区域:位于颗粒周围,距离颗粒远小于入射电磁场波长的区域内。对于球形颗粒,电磁场强度按照 r^{-3} 的规律衰减(r 为到颗粒中心的距离),延迟效应在这个区域作用不明显。
- 远场区域:距离颗粒远大于电磁场波长的区域,以球面波为主。电磁场强度按照 r^{-1} 规律衰减。

2.2.4 SPN 共振阻尼

根据理论描述,SPN 共振的谱宽、振幅以及 SPN 的衰减时间都是由表面等离激元的阻尼决定的。阻尼或者衰减机制可以分为辐射衰减、能量弛豫、纯粹去相位三类。

1. 辐射阻尼——散射

SPN 上激发电磁波的散射是由振荡的 SPN 电荷分布产生的电磁波再辐射导致的。辐射能量来自存储在或被注入在 SPN 的能量,因此被称为辐射阻尼[16]。

2. 能量弛豫——吸收

除了辐射阻尼，表面等离激元还存在内部损耗机制（例如，欧姆损耗）。等离激元的弛豫时间很短，经过不同的中间过程之后就会转化为金属纳米颗粒内的热能。

SPN 的共振波长一般位于可见光或近红外波段，这一能量范围内的电磁场与金属相互作用导致电子空穴对的产生[16]。由于表面等离激元也是电磁波模式，所以在与颗粒相互作用的时候也会以产生电子空穴对①的形式衰减。由固体物理学知识可知，在表面等离激元的衰减过程中被激发的电子空穴对具有所有常见的衰减方式：包括电子-电子散射、电子-声子散射、表面散射等[17]。

3. 纯粹去相位

等离激元的纯粹去相位描述的是表面等离激元量子自身的弹性散射，它打破了等离激元与激励电磁场之间的相位关系。实验表明这一效应在金属纳米颗粒上的表面等离激元总的阻尼中的作用是可忽略的[17]。

4. 吸收和散射横截面与尺寸的关系

根据点偶极子近似和准静态理论结果（方程 2.1），可以得到一个关于颗粒的吸收横截面 C_{abs} 和散射横截面 C_{scat}（国际单位制）的相对化的方程[14]：

$$C_{abs} = k\operatorname{Im}[\alpha]$$
$$C_{scat} = \frac{k^4}{6\pi}|\alpha|^2 \tag{2.2}$$

在准静态近似中，颗粒复极化率 α 与颗粒的体积成正比（方程 2.1）。$|\alpha|$ 和 $\operatorname{Im}[\alpha]$ 分别为极化率的模和虚部。由方程 2.2 可知，辐射阻尼或散射正比于 α 的平方，也就因此依赖于颗粒体积的平方，而吸收仅线性的依赖于 α 和颗粒体积。因此，小颗粒的 SPN 阻尼以吸收为主，而大颗粒的 SPN 阻尼以散射为主。这也正是较大颗粒的共振光谱比小颗粒的共振光谱宽的原因[4]。

2.3　纳米颗粒阵列的远场消光光谱

2.3.1　表面等离子共振的谱线位置

消光光谱的峰值位置取决于金属和周围环境的介电函数，以及颗粒的形状，其中颗粒的形状是最主要的影响因素。利用颗粒的准静态模型可定性地描述所有的这些依赖关系（详见 2.2.3 节准静态近似）。

1. 颗粒形状的影响

对于椭球体颗粒，根据颗粒的非对称性，其共振波长相对于球形颗粒的共振波长将产生不同的偏移，当入射光偏振方向平行于长轴时，椭球体颗粒的 SPN 共振波长发生红移，而当入射光偏振方向平行于短轴时，共振波长发生蓝移。图 2.2 展示了玻璃基底上的扁球体和长球体金属纳米颗粒阵列的消光光谱[19,20]。

---

① SPN 只有以 $h\nu$ 形式的能量量子化（h 是普朗克常数，ν 是频率）存在的分立的量子态，没有相干振荡之外的单个电子散射的可能性。

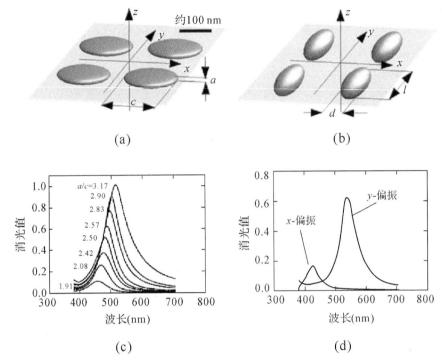

图 2.2　不同形状金属颗粒阵列的消光光谱。玻璃基底上旋转对称的扁球体颗粒阵列(a)的消光光谱(c),随着轴比 a/c 的增大而红移,与平行于 z 轴的入射光的偏振方向无关。相对于偏振平行于粒子长轴的球状颗粒,长球体颗粒(b)的消光光谱产生红移,如果是偏振平行于短轴消光光谱将产生蓝移(d)。

2. 介电函数的影响

对于相同形状的 Au、Ag 颗粒,由于介电常数的不同,Ag 颗粒的表面等离子共振的波长要短于 Au 颗粒的共振波长[21]。对于特别小的颗粒,除了材料本身,颗粒的尺寸大小对介电函数也有影响,当颗粒尺寸小于电子在金属中的平均自由程时(≈ 10 nm),颗粒表面的电子散射作用将会修正介电函数,主要是使虚部变大[4]。当颗粒尺寸更小时(≈ 1 nm),颗粒表面的电子溢出将不能忽略,只能用各向异性的非均匀介电函数来描述[4]。在这个尺度范围内,由介电函数描述的连续介质的概念将失效。

周围环境介质的介电函数也影响着表面等离子共振的谱峰位置。介质折射率的增大将导致 SPN 共振波长红移[4]。

2.3.2　SPN 的谱宽和衰减时间

同衰减谐振子相似,单个颗粒和由相同颗粒组成的阵列的表面等离子共振的谱宽与其衰减时间有关[22,23]。反过来衰减时间又由表面等离子共振的阻尼所决定,因此表面等离子共振阻尼的变化将导致表面等离激元共振谱宽的改变。

1. 辐射阻尼与光栅衍射级的影响

研究阻尼和谱宽之间关系的一个简单情形就是研究相同颗粒组成的不同光栅常数的有序阵列。存在不同的光栅级数,取决于光栅常数和激发波长。其中颗粒阵列的散射光被限制在特定的方向上传播,并且其他方向的传播被禁止。根据光栅常数 d 和激发波长 λ 的关系,可分为三种情况(图 2.3)。

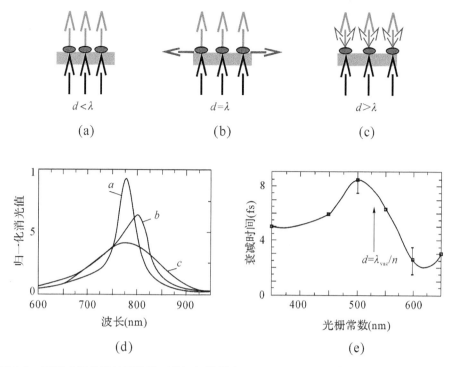

图 2.3　不同光栅常数的颗粒阵列的远场散射光((a),(b),(c)),玻璃基底上的扁球体 Au 颗粒(直径 150 nm,高 14 nm)方形光栅阵列的 SPN 远场消光光谱(d)和激发波长为 800 nm 时的 SPN 衰减时间(e)。SPN 的共振波长为 780 nm(真空波长)。激发波长为 800 nm 时,出现一级衍射光(玻璃上)时的光栅常数为 533 nm。(由(e)中箭头所示)。

当 $d>\lambda$ 时(图 2.3(c)),由于单个颗粒的相干激励和散射,与光栅衍射相似,因此颗粒光栅的散射光只沿固定角度传播。当 $d=\lambda$ 时(图 2.3(b)),一级衍射散射光沿平行于颗粒光栅所在平面方向传播。对于无限大光栅(理论上考虑),单个颗粒的局部散射光叠加导致散射光强关于光栅常数或者激励光波长的函数上的一个奇点。实验上,普通光栅的伍德异常现象(Wood anomalies)表现为消光光谱上或反射光谱的极小点或者尖峰,但对于金属纳米颗粒组成的光栅,只有具有较大的散射横截面的颗粒组成的光栅才具有伍德异常现象[24]。

当 $d<\lambda$ 时(图 2.3(a)),绝大多数的散射光被禁止,只可能存在零级衍射方向的光(即透射方向)。

由于散射对较大的金属纳米颗粒上的表面等离激元的阻尼有影响,可通过抑制高级衍射来抑制散射光,从而降低表面等离激元的阻尼,获得较窄的表面等离子共振谱宽。

图 2.3(d)中描绘了不同光栅常数的颗粒光栅(由相同颗粒组成)的消光光谱。当颗粒之间的中心距离 $d<\lambda_{res}$ 时,(λ_{res} 为 SPN 共振波长),只有零级衍射光透射(曲线 a)。当 $d=\lambda_{res}$ 时,只有当波长小于 λ_{res} 时才存在一级衍射光,因此导致了 SPN 共振峰值的不对称(曲线 b)。当 $d>\lambda_{res}$ 时,在整个光谱范围都存在各级衍射光(曲线 c)。SPN 共振再次对称,但是与曲线 a 相比曲线被展宽,峰值变小[22]。

2. SPN 衰减时间的直接测量

除了间接地通过谱宽来判断金属颗粒的表面等离子共振的衰减时间之外,还有一种利用飞秒激光直接测量的方法[25]。这种测量方法是基于被飞秒脉冲激光激励的表面等离激元场的非线性自相关效应,被记录的自相关函数的宽度里包含着 SPN 的寿命信息,并可通过拟合方法提取出来。

研究结果表明直接测量得到的 SPN 衰减时间在 10 fs 量级,此外,SPN 的谱宽和衰减时间的关系可通过一个简单的谐振子模型[25,26]定性和定量地理解。

该方法的一个应用就是研究辐射阻尼对于颗粒阵列的 SPN 衰减时间的影响。如 2.3.2 节所示,SPN 的辐射阻尼受光栅常数影响,光栅衍射级越多辐射阻尼越大,SPN 的衰减时间就越短。图 2.3(e)描绘了衰减时间的测量结果与光栅常数之间的关系。

2.4 纳米颗粒阵列的光学近场

一旦被激发,SPN 不仅向远场散射光,而且具有强度远大于激励光场的近场光(见 2.2.2 节)。对于球形颗粒,采用一阶近似,光学近场分布可用位于颗粒中心的振荡点偶极子的近场来描述。如果是非球形颗粒,外加电场将在颗粒内,特别是在颗粒的尖端和拐角附近产生非均匀极化态,近场将会显著增强。定性地来说,这一现象可被看做是金属尖端附近强非均匀场的静电场增强(避雷针效应)的光吊坠现象。[27]

由光所激发的 SPN 光学近场分布可用光子扫描隧道显微镜(photon scanning tunneling microscope,PSTM)装置进行探测(见图 2.4(a))。典型的方法是运用全内反射装置激励金属颗粒,再由削尖的光纤尖端探测近场光。光纤尖端的光场部分散射进入与光探测器相连的光纤内形成传导模式。探测器记录的光强与光纤尖端的电场强度很好的近似成比例[28]。由于光纤尖端的典型尺寸在 50 nm～100 nm 之间,因此限制了该类型显微镜的空间分辨率。

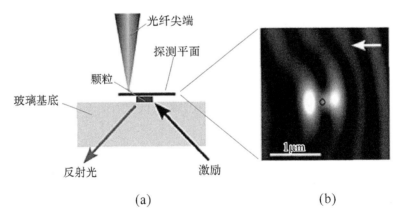

(a)   (b)

图 2.4 在全内反射激发情况下的 PSTM 探测装置图(a)及 Au 纳米颗粒((b)图中圆圈)的 SPN 光学近场分布图。颗粒直径约 80 nm,高度约 30 nm,激发波长为 633 nm;白色箭头代表激发光波方向。

2.4.1 单个金属颗粒的光学近场

由 PSTM 记录的单个金属纳米颗粒上的 SPN 的光学近场分布是倏逝的激发光场与颗粒的散射场相干涉的结果[29]。被激励颗粒的光学近场分布包含两个亮波瓣(见图 2.4(b)),其强度依赖于激励光的偏振方向。对于椭球体颗粒,它的近场光强可以定性地理解为平面激励光场与位于颗粒中心的点偶极子场的相互干涉的结果。

2.4.2　颗粒阵列的光学近场

与远场消光光谱相似,颗粒阵列的光学近场性质也依赖于光栅常数,所以必须要区分不同范畴的光栅常数。在全内反射激励的条件下,对于光栅常数足够小的颗粒阵列没有远场衍射光,颗粒只存在近场光。对于光栅常数较大的颗粒阵列,除了近场光,还存在一级或者多级光栅衍射光,并与激发的倏逝场发生干涉。

可以在一维金属颗粒阵列(如链状颗粒)中十分清楚地观察到 SPN 近场光和多级衍射光场分布(见图 2.5)。

作为链状颗粒,周期不变性被转换成光栅矢量表达式的结果,光学近场强度分布显示出与链状颗粒一样的周期,并且与激发波长无关[可类比"光学"布洛赫定理(Bloch theorem)]。

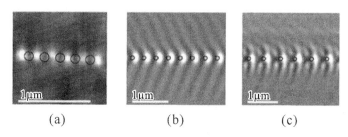

(a)　　　　　　　(b)　　　　　　　(c)

图 2.5　不同光栅常数的纳米颗粒链的光学近场分布;(a) 200 nm,(b) 400 nm,(c) 500 nm。这种纳米链是被从右照射的 800 nm 的光全内反射激发的(见图 2.4(a))。图中的圆圈代表金属纳米颗粒。

对于光栅常数很小的颗粒阵列,只能观察到由颗粒近场引起的明亮波瓣。颗粒之间距离太近以至于近场增强相互重叠并被强烈限制在颗粒之间(图 2.5(a))[29],对于间距较大的颗粒阵列(图 2.5(b)和(c)),基底上存在衍射光,除了能观察到颗粒附近的亮瓣,还能观察到距离颗粒较远的条纹。这些条纹是激发的倏逝场与平行于基底的衍射光干涉的结果[30]。

对于二维颗粒阵列,观察到与纳米链结构相同的现象。图 2.6 展示了按照二维光栅形式排列的金属颗粒的光学近场分布。与纳米链相似,也显示出与光栅周期不变性一致的近场分布情况。

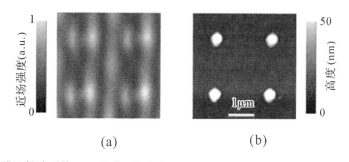

(a)　　　　　　　　　(b)

图 2.6　二维颗粒阵列的 SPN 光学近场分布(a)和形貌(b)。这种光学近场分布显示出与颗粒阵列相同的周期。颗粒近场光(颗粒左右的亮瓣)与远场衍射光和激励光的干涉决定了光场分布图案。(未发表的结果)

2.5　光学非线性

正如 2.2.2 节中所描述的,金属纳米颗粒上的表面等离子共振可看作是简单谐振子模型的一阶近似,颗粒中的准自由电子在外加电磁场(光)的作用下,相对金属离子晶格产生集体位移。电子云的位移在颗粒内产生了一个恢复力,当外加电场强度较低时,恢复力的大小与电子云的位移量呈线性响应关系。但对于更强的外加电磁场(每平方厘米数兆瓦),恢复力(也即极化)与激励电磁场呈现非线性关系,因此将产生非线性光学效应。

定性地说,首先要区分颗粒形状和颗粒阵列结构的中心对称及非中心对称(如图2.7)。对于中心对称颗粒(粒子对称于一个反演中心),由外加电磁场决定的恢复力和颗粒极化方向也是关于颗粒中心对称的(如图2.7(a))。当一个时谐场激励该中心对称振子时,非谐极化除了产生激励波(基频)的散射外,还会发射出奇数倍频(三阶、五阶等)电磁波,由于高阶谐波强度随非线性的增加而迅速衰减,所以通常只有最低阶(比如三阶)的谐波具有不可忽略的强度。

对于非中心对称颗粒(如图2.7(b)),相对外加电磁场,极化方向也将是非对称的;颗粒除了会产生奇阶谐波,还会产生(散射出)偶阶谐波(二阶、四阶等,主要是二阶谐波)[31]。

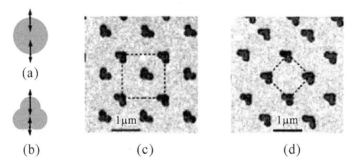

图 2.7　金属纳米颗粒的光学非线性效应。中心对称颗粒(a)极化也是中心对称的,只具有奇阶非线性效应,对于非中心对称颗粒(b)还存在偶阶非线性效应,(c)描绘了中心对称排列的非中心对称颗粒(不具有偶阶非线性效应),(d)描绘了非中心对称排列的非中心对称颗粒(奇偶阶非线性效应都存在)。(c)和(d)中的虚线代表一个颗粒阵列单元。

值得注意的是,除了非中心对称颗粒,非中心对称排列的颗粒阵列也会产生偶阶非线性效应。如果颗粒是非中心对称的,但是颗粒阵列是中心对称排列的(图2.7(c)),每个阵列单元里单个颗粒的偶阶谐波之间发生相消干涉,因此在远场观察不到二阶非线性效应。

2.6　颗粒间的相互作用

到这里为止,颗粒阵列一直是被处理为:阵列中的单个纳米颗粒上的表面等离激元仅表现为以下的相互作用,即由相干激励,也因此由相干的散射场所导致修正的远场散射光。该相互作用对于颗粒阵列的表面等离子共振的谱宽也有影响,但由于颗粒的散射场与激励场相比非常微弱,颗粒之间的相互作用可以忽略不计。然而,当颗粒之间距离非常接近时,颗粒附近电磁近场将可与激励场相比拟,颗粒之间的电磁场会产生耦合效应。在该颗粒间距范围内讨论耦合效应时,最简单的例子就是两个相互作用的颗粒组成的系统。

为了定性地理解,一对颗粒组成的 SPN 耦合系统可以用两个相互作用的偶极振子组成的系统来描述。根据入射电磁场的偏振方向与颗粒对连线轴向的关系,可以分为电场偏振方向与颗粒对连线轴向互相平行(图 2.8(a))或垂直(图 2.8(b))两种情况。对于平行极化,一个颗粒的偶极子近场对另一个颗粒的作用方向与激励场方向相同,而对于垂直极化,一个颗粒的偶极子近场对另一个颗粒的作用方向与激励场方向相反。因此,当颗粒对被同时激励时,一个偶极振子(SPN)的场削弱(垂直极化)或者增强(平行极化)在其他偶极子(颗粒)位置的激励场。与耦合谐振子系统类似,对于垂直极化,共振频率向高频方向偏移;对于平行极化,共振频率向低频方向偏移[32]。

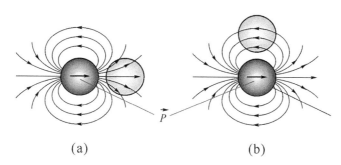

(a)　　　　　　　　　　　　　　　(b)

图 2.8　相对于激励光场的偏振方向,一对金属纳米颗粒的两种可能的场分布。带箭头的线表示极化颗粒的电场线。

实验测量的 SPN 共振波长位置与理论预测完全吻合:两个相同纳米颗粒简并模式的分裂、红移或者蓝移取决于激励光的偏振方向(图 2.9)。

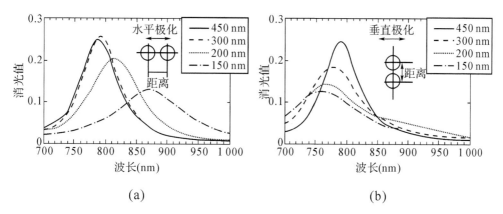

(a)　　　　　　　　　　　　　　　(b)

图 2.9　颗粒对的极化方向分别水平(a)和垂直(b)于颗粒对的轴向的实验消光光谱。内嵌图中扁球体的直径约为 150 nm,高度约为 14 nm,并且两图中颗粒中心间距不同。

值得注意的是由于极化颗粒的相互作用的延迟,颗粒对的阻尼("辐射阻尼")比单个颗粒的大。

2.7　总结

根据不同案例实验的结果,本章节论证了要想理解和描述金属纳米颗粒阵列的近场和远场性质,必须要考虑单个颗粒上的表面等离激元性质(2.2.2 节)及其与其他颗粒之间的相互作用。对于颗粒紧密排列的阵列,相互作用是由相邻颗粒上表面等离激元的光学近场引起的(2.2.6 节)。对于间距较大的颗粒,通过相干光栅效应相互影响,并且改变远场辐射模式(2.2.3.2 节中的准静态近似)。

　　因此,通过控制颗粒的几何结构和颗粒阵列的排列方式,可实现操控颗粒阵列的近场(近场增强和模式(2.2.4 节))和远场(共振波长(米氏理论 2.3.1 节))的光学性质、谱宽和衰减时间(2.3.2 节)。纳米颗粒阵列作为薄层材料,具有光学性质可控性,表明其在微纳米光子领域具有众多的潜在应用。

参考文献

[1] J. I. Gersten. Surface shape resonances. In: Surface Enhanced Raman Scattering, ed by R. K. Chang and T. E. Furtak (Plenum Press, New York, 1982), p. 89.

[2] M. Moskovits: Surface-enhanced spectroscopy, Rev. Mod. Phys. 57, 783 (1985).

[3] A. Wokaun: Surface enhancement of optical fields. Mechanism and applications, Mol. Phys. 56, 1 (1985).

[4] U. Kreibig, M. Vollmer: Optical Properties of Metal Clusters (Springer-Verlag, Berlin, 1995).

[5] T. Schalkhammer: Nanoclusters as transducers for molecular structure and recognitive binding. In: Encyclopedia of Nanoscience and Nanotechnology, ed by H. S. Nalva (American Scientific Publishers, New York, 2004).

[6] J. L. West, N. J. Halas: Engineered nanomaterials for biophotonics applications: Improving sensing, imaging, and therapeutics, Ann. Rev. Biomed. Eng. 5, 285 (2003).

[7] K. Baba, Kazutaka, Miyagi, Mitsunobu: Optical polarizer using anisotropic metallic island films with a large aperture and a high extinction ratio, Opt. Lett. 16, 964 (1991).

[8] G. Bauer, J. Hassmann, H. Walter, J. Hagemüller, C. Maier, T. Schalkhammer: Resonant nanocluster technology-From optical coding and high quality security features to biochips, Nanotechnology 14, 1289 (2003).

[9] M. Quinten, A. Leitner, J. R. Krenn, F. R. Aussenegg: Electromagnetic energy transport via linear chains of silver nanoparticles, Opt. Lett. 23, 1331 (1998).

[10] S. A. Maier, M. L. Brongersma, P. G. Kik, S. Meltzer, A. A. G. Requicha, H. A. Atwater: Plasmonics-A route to nanoscale optical devices, Adv. Mater. 13, 1501 (2001).

[11] J. R. Lakovicz: Radiative decay engineering: Biophysical and biomedical applications, Anal. Biochem. 298, 1 (2001).

[12] J. R. Lakovicz, Y. Shen, S. D'Auria, J. Malicka, J. Fang, Z. Gryczynski, I. Gryczynski: Radiative decay engineering 2: Effects of silver island films on fluorescence intensity, lifetimes, and resonance energy transfer, Anal. Biochem. 301, 261 (2002).

[13] J. D. Jackson: Classical Electrodynamics (Wiley, New York, 1962).

[14] C. F. Bohren, D. R. Huffman: Absorption and Scattering by Small Particles (Wiley, New York, 1983).

[15] M. Kerker: The Scattering of Light and Other Electromagnetic Radiation (Academic Press, New York, 1969).

[16] A. Wokaun, J. P. Gordon, P. F. Liao: Radiation damping in surface-enhanced Raman scattering, Phys. Rev. Lett. 48, 957 (1982).

[17] J. Kittel: Introduction to Solid State Physics (Wiley, New York, 1996).

[18] Sönichsen, T. Franzl, T. Wilk, G. von Plessen, J. Feldmann, O. Wilson, P. Mulvaney: Drastic reduction of plasmon damping in gold nanorods, Phys. Rev. Lett. 88(7), 77402 (2002).

[19] W. Gotschy, K. Vonmetz, A. Leitner, F. R. Aussenegg: Thin films by regular patterns of metal nanoparticles: tailoring the optical properties by nanodesign, Appl. Phys. B 63, 381 (1996).

[20] H. Ditlbacher, J. R. Krenn, B. Lamprecht, A. Leitner, F. R. Aussenegg: Spectrally coded optical data storage by metal nanoparticles, Opt. Lett. 25(8), 563 (2000).

[21] E. D. Palik: Handbook of Optical Constants of Solids (Academic Press, New York, 1985).

[22] B. Lamprecht, J. R. Krenn, A. Leitner, F. R. Aussenegg: Metal nanoparticle gratings: influence of dipolar particle interaction on the plasmon resonance, Phys. Rev. Lett. 84(20), 4721-4 (2000).

[23] B. Lamprecht, J. R. Krenn, A. Leitner, F. R. Aussenegg: SHG studies of plasmon dephasing in nanoparticles, Appl. Phys. B 69, 223 (1999).

[24] S. Zou, N. Janel, G. C. Schatz: Silver nanoparticle array structures that produce remarkably narrow plasmon lineshapes, J. Chem. Phys. 120(23), 10871 (2004).

[25] B. Lamprecht, A. Leitner, F. R. Aussenegg: SHG studies of plasmon dephasing in nanoparticles, Appl. Phys. B 68, 419 (1999).

[26] B. Lamprecht, J. R. Krenn, A. Leitner, F. R. Aussenegg: Resonant and off-resonant light-driven plasmons in metal nanoparticles studied by femtosecond-resolution third-harmonic generation, Phys. Rev. Lett. 83, 4421 (1999).

[27] P. F. Liao, A. Wokaun: Lightning rod effect in surface enhanced Raman scattering, J. Chem. Phys. 76, 751 (1982).

[28] Dereux, C. Girard, J. C. Weeber: Theoretical principles of near-field optical microscopies and spectroscopies, J. Chem. Phys. 112(18), 7775 (2000).

[29] J. R. Krenn, A. Dereux, J. C. Weeber, E. Bourillot, Y. Lacroute, J. P. Goudonnet, G. Schider, W. Gotschy, A. Leitner, F. R. Aussenegg, G. Girard: Squeezing the optical near-field zone by plasmon coupling of metallic nanoparticles, Phys. Rev. Lett. 82(12), 2590 (1999).

[30] M. Salerno, J. R. Krenn, A. Hohenau, H. Ditlbacher, G. Schider, A. Leitner, F. R. Aussenegg: The optical near-field of gold nanoparticle chains, Opt. Comm. 248(4-6), 543-9 (2005).

[31] B. Lamprecht, A. Leitner, F. R. Aussenegg: Femtosecond decay-time measurement of electron-plasma oscillation in nanolithographically designed silver particles, Appl. Phys. B 64, 269 (1997).

[32] W. Rechberger, A. Hohenau, A. Leitner, J. R. Krenn, B. Lamprecht, F. R. Aussenegg: Optical properties of two interacting gold nanoparticles, Opt. Comm. 220, 137 (2003).

第3章 周期性纳米孔结构的光透射理论

F. J. GARCÍA-VIDAL[1], F. LÓPEZ-TEJEIRA[2], J. BRAVO-ABAD[1]
AND L. MARTÍN-MORENO[2]

[1]Departamento de Fisica Teorica de la Materia Condensada,
Universidad Autonoma de Madrid, E-28049, Spain

[2]Departamento de Fisica, de la Materia Condensada, ICMA-CSIC,
Universidad de Zaragoza, E-50009 Zaragoza, Spain

3.1 引言

正如本书中介绍的那样,表面等离激元(SPs)被人们所熟知是因其可将光集中在亚波长体积内,也可沿金属表面传导光。但这并没有囊括所有与 SPs 有关的现象。即使是这个研究领域的科学家,也对 1998 年报道的 SPs 可增强光通过亚波长孔洞(holes)的透射率这一研究结果大为惊讶[1]。这篇影响深远的论文报道:当亚波长孔洞被制作在金属膜上并形成二维(2D)阵列时,在某些特定波长处,光透射被显著增强。实验光谱中的透射峰值位置,可近似地在该结构金属表面上传播的 SPs 模式的色散关系中找到。接下来,根据这一学科的发展历史,可以很清晰地发现光异常透射(extraordinary optical transmission, EOT)与 SPs 的激发之间有密切联系。自 1998 年以来,世界各地许多实验和理论研究小组重现了第一次异常光透射实验中的主要特征;并且彻底分析了 EOT 现象与金属的类型(贵金属展现出较大的增强)、晶格的类型(正方形或者三角形)、孔洞的形状(圆形、椭圆形、正方形或长方形)和频段(光波、太赫兹波或微波)之间的关系[2-13]。在二维孔洞阵列的 EOT 现象被发现的 4 年之后,也有报道称:入射面被周期性波纹面(corrugations)包围的单孔(single aperture),也会产生 EOT 现象[14]。而且,还发现当周期性波纹面位于金属膜的出射面时,光穿过可实现很强的定向发射(聚束)。在本章中,我们聚焦于解释二维孔阵列和单孔的 EOT 现象背后的物理原因,以及被周期性波纹面包围的单孔的聚束效应产生的物理原因。

3.2 二维亚波长孔洞阵列

本节的主要目标是解释二维亚波长孔洞阵列的 EOT 的物理根源。

首先,我们简要地描述其理论体系的基本组成部分,包括已在参考文献[3]和[15]中分别展示过的二维方孔阵列和圆孔阵列。在我们的体系中,金属的介电常数要考虑金属与介质的边界面上的表面阻抗边界条件[16]（surface impedance boundary conditions，SIBC）。然而，对于用于定义孔洞的金属壁，金属被看做是一种完美的导体。这种近似大大地简化了理论解释体系，因为它允许利用孔洞的本征模式来表示孔洞内的电磁（EM）波场。对于简单的孔洞形状（如长方形、三角形或者圆形），这些本征模式可由解析法得到[17]。因此，该近似方法忽略了孔洞周围的金属壁对电磁波的吸收。但该方法还是比较可行的，这是因为对于实验中通常分析的几何参数而言，"水平"方向上的金属/介质界面的面积（需要被适当考虑的电磁波被吸收的区域）是远远大于"垂直"方向上的。然而把内壁作为理想导体的假设同样忽略了电磁场的穿透效应。这是一个严重的缺陷，因为众所周知，光波段的电磁场可穿透进入金属内部一定的深度，该深度主要由金属的趋肤深度决定（对于贵金属，在 10 nm～20 nm 量级）。为避免这一缺陷，我们考虑有效孔洞半径（与波长相关的），使得孔洞内部的传播常数与通过精确计算所提取出的值相等。在这些近似下，二维孔洞阵列透射特性的计算相当于在每个空间区域（真空区间的平面波以及孔洞内的孔洞波导模式）以布洛赫电磁模式（Bloch EM modes）展开电磁场，并通过两个金属/介质界面上的电场和磁场分量匹配条件，得到展开系数。

　　我们针对参考文献[3]图 1 中实验分析所用结构的几何参数进行了数值模拟，但在这里计算的是圆形孔洞，结果见图 3.1 中的曲线。很明显，我们的模型计算符合实验谱线中的主要特征：最高峰值的位置与实验数据比较一致（780 nm 左右），但是与计算得到的结果相比，实验中的峰更低，且更宽一些。这表明有可能存在无序化和（或）有限尺寸效应（finite size effects）。

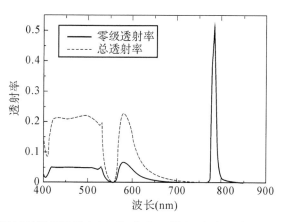

　　图 3.1　二维孔洞阵列的零级透射率（实线）和总透射率（虚线）（阵列周期 $d = 750$ nm，圆孔直径 $a = 280$ nm，Ag 薄膜厚度 $h = 320$ nm）。

　　为了更深刻地理解该现象，就必须要找到依然存在 EOT 现象的最小模型。在图 3.2 中我们比较了利用完全收敛计算（fully converged calculation）（实线）得到的结果和仅考虑孔洞内的一个本征模式（TE_{11}，衰减最小的倏逝波）得到的结果。从图中可清楚地看到，包含在孔洞内的更多的倏逝波模式引起了透射峰向短波产生一个微小的偏移（2 nm），但整个谱图保持不变。此外，通过忽略金属薄膜的吸收（在我们的计算中，可以很容易地通过假设 Ag 的介电常数虚部为零做到这点），从谱图中，我们发现有两个峰值达到了 100% 透射，从其中减去产生于该结构的光的量，但不改变其物理图像，即得到金属吸收的净效果。为了更好地描述透射光谱中存在的零点［所谓的伍德异常（Wood's anomaly),见参考文献[1]],在图 3.2 的内嵌图中,我们用对数尺度描绘了最后一条曲线(点线)。我们将在后面讨论这个零点出现的原因。

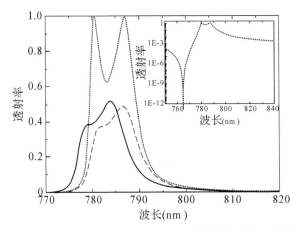

图 3.2　利用完全收敛计算方法得到的图 3.1 中分析的结构的零级透射率(实线),只考虑孔洞内的 TE$_{11}$ 模式(虚线)和计算方式相同,但不考虑金属对电磁波的吸收作用(点线),内嵌图中还展示了其对数尺度的透射率。

接下来分析利用最小模型计算得到的结果(只考虑 TE$_{11}$ 模,而且 Im$[\varepsilon(\omega)]=0$)。为了揭示 EOT 的物理机制,并将 EOT 与金属介质界面上的 SPs 模式联系起来,我们将在多重散射的体系下计算结构的透射率。在该框架下,穿过整个系统的透射振幅可由穿过两个单独的金属/介质界面的散射振幅以及孔洞内基模(TE$_{11}$)的传播常数得到(图 3.3)。

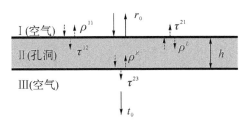

图 3.3　在 I-II 和 II-III 界面上不同的散射振幅的示意图,不同标量的详细解释见正文。

零级透射振幅(t_0)可表示为:

$$t_0 = \frac{\tau_{12}\,\mathrm{e}^{\mathrm{i}k_z h}\,\tau_{23}}{1 - \rho^R \rho^L \,\mathrm{e}^{2\mathrm{i}k_z h}} \tag{3.1}$$

其中 τ_{12} 和 τ_{23} 分别为穿过 I-II 和 II-III 界面的透射振幅,$k_z = \sqrt{k_0^2 - (1.84/a)^2}$,$k_0$ 为真空中的电磁波波数。ρ^R 和 ρ^L 分别为 TE$_{11}$ 模在 I-II 和 II-III 界面反射回孔洞内的振幅。在我们现在考虑的对称系统中,反射和透射区域内的介电常数是相等的,$\rho^R = \rho^L = g\rho$。在图 3.4 中,展示了 $d = 750$ nm 和 $a = 280$ nm 的方孔二维阵列的 τ_{12},τ_{23} 和 ρ 的模数随波长变化的曲线图。在这些散射振幅中出现了几个有趣的特征:第一,这三个量都在 785 nm 附近存在一个最大值,此外,在这个共振位置 $|\rho| \gg 1$,这个违反直觉的结果是因为孔洞内的本征模式事实上是倏逝波。对于倏逝波,此处的守恒仅限于散射幅度的 Im$[\rho] \geqslant 0$,而对其实部没有限制。

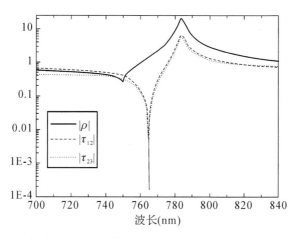

图 3.4 ρ(实线), τ_{12}(虚线), τ_{23}(点线)的模随波长变化的函数曲线图,穿透 Ag 薄膜的二维孔洞阵列的周期 $d = 750$ nm,圆孔的直径为 $a = 280$ nm。

ρ(以及 τ_{12}, τ_{23})中的强峰表明穿孔的金属表面存在着表面共振(或表面泄漏模式),它的谱宽与电磁波场被辐射或者被吸收前在金属表面存在的时间有关。即使是厚度 $e^{-2|k_z|h} \ll 1$ 的金属薄膜,如此之大的反射振幅也可使式 3.1 中的分母趋近于零,使共振成为可能。

图 3.5 中的图形说明了零级透射曲线的波峰出现在 $|\rho|$ 和 $e^{|k_z|h}$ 相差最小时的波长位置。这张图毫无疑问地表明二维孔洞阵列的 EOT 具有共振特性,而且该共振特性的根源是金属/介质界面上存在 SPs。对于较薄的金属薄膜(图 3.5 中的 $h = 100$ nm ~ 400 nm),两条曲线在不同的波长位置相交,导致透射光谱出现两个不同的峰。可以看出这两个峰对应于两界面上的 SPs 通过孔洞内的倏逝场形成的对称耦合和反对称耦合。这两个耦合的表面模式能够非常高效的(如果不存在吸收,效率为 100%)穿过结构传递能量。当厚度 h 继续增加时,这两条曲线不再相交,透射光谱上就只有一个透射率远小于 100% 的峰。正如前面所提到的,该峰的波长位置与由二维孔洞穿透的 Ag 膜表面的 SP 的平行动量为 $2\pi/d$ 时的波长的位置恰好一致。有关耦合的表面模式的形成,以及透射过程中的一些典型时间的详细讨论可在参考文献[3]中找到。

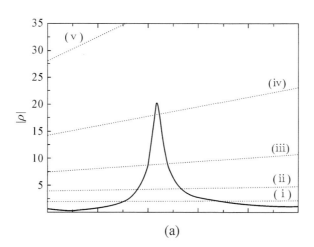

(a)

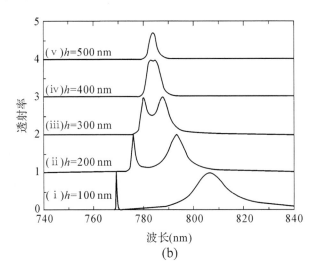

图 3.5　(a)ρ 的模,以及不同数值的 $h(100,200,300,400,500\ nm)$ 对应的 $\exp(|k_z|h)$ 曲线,结构参数同前图。(b)在上图中考虑的各 Ag 膜厚对应的结构的零级透射率随波长的变化曲线。

　　图 3.4 中另外一个特征就是 $|\tau_{12}|$ 和 $|\tau_{23}|$ 在 765 nm 附近都有一个零点,可以转化为理论计算中零级透射光谱中的最小值,即所谓的伍德异常。值得说明的是这个零点位置与传播衍射波变成倏逝波时出现的瑞利最小值的位置是不一样的(在这一特殊的例子中,应为 750 nm)。正相反,可以看出 $|\tau_{12}|$ 和 $|\tau_{23}|$ 的最小值位置与平的(没有孔洞的)Ag 表面上的 SP 平行动量为 $2\pi/d$ 时对应的位置一致。这也是一些判定 EOT 与 SPs 的激发有关的缘由[18]。正如我们在此和参考文献[3]中介绍的,EOT 受 SPs 调节,但是对应于结构化的金属表面的 SPs。

　　一旦 EOT 被解释为是由光频范围的 SPs 的激发所导致的,很自然的就可引发一个问题:EOT 是否可以移植到其他频段? 在参考文献[3]中,我们指出即使是在由二维孔洞阵列穿透的理想导体薄膜上也存在 EOT 现象。关于理想导体中存在 EOT 现象的更深入的理论分析可参考文献[15]。但是,平滑的理想导体表面上是不存在 SPs 模式的。这意味着在光频段内金属和理想导体的 EOT 现象的物理机制是不同的。重要的是,表面电磁波模式出现在具有波纹面的理想导体上,尤其是被二维孔洞阵列穿透的理想导体上。不久前,我们已指出理想导体上存在的 EOT 与其表面电磁波模式密切相关[19]。因此,EOT 似乎是一个很普遍的现象,任何电磁结构,只要存在表面电磁波模式并且可以和辐射模式耦合,都可以出现 EOT 现象。对于太赫兹[12]和微波波段[13]下的金属和光子晶体波导[20],这一假设均已被证实。

3.3　被凹槽包围的单孔中的光异常透射

　　正如前面部分所讨论的那样,表面电磁波模式是 EOT 现象的根本原因。观察 EOT 的两个必要条件是:(i)存在表面电磁波模式;(ii)存在可以使光与表面电磁波模式相互作用的光栅耦合器。因此,有理由预计:被有限周期阵列凹槽(indentations)包围的单孔中也存在 EOT 现象。这一假说已在参考文献[14]中的被有限阵列刻槽(grooves)包围的一维狭缝和被环形沟槽(trenches)包围的二维圆孔[即所谓的牛眼结构(bull's eye geometry)]的实验验证。在这里我们介绍在一维情形下,该种 EOT 现象的理论基础。

　　我们首先简要描述一下用于模拟光透过一个单独的狭缝的理论体系。这个狭缝宽为 a，两侧对称的分布着由宽度为 a，深度为 w 的 $2N$ 个凹槽组成的阵列（周期为 d）（见图 3.6），一束 p-偏振方向的平面波垂直入射到该结构。

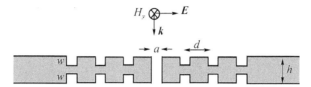

图 3.6　本节讨论的结构的示意图：一个宽度为 a 的狭缝，在入射面和出射面被宽度为 a，深度为 d 的凹槽阵列所包围。金属膜厚度为 h，且当 p-偏振光垂直照射这个结构时，我们要研究它的透射特性。

　　为了描述这种结构的透射特性，我们所发展出的理论体系是对于前面用于分析二维孔洞阵列的框架的有限结构的一种非平凡扩展（non-trivial extension）。首先我们考虑一个晶胞参数为 L，且包含了我们所考虑的有限个凹槽的人工超晶胞（artificial supercell）。然后我们以各区域的模式扩展来表达不同区域的电磁场。在真空中，我们用一系列平面波扩展电磁场，而在凹槽和狭缝中只考虑传输本征模式。也就是说，在凹槽 α 内，E_x 是 $\phi_a(x)\mathrm{e}^{\pm\mathrm{i}kz}$ 的线性组合，其中 $k=2\pi/\lambda$[①]，$\phi_\varphi(x)=1/\sqrt{a}$，然后我们再适当地匹配所有界面上的电场和磁场分量（和二维孔洞阵列的情形一样，水平界面利用 SIBC，而垂直界面利用理想导体边界条件），最后取极限 $L\to\infty$，得到一组关于未知量 $\{E_a,E'_\gamma\}$ 的线性方程：

$$\left[G_{aa}-\varepsilon_a\right]E_a+\sum_{\alpha\neq\beta}G_{\alpha\beta}E_\beta-\delta_{\alpha0}G_V E'_a=I_a$$

$$\left[G_{\gamma\gamma}-\varepsilon_\gamma\right]E'_\gamma+\sum_{\nu\neq\gamma}G_{\gamma\nu}E'_\nu-\delta_{\gamma0}G_V E_\gamma=0 \tag{3.2}$$

　　其中 α 和 γ 遍历所有的凹槽（狭缝或者刻槽），集合 $\{E_a\}$ 给出了入射面上所有凹槽位置的电场 x 分量：$E_x(z=0^+)=\Sigma_a E_a\phi_a(x)$，而集合 $\{E'_\gamma\}$ 则描述了出射面上所有刻痕位置处的电场的 x 分量：$E_x(z=h^-)=\Sigma_\gamma E'_\gamma\phi_\gamma(x)$。出现在这些紧束缚近似（tight-binding）方程中的不同量都有自己明确的物理解释。I_a 不仅考虑了最初直接照射到物体 α 上的光，还包括入射的 p-偏振方向的平面波与波场 ϕ_a 直接的重叠积分。在这个结构里，两个金属界面只通过中心狭缝以 $G_V=1/\sin(kh)$ 的形式建立起联系。ε_a 为电磁场在刻槽 α 内来回碰撞系数：刻槽内（$\alpha\neq0$）$\varepsilon_a=\cot(kw)$，狭缝内 $\varepsilon_0=\cot(kh)$。$G_{\alpha\beta}$ 决定了凹槽之间的电磁耦合。它考虑了在凹槽 β 内的可对凹槽 α 产生影响的每一点处的辐射。数学表达上，$G_{\alpha\beta}$ 为格林函数（Green's function）$G(\vec{r},\vec{r}')$ 在波场 ϕ_a 和 ϕ_β 上的投影，可以看出这个格林函数包含了衍射模式和 SP 模式。一般情形，格林函数需要数值计算得到，尽管在理想导体情形下它的解析表达式为 $G=(\mathrm{i}\pi/\lambda)H_0^{(1)}(k|\vec{r}-\vec{r}'|)$，$H_0^{(1)}$ 为第一类零级汉克尔函数（Hankel function）。一旦计算出 $\{E_a,E'_\gamma\}$ 的值，对面积归一化的透射率可以从 $T=G_V\mathrm{Im}(E_0 E'_0)$ 得到。

　　图 3.7 展示了入射面被 $2N$ 个刻槽对称包围的中心狭缝的面积归一化透射率（$T(\lambda)$）的理论结果，这里所选用的一组几何结构参数是实验中用于研究光频区域内这一现象的典型参数（$a=100$ nm，$d=600$ nm，$w=100$ nm 和 $h=400$ nm）。

---

　　① 　译者注：根据参考文献原文，对表达式做了修正。

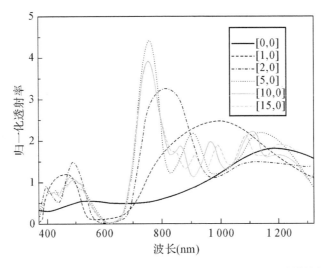

图 3.7　在入射面被 **2N** 个刻槽对称包围的宽度 **a = 100 nm** 的单中心狭缝的归一化透射率随波长变化的曲线图。在这些计算中,出射面没有被刻槽。阵列的周期 **d = 100 nm**,槽宽和槽深均为 **100 nm**。Ag 薄膜厚度为 **400 nm**。

　　$N = 0$ 曲线(实线)对应的是只有单缝的情形,在这个频段内谱线中有两个宽谱峰值,对应于中心狭缝中的狭缝波导模式的激发[21]。随着凹槽数量的增加,$T(\lambda)$ 在 $\lambda_M = 755\ \text{nm}$ 处出现一个最大值。对于这一系列的几何结构参数值和金属,$T(\lambda)$ 的最大值大概在 $N = 5 \sim 10$ 时达到饱和,此时 T 被增强了接近 5 倍。至于出射面为波纹面的情况,我们已在以前的工作(见参考文献[22])中展示了,它对于总透射率几乎没有影响。由方程组(3.2),可分辨出有助于增强中心狭缝光透射的不同机制(在图 3.7 中介绍)。

　　$\{E_0, E'_0\}$ 对应的两个方程为(假设由狭缝分开的刻槽阵列只存在于薄膜入射面)

$$[G_{00} - \varepsilon_0]E_0 + \sum_{\alpha \neq 0} G_{0\alpha}E_\alpha - G_V E'_0 = I_0$$
$$[G_{00} - \varepsilon_0]E'_0 - G_V E_0 = 0 \tag{3.3}$$

　　正如前面所提及的,其中的一种机制已经呈现在单个狭缝中。对于这个特别的情形,$E_0 = 2(G_{00} - \varepsilon_0)/D$,$E'_0 = 2G_V/D$,其中 $D = (G_{00} - \varepsilon_0)^2 - G_V^2$。对于一些特别的波长,$D$ 非常接近于零。这些共振实质上是狭缝波导模式。令入射面表面波纹化,使得通过增大 E_α 来得到大的 E_0 成为可能。假如我们看一下 E_α 的方程,就会发现如果 $G_{\alpha\alpha} - \varepsilon_\alpha \approx 0$ 时,E_α 的值就会很大,这就是激发刻槽内谐振腔模式的条件。然而,为了获得大的 E_0,不同刻槽的再辐射光到达狭缝时必须具有相同的相位。再辐射过程中的相位是由 $G_{0\alpha}$ 系数控制的。通过观察 $H_0^{(1)}(x) = \mathrm{e}^{\mathrm{i}kx}$ 的渐进表达式,可以得出当 $\lambda \approx d$ 时,刻槽所有的再辐射光传播到其他刻槽和狭缝处时都是同相位的,即使从图 3.7 中可以看出,$G_{0\alpha}$ 中存在的 SP 模式会稍微修改一下这个条件,图 3.7 中出现的位于 755 nm 附近的峰就是上面介绍的两种机制(凹槽共振腔模式和同相位凹槽再辐射)共同作用的结果。

　　为了阐述这三种机制如何影响中心狭缝的透射率,我们在图 3.8(a) 中展示了当 $a = 100\ \text{nm}$,$h = 400\ \text{nm}$,$d = 600\ \text{nm}$ 时,T 随波长 λ 和刻槽深度 w 的变化关系图。从图中可以明显看出,当两种机制同时作用时,透射率有一个显著的提高。对于小的槽深 w,最大透射率出现在 $\lambda \approx d$ 的情况下。可以看出这条线对应于表面电磁模式的激发,源于刻槽共振腔模式与同相位刻槽再辐射机制的相互作用。这种表面模式与引起周期孔中 EOT 的表面模式非常类似。比较图 3.8(a)中的结果与理想导体近似得到的(b)中的结果将会相当有趣。从以上两个例子得到的结果的相似性进一步强化了这一结论:在二维孔洞阵列和单孔中的 EOT 现象的主要因素和波纹化的理想导体表面中所表现出来的是一致的。

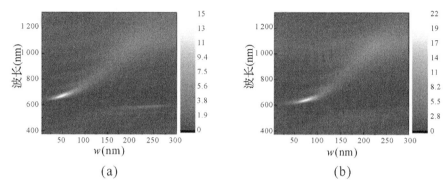

(a)　　　　　　　　　　(b)

图 3.8　在入射面被 20 个刻槽对称包围的宽度为 100 nm 的单缝的面积归格化透射率随波长和槽深变化图。金属膜的厚度为 400 nm。(a)中结构的水平面利用 SIBC 条件,而(b)中的是理想导体薄膜的结果。

3.4　单孔中的光聚束效应

正如前面所提及,参考文献[14]中的实验发现,在某些共振波长处,由其结构(主要由输入面的波纹结构决定的)所产生的辐射图案的发散角非常小。作为一个例子,图 3.9 展示了单个狭缝的出射面被 $2N$ 个凹槽对称包围时计算得到的远场坡印廷矢量的径向分量 $S_r(\theta)$ 相对无凹槽包围的单缝时总透射率的归一化值。计算中所使用的理论框架和前面描述的一样。图中展示了在共振波长为 $\lambda_M = 750$ nm 时,几个不同的 N 值(从 1 到 15)的情况。

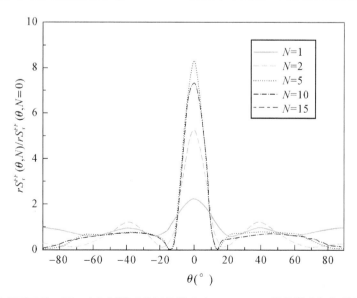

图 3.9　被 $2N(N$ 从 1 到 15) 个刻槽对称围绕的宽度 $a=100$ nm 的单缝在远场的坡印廷矢量的径向分量随角度的变化图。其中槽宽为 100 nm,槽深为 100 nm。入射光波长为 750 nm。

此处的共振波长和在入射面由有限的刻槽阵列包围的狭缝中的 EOT 共振波长是一样的,它们具有相同的几何结构参数。这一事实清楚地表明,这种聚束效应与入射面由周期波纹面结构包围的单孔产生的 EOT 现象的成因是相同的,即在出射面上的表面电磁模式的激发。关于这种表面模式的形成及其与辐射图案模式之间关系的详细讨论可见参考文献[23]。

参考文献

[1] T. W. Ebbesen, H. J. Lezec, H. F. Ghaemi, T. Thio, P. A. Wolff: Extraordinary optical transmission throughsub-wavelength hole arrays, Nature 391(6668), 667-669 (1998).

[2] H. F. Ghaemi, T. Thio, D. E. Grupp, T. W. Ebbesen, H. J. Lezec: Surface plasmons enhance optical Transmission through subwavelength holes, Phys. Rev. B 58(11), 6779-6782 (1998).

[3] L. Martín-Moreno, F. J. García-Vidal, H. J. Lezec, K. M. Pellerin, T. Thio, J. B. Pendry, T. W. Ebbesen:Theory of extraordinary optical transmission through subwavelength hole arrays, Phys. Rev. Lett. 86(6),1114-1117 (2001).

[4] L. Salomon, F. D. Grillot, A. V. Zayats, F. de Fornel, Near-eld distribution of optical transmission ofperiodic subwavelength holes in a metal lm, Phys. Rev. Lett. 86(6), 1110-1113 (2001).

[5] A. Krishnan, T. Thio, T. J. Kima, H. J. Lezec, T. W. Ebbesen, P. A. Wolff, J. Pendry, L. Martín-Moreno, F. J. García-Vidal: Evanescently coupled resonance in surface plasmon enhanced transmission, Opt. Commun. 200(1-6), 1-7 (2001).

[6] A. Degiron, H. J. Lezec, W. L. Barnes, T. W. Ebbesen: Effects of hole depth on enhanced light transmissionthrough subwavelength hole arrays, Appl. Phys. Lett. 81(23), 4327-4329 (2002).

[7] N. Bonod, S. Enoch, L. Li, E. Popov, M. Nevière: Resonant optical transmission through thin metalliclms with and without holes, Opt. Exp. 11(5), 482-490 (2003).

[8] C. Genet, M. P. van Exter, J. P. Woerdman: Fano type interpretation of red shifts and red tails in holearray transmission spectra, Opt. Comm. 225(4 − 6), 331 (2003).

[9] W. L. Barnes, W. A. Murray, J. Ditinger, E. Devaux, T. W. Ebbesen: Surface plasmonpolaritons and theirrole in the enhanced transmission of light through periodic arrays of subwavelength holes in a metallm, Phys. Rev. Lett. 92(10), 107401 (2004).

[10] R. Gordon, A. G. Brolo, A. McKinnon, A. Rajora, B. Leathem, K. L. Kavanagh: Strong polarization inthe optical transmission through elliptical nanohole arrays, Phys. Rev. Lett. 92(3), 37401 (2004).

[11] K. J. Klein Koerkamp, S. Enoch, F. B. Segerink, N. F. van Hulst, L Kuipers: Strong inuence of hole shape on extraordinary transmission through periodic arrays of subwavelength holes, Phys. Rev. Lett. 92(18), 183901 (2004).

[12] J. Gómez-Rivas, C. Schotsch, P. Haring Bolivar, H. Kurz: Enhanced transmission of THz radiationthrough subwavelength holes, Phys. Rev. B 68(20), 201306 (2003).

[13] M. Beruete, M. Sorolla, M. Campillo, J. S. Dolado, L. Martín-Moreno, J. Bravo-Abad, F. J. García-Vidal: Enhanced millimeter-wave transmission through subwavelengthhole arrays, Opt. Lett. 29(21),2500-2502 (2004).

[14] H. J. Lezec, A. Degiron, E. Devaux, R. A. Linke, L. Martín-Moreno, F. J. García-Vidal, T. W. Ebbesen:Beaming light from a subwavelength aperture, Science 297(5582), 820-822 (2002).

[15] L. Martín-Moreno, F. J. García-Vidal: Optical transmission through circular hole arrays in opticallythick metal lms, Opt. Express 12(16), 3619-3628 (2004).

[16] J. D. Jackson: Classical Electrodynamics, 2nd ed. (Wiley, New York, 1975).

[17] P. M. Morse, H. Feshbach: Methods of Theoretical Physics (McGraw-Hill, New York, 1953).

[18] Q. Cao, P. Lalanne: Negative role of surface plasmons in the transmission of metallic gratings withvery narrow slits, Phys. Rev. Lett. 88(5), 57403 (2002).

[19] J. B. Pendry, L. Martín-Moreno, F. J. García-Vidal: Mimicking surface plasmons with structured surfaces, Science 305(5685), 847-848 (2004).

[20] E. Moreno, F. J. García-Vidal, L. Martín-Moreno: Enhanced transmission and beaming of light viaphotonic crystal surface modes, Phys. Rev. B 69(12), 121402 (2004).

[21] J. A. Porto, F. J. García-Vidal, J. B. Pendry: Transmission resonances on metallic gratings with verynarrow slits, Phys. Rev. Lett. 83(14), 2845-2848 (1999).

[22] F. J. García-Vidal, H. J. Lezec, T. W. Ebbesen, L. Martín-Moreno: Multiple paths to enhance opticaltransmission through a single subwavelength slit, Phys. Rev. Lett. 90 (21), 213901 (2003).

[23] L. Martín-Moreno, F. J. García-Vidal, H. J. Lezec, A. Degiron, T. W. Ebbesen: Theory of highly directional emission from a single aperture surrounded by surface corrugations, Phys. Rev. Lett. 90(16),167401 (2003).

第4章 表面等离激元波导的发展与近场特性

J. -C. WEEBER[1], A. -L. BAUDRION[1], M. U. GONZÁLEZ[1], A. DEREUX[1], RASHID ZIA[2], AND MARK L. BRONGERSMA[2]

[1]Laboratoire de Physique de l'Université de Bourgogne, 9 Avenue A. Savary, BP 47870, F-21078 Dijon, France, jcweeber@u-bourgogne. fr

[2]Geballe Laboratory for Advanced Materials, Stanford University, Stanford, CA 94305

4.1 引言

极化激元(polariton)是一种与极化电荷密度的振荡相关的电磁模式。有两种介质,其频率相关的复介电函数分别为 ε_1 和 ε_2,且实部具有相反的符号,根据色散关系[1]: $k_{sp} = (w/c)\sqrt{(\varepsilon_1\varepsilon_2)/(\varepsilon_1+\varepsilon_2)}$(其中 k_{sp},w 和 c 分别为表面极化激元面内波矢,角频率和光速),则表面极化激元(surface polaritons)存在于两种介质的界面处,其电磁场在两种介质中指数衰减。如果介电函数实部为负值的材料是金属,那么极化电荷密度振荡即对应电子气的振荡。在这种情况下,表面极化激元则被称之为表面等离极化激元(surface plasmon polariton,SPP)。在扩展的金属薄膜上激发的 SPP 已经研究了几十年,与之不同的是,存在于有限宽度的薄金属薄膜(即金属条带)上的 SPP 直到最近才得到关注。这些金属条带可看作 SPP 波导,它们在基于表面波的光学器件的发展过程中必将起到极为重要的作用。

当被嵌入电介质中时,这些金属条带(metal strips,MS)能够支持长程类型的 SPP 模式,在通信频段,其模式传输距离可达到数毫米[2-4]。最近,基于 MS 的无源和有源器件,如耦合器和调制器[5-7]均已得到实验验证。如果沉积金属条带的基底与上包层的折射率不同,SPP 的场将更深地穿入金属中。与折射率完全对称的结构相比,这种折射率非对称的情况导致 SPP 的传输距离大幅变短。然而,对于实际所需的传输距离比较短的小尺寸的光学元件[8]或生物传感器而言,非对称的 MS 仍然具有潜在的应用前景。此外,SPP 在非对称 MS 中传输时,在垂直方向的场约束效果远强于对称的 MS,这一特性使得非对称 MS 适合集成于共面结构的光学系统设计。

在这项工作中,我们借助近场光学显微镜,即光子扫描隧道显微镜(PSTM)[9],详细研究了沿 Au 条带传输的 SPP。我们首先分析了宽度不同的 MS 对应的近场强度分布。首先描述 SPP 直波导的传输特性,随后重点研究用于 SPP 路由的双弯形 MS。为了改善该路由功能,我们构造装配有微光栅的波导结构,其中微光栅由周期性的表面缺陷(隆起、狭缝)组成。对于 SPP 模式,这些微光栅起到布拉格镜的作用。集成于金属条带中的倾斜布拉格镜可令 SPP 在沿 90°直角转弯时获得很高的传输效率。最后,我们展示了基于金属条带结构的 SPP 分束器的制备。

4.2　实验背景

4.2.1　近场显微镜

本工作的实验设备 PSTM 的结构如图 4.1 所示。显微镜由三部分构成:一个光学平台,一个压电管扫描器以及一个数据采集系统。光学平台用于以克雷奇曼-雷特尔装置(Kretschmann-Rather configuration)激励 SPP。使用折射率匹配液把样品吸附在直角玻璃棱镜的斜边上,以保持样品基底与棱镜之间折射率的连续性。钛蓝宝石激光器所发射的激光通过适当的透镜聚焦引入单模光纤,产生平行或聚焦的光束,用于对样品进行照射。在激发光纤的尾端安装一个三轴微定位器,用于定位,及控制样品上的光斑的焦点位置。通过旋转平台精细调整入射角以获得 SPP 的激励。当入射角 θ 满足公式 $nk_0\sin(\theta)=k_{sp}$ 时,SPP 能够被有效激发。式中 nk_0 是进入棱镜的入射光的波矢量,k_{sp} 是 SPP 面内波矢。这项工作中所有的实验结果均是通过 PSTM 探针得到的,而探针由涂覆铬(Cr)膜的锥形多模光纤组成。首先采用标准的加热-拉伸技术制备锥形光纤,随后沿其轴向旋转光纤以涂覆 Cr膜。将 PSTM 探针安装在压电管上,紧邻样品表面扫描。由于 PSTM 探针的折射率大于周围介质(在本例中为空气)的折射率,SPP 倏逝波受到抑制并转化为传导模式。PSTM 探针的输出端与光电倍增(photo-multiplier, PM)管相连。在此处将探针尖端探测到的近场强度转换成电流信号并由电流/电压放大器放大(一般来说增益 10^6)。因此,针尖对应样品的各个位置,正比于近场光强的电压信号被传送至数据采集系统。尖端保持一定的高度(典型的尖端-样品间距约为150 nm)扫描,由此我们得到一个在与样品表面平行的观察面内的近场电场分布。

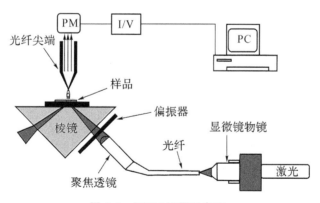

图 4.1　PSTM 设置示意图。

4.2.2　样品制备

本项工作中采用电子束光刻(electron beam lithography, EBL)来制备样品,当需要构造其他图形时,则结合聚焦离子束(focused ion beam, FIB)进行切削。EBL 的制备过程分为六个步骤:首先在带有氧化铟锡(indium tin oxide, ITO)的玻璃基底上旋涂聚甲基丙烯酸甲酯(poly-methyl-methacrylate, PMMA)层(典型的厚度为 200 nm);其次,烘干PMMA 层;随后在装配有电子束运动可控化软件的扫描电子显微镜下进行曝光;然后将曝光过的 PMMA 区域溶解掉;接着在样品上覆盖一层金属;最后用化学法去除未曝光的 PMMA 区域以剥离金属薄膜。在我们的工作中,典型厚度为 50 nm～60 nm 的 Au 膜被蒸发到样品上。剥离后,在玻璃基底上最终得到正性的 Au 图形。

4.3　结论

4.3.1　金属条带模式的场分布

由通道波导和平板波导所支持的不同传导量(guided volume)的电磁模式类推,可预测一个传导的 SPP 沿有限宽金属膜(金属条带)传导时具有与沿无限宽扩展的金属膜不同的特性。例如,已展示了 SPP 的衰减与其所沿着传输的 MS 的宽度有关[10]。类似地,MS(MS‑SPP 模式)中的 SPP 场分布也与波导的宽度有关。为研究 MS 的模式场分布,我们所选择的结构如图 4.2(a)和(b)所示。样品由宽度不同的 MS 组成,并连接成更大的薄膜区域。通过前面实验章节所描述的方法,利用一个聚焦光斑在延伸的薄膜区域激发表面等离激元。局部激发的 SPP 沿延伸薄膜的表面传播,并与 MS 支持的 SPP 相耦合。图 4.2(c)和(d)分别为由自由空间波长 $\lambda_0 = 800$ nm 的入射光激励的宽为 2.5 μm 的 MS 的原子力显微镜(AFM)图像和所对应的 PSTM 图像。可以看到,在波导之上,场分布呈现出一个匀整的纵向三峰结构,这一强度上的多峰分布是对于固定入射波长和给定 MS 宽度的 SPP 模式的特征[11,12]。

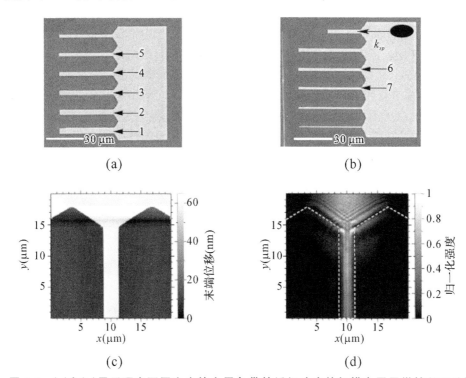

图 4.2　(a)和(b)用于研究不同宽度的金属条带的近场响应的扫描电子显微镜(SEM)图像。(c)连接延伸薄膜区域和宽度 2.5 μm 条带的锥形区域的原子力显微镜(AFM)图像。(d)2.5 μm 宽条带的 PSTM 图像。在延伸的薄膜区域激发的 SPP 与沿条带传输的 SPP 耦合。

通过拍摄宽度在 $W = 4.5$ μm 到 $W = 1.5$ μm 范围之间的 7 根波导的 PSTM 图像,研究了 MS 宽度对其近场分布的影响。所有的图像均为入射波长在自由空间为 800 nm 时所得到的。这些 PSTM 图像的横截面(沿 x 轴提取的),以及由 AFM 测得的条带轮廓剖面如图 4.3 所示。需注意,MS 为 SPP 场提供了一个非常有效的横向约束。事实上,除了 $W=1.5$ μm(大概对应 $2 \times \lambda_0$)之外,对于宽波导在 MS 的宽度范围内,近场强度衰减至零,对于窄的波导,在波导侧壁边缘的位置近场强度衰减为零。

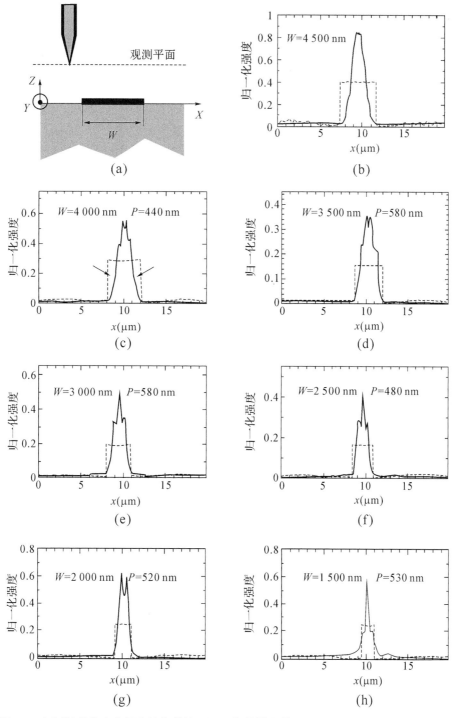

图 4.3　(实线)几种高度恒定的条带的近场图像的横向截面。所有这些图像所用的入射波长均为在 800 nm(自由空间中)。(虚线)金属条带的轮廓剖面。

MS 的近场光学轮廓由其宽度(W)决定,光学轮廓图中峰的数量和/或峰间距 p 随着 W 的减小而下降。很明显,这些横向强度图形所持有的性质是光波导模式的特征。然而,这些峰的物理本质,尤其是这些峰与 MS 传导模式之间的联系,仍然是有争议的话题。

最近已发现玻璃基底上有限宽的 MS 可支持表面等离激元泄漏模式,相比于延伸金属膜上激发的 SPP,其相位常量仅有极小的差别[13]。这些模式的物理本质是反向传输的 SPP 在 MS 的边缘发生连续的全内反射形成的干涉。因此,可通过类比那些由折射率引导提供横向约束的传统介质平板波导[14]来理解这些模式。正如介质平板的标准化的相位常数,波导位于高折射率的芯层和低折射率的包层之间。表面等离激元 MS 模式的标准化的相位常数存在于高折射率的 SPP 芯层和低折射率的空气包层之间。

考虑到我们的照明方式,最初沿延伸的薄膜区域激发的 SPP 可耦合到 MS 上的表面等离激元泄漏模式之中,两者在动量和重叠性方面匹配的很好。因此,我们所观察到的场分布很可能是由数个这种模式形成的多模激发而导致的。这一假设可得以支持,因为实验观测到的横向多峰和模拟得到的 MS 上的电场强度分布是一致的[13]。随着条带宽度的增加,所支持的 MS 泄露模式的数量也会增加,伴随着更多的光强峰。例如,宽度为 $1.5~\mu m$ 和 $2.5~\mu m$ 的条带上仅支持单一的具有 3 个横向强度峰的 MS 基模,而宽度为 $3.5~\mu m$ 的条带还支持具有 4 个这种强度峰的高阶模(值得注意的是除了反向传输 SPPs 形成模式干涉而导致的强度峰之外,还有两个峰与 MS 边缘的介质显著不连续性有关。因此,MS 基模具有 3 个而不是一个峰)。这些模拟结果与图 4.3 所示的实验结果很好地相吻合,但对于实验中的横向奇偶性为奇数的高阶模仍存在问题。鉴于延伸薄膜区域产生的最初的 SPP 应该是横向对称的(即奇偶性是偶数),人们会怀疑其与奇数模式的重叠积分可能会很小。然而,目前尚不清楚在照明或结构中可能存在的微小不对称性是否已可满足这类模式的激励条件。

另一方面,毫无疑问的是条带边缘对 MS-SPP 模式的近场分布起着重要的作用。基于以上实验结果,MS 的场分布同样可归因于有限的界面 SPP 模式(对应于给定 MS 所支持的漏泄基模)和 MS 边缘所支持的本征模式之间的耦合[12]。

虽然尚未完全理解,MS-SPP 模式的近场强度分布在未来的应用仍极具吸引力。特别是,用 MS 实现场约束是设计集成化的光学器件(如定向耦合器)的一个重要的因素。由于 MS 具有非常有效的场约束,可被用作 SPP 波导。然而,为了有效地实际应用,MS 应能够对 SPP 的传输方向进行操纵。特别是,MS 应允许 SPP 沿弯曲的路径传输。基于以上观点,我们重点分析两种不同的令 SPP 沿弯曲路径传输的方法:(1)沿着弯曲的条带改变传导方向;(2)在条带内侧集成基本的光学元件,如反射镜。

4.3.2　金属条带模式的路由

均匀弯曲的金属条带

引导 MS-SPP 模式沿弯曲路径传输的最简单的方法是采用弯曲的条带。为了评估 SPP 沿弯曲 MS 的传输效率,我们制备了如图 4.4(a)所示的样品。该样品由两个 MS 连接于一个大的激发区域组成,直 MS 和弯曲 MS 之间需有足够大的间距($1~\mu m$)以避免两个波导之间出现显著的串扰。为实现连续,在沿 x 轴横截面方向直波导和弯曲波导尺寸均为 $2.5~\mu m$,这导致弯曲区域的宽度略微变小($W = 2.5~\mu m / \cos\theta$)。同样的,沿 y 轴弯曲区域的长度为 10 μm,该长度随着弯曲角度的增大而略微增加。双 MS 由照射在延伸薄膜区域的聚焦光束所激发:入射光斑的束腰足够大,以至于可同时激发直 MS 和弯曲MS。图 4.4(b)展示了 $\lambda_0 = 800$ nm 时,弯曲角度为 10°的双 MS 的典型 PSTM 图像。正如前面讨论所预测的一样,我们在整个长度的直 MS 中均观察到了近场强度的三峰分布;而对于弯曲波导,这一模式结构在其输入端清晰可见,但从弯曲段的起始处开始就变得难以辨认。显然,相比于直波导传输,SPP 沿双重弯曲 MS 传输时产生了额外的损耗(主要是散射损耗)。我们比较了弯曲 MS(I_0)和直 MS(I_0^r)输出端的近场强度,对针对其对应的波导输入量(I_i 和 I_i^r 分别对应着弯曲 MS 和直 MS)做了归一化,以量化这些损耗。于是,弯曲损耗可由下式给出:

$$\pounds(\text{dB}) = -10 \times \log\left[\frac{I_0}{I_0^r} \times \frac{I_i^r}{I_i}\right] \tag{4.1}$$

　　输入和输出的近场量可从 PSTM 图像(见图 4.4(b))的横向的截面中提取。需注意,我们采用这些量来计算弯曲损耗时,并不能说明 SPP 沿弯曲 MS 比沿直 MS 传输的距离更远。因为弯曲 MS 中的这一额外增加的传输距离非常小,与之相关的衰减与弯曲损耗相比可忽略。图 4.4(c)展示了实验测量的损耗与弯曲角度的函数关系。正如所料,以这种方式,损耗随着弯曲角度的增大而增大。当弯曲角度为 12° 时,弯曲 MS 末端的信号大约为直 MS 的一半。对于一个衰减很小的传导系统,这一损耗量级是合理的,而对于 SPP 波导而言这是一个局限。事实上,由于 SPP 传输距离短,为改变方向所需的距离不能是任意长度。因此,在小弯曲角度情况下,只能得到 SPP 的传输方向适度的横向移动。例如,对于我们所使用的样品,弯曲角度为 10°对应的横向移动为 1.5 μm。值得注意的是这一移动距离比 MS 的宽度小。因此,一部分沿着一条直线轨迹传输的入射 SPP模式能够到达弯曲 MS 的输出端,并没有被这些转弯所转向。基于这一原因,由一个给定弯曲角度所得到的损耗会随着倾斜条带的长度而增大,直到输入波导和输出波导之间不再存在横向重叠,损耗不再增加。在任何情况下,SPP 以很低的损耗沿急转弯 MS 传导都是不现实的,因此必须发展替代的解决方案。最近已展示了利用紧密排列的 Au 纳米颗粒线所形成的微光栅起到 SPP 布拉格镜的作用,可使得沿延伸薄膜传输的 SPP 有效地偏转[15]。因此,利用这种集成于 MS 内侧的倾斜布拉格镜实现类似于 MS - SPP 的路由功能的能力值得研究。

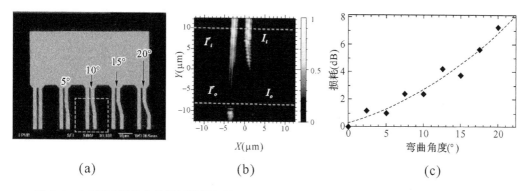

　　(a)　　　　　　　(b)　　　　　　　(c)

　　图 4.4　(a)用于评估弯曲损耗的样品的 SEM 图像。(b)由参照直波导和双重弯曲波导组成的双MS 的 PSTM 图像(弯曲角度为 10°)。(c)弯曲损耗与弯曲角度的函数关系图。

微结构化的金属条带

MS-SPP 模式的场能够被横向束缚在数个 SPP 波长长度的典型距离内,这种紧束缚必对应于一个宽的平面波谱,也因此对应一个大的 SPP 波导数值孔径。为了评估 MS 的数值孔径,我们设计了如图 4.5(a)所示的宽为 2.7 μm 的 MS 样品,由波长 $\lambda_0=800$ nm 的光激发。图 4.5(b)显示了图 4.5(a)中白色虚线范围内的 PSTM 图像。可看到,当 MS 模式到达更宽的平板($W=8$ μm)时分散地延展开。我们利用在平板的水平方向边缘的散射斑测得其延展角 φ 大约为 17°。另一方面,可利用表面缺陷光栅使延伸薄膜上的 SPP 发生布拉格反射,但前提是其面内波矢为

$$k_{sp} = \frac{k_g}{2 \times \cos\theta} \tag{4.2}$$

其中 $k_g = 2 \times \pi/d$ 代表光栅的布拉格矢量,θ 是 SPP 在光栅上的入射角。因此,在给定频率下,周期为 d 的 SPP 布拉格镜对一个固定的入射角 θ 是有效的(或以 θ 为中心的附近的小范围内的入射角)。将该结果与我们之前观察到的 MS 模式显著的分散传播现象相结合,可得出如下结论:并不能对一个束缚 MS 模式的所有的平面波扩展分量都满足布拉格条件。换句话说,提供给平行入射的 SPP 波束的布拉格镜反射效率无法直接转换为 MS 模式。

为深入探索 MS 模式和微光栅之间的相互作用,我们采用聚焦离子束方法在宽为 2.5 μm 的条带上刻蚀周期性的狭缝阵列(图 4.6(a)和(b)),其中光栅的周期为 400 nm,狭缝的宽度为 150 nm。采用 $\lambda_0=800$ nm 的入射光时所得到的均匀的条带和微结构化的条带的 PSTM 图像分别如图 4.7(a)和(b)所示。

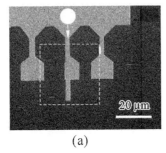

(a)

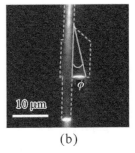

(b)

图 4.5 (a)用于研究 MS 模式延展角的样品的 SEM 图像。(b)对应于图(a)中虚线范围内的 PSTM 图像,输入条带的宽为 2.7 μm。当其到达更宽的区域,MS-SPP 模式的延展角为 17°。

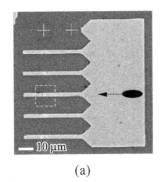

(a)

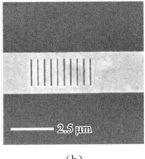

(b)

图 4.6 (a)和(b)装备了布拉格镜的 MS 的 SEM 图像,其中布拉格镜由狭缝微光栅组成,微光栅的周期为 400 nm,狭缝的宽度为 150 nm。

　　沿每个条带中心所提取的纵向截面如图 4.7(c)和(d)所示。均匀条带截面的主要特征是波导的末端具有强烈的散射斑,而微结构化的光学轮廓呈现出明显的周期性驻波。该驻波图案是由入射 SPP 模式与由镜背向反射的模式之间的干涉形成的[16]。通过对比均匀的 MS 和微结构化的 MS 驻波图案的振幅,我们得到如下结论:微光栅的反射效率显著大于条带尾端的陡阶的反射效率。

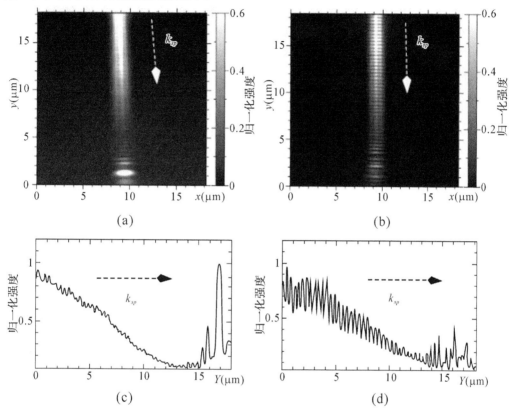

图 4.7　(a) 均匀的 MS(宽为 2.5 μm)的 PSTM 图像。(b) 微结构化的 MS 的 PSTM 图像(见图 4.6(b)),激发传输 SPP 的入射光的自由空间中的波长为 800 nm。(c)((d))沿均匀的(条纹化的)条带中心提取的纵向截面。

　　因此,微光栅的反射效率是由入射 SPP 与数个狭缝之间的相互作用所决定的,而不是由光栅中的第一个狭缝的散射所决定的。为了证明微光栅起到了布拉格镜的作用,我们研究了不同结构参数对反射效率的影响。镜的反射效率由实验 PSTM 图像上可见的干涉条纹的调制深度来估算。调制深度是对最多达数十个的条纹取平均值得到,对比度由下式定义:

$$C = \frac{I_{\max} - I_{\min}}{I_{\max} + I_{\min}} \tag{4.3}$$

其中 $I_{\max}$ 和 $I_{\min}$ 分别代表给定的最大近场强度和随后的最小近场强度。需注意,我们利用此调制深度可比较各种镜的效率,但无法计算它们各自的反射率。事实上,由于 PSTM 针尖的有限尺寸导致的波动,我们实验得到的对比度可能被低估,使得我们无法精确地计算出镜的反射率。如图 4.8(a)展示了微光栅的调制深度随狭缝数量增加的关系图,当狭缝数量大约为 $N_s = 10$ 时反射率达到渐近线对应的值,由此得到结论:SPP 在条纹化的区域传输时具有较大的损耗。微光栅与 SPP 的相互作用已由等效布拉格镜模型

(equivalent Bragg mirror model, EBM)定性地模拟了, 该模型由(A)和(B)两种材料的多层堆叠组成, 两种材料的厚度分别等于狭缝的宽度(150 nm)和狭缝之间的间距(250 nm)。考虑到入射平面波垂直入射到 EBM 的上方, 10 层(A)材料时会发生 EBM 反射率饱和, 通过这种方法可以经验性地得到材料(A)和材料(B)的折射率。当材料(A)和(B)的折射率分别为 $n_{(A)} = 1.0 + i0.3$ 和 $n_{(B)} = 1.01$(见图 4.8(d))时[16], 与实验数据定性吻合。这些折射率的值已被用于模拟周期为 400 nm(见图 4.8(e))的微光栅的光谱响应以及不同周期的光栅反射率(见图 4.8(f))。我们发现实验结果与采用这种简单布拉格镜模型计算得到的反射率非常好的吻合。以此可得如下结论:对于 MS - SPP 模式, 集成于金属条带的微光栅起到有损布拉格镜的作用。

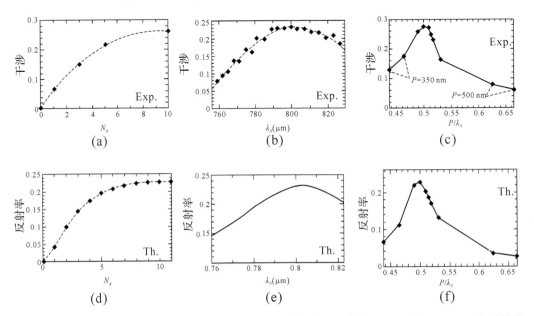

图 4.8　(a), (b), (c):干涉条纹的调制深度随(a)布拉格镜(周期为 400 nm, $\lambda_0 = 800$ nm)中狭缝的数量 N_s, (b)入射波长(周期为 400 nm, $N_s = 10$), (c)周期与 λ_0 的比率变化的函数关系。(d), (e), (f):折射率作为等价布拉格镜((A)和(B)两种材料堆叠组成, 见本文)的各种结构参数的计算, (d)布拉格镜(周期为 400 nm, $\lambda_0 = 800$ nm)中(A)层的数量 N_s, (e)入射波长(周期为 400 nm, $N_s = 10$), (f)周期与 λ_0 的比率。

用于 MS 模式路由的倾斜布拉格镜

基于以上的研究结论, 相对于条带轴方向倾斜的微光栅已用于使 SPP 沿弯曲路径路由, 尤其是已设计并制造集成到金属条带的倾斜布拉格镜, 使 MS - SPP 模式沿 90°的转弯路由(其中入射自由空间波长为 800 nm, 光栅的周期为 550 nm)。这些集成的倾斜布拉格镜的扫描电子显微镜图像如图 4.9(a)和(b)所示。

这些样品是由双电子束光刻工艺制备的:首先画出布拉格镜的线条, 然后才是金属条带;在第二步的光刻之前, 为将条带叠加在布拉格镜上, 样品须精确对准。此处的布拉格镜不是由前面所提到的狭缝组成, 而是由宽为 150 nm 和高为 60 nm 的脊形的 Au 组成, 这是与之前的微结构条带的不同之处。我们对比了弯曲条带末端的散射强度(I_0)和作为参照的直条带末端的散射强度(I_0'), 以估算 MS - SPP 模式沿 90°弯度传输时的弯曲损耗, 其中直条带的长度 L_{tot} 等于弯曲条带的总长度 $L_1 + L_2$(见图 4.9(a))。通过它们对应的输入量,将输出强度归一化,再根据式(4.1)来计算其弯曲损耗。图 4.9(c)和(d)所示分别为参照条带和具有 10 个脊组成的布拉格镜的弯曲条带的典型的 PSTM 图像。根据参照条带和弯曲条带的输入端与输出端的小范围扫描的 PSTM 图像来精确测定相应的光强,观测到了典型的弯曲损耗低至(1.9±0.6) dB。

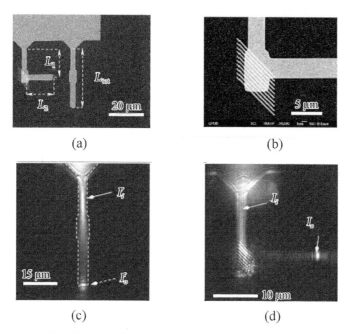

(a)　　　　　　　　　　　　　(b)

(c)　　　　　　　　　　　　　(d)

图 4.9　(a)和(b)倾斜布拉格镜组成的 90°弯曲条带的 SEM 图像,镜子由 60 nm 高的 Au 脊组成。通过对比参照直条带,得到了沿右向直角转弯 SPP 对应的损耗。(c)和(d)参照条带和直角弯曲条带的 PSTM 图像。

低损耗的 90°弯曲波导是构建众多光学器件所必需的基本单元结构,如分束器。图 4.10(a),(b)和(c)展示了所制备的样品,用于演示 MS - SPP 模式分束器。分束器的结构为:在两根条带的交叉处集成了由非常少的脊构成的布拉格镜。例如,我们利用只有 3 个脊的布拉格镜(见图 4.10(b))得到了如图 4.10(d)所示的 PSTM 图像。由于两个输出末端的散射光斑具有相同的强度,可推断出得到了一个 50/50 的 MS - SPP 模式分束器。我们发现分离器两个输出端的强度量级为参照条带末端强度的 40%。我们将布拉格镜中脊的数量从 3 增至 5(见图 4.10(c)),得到了如图 4.10(e)所示的分束器。在这种情况下,MS - SPP 模式主要沿分束器中垂直于输入条带的分支传导。事实上,我们已发现,在分支(1)(分支(2)为对比)末端的光斑是参照条带强度的 48%(对比为 19%),因此,该器件对应一个 70/30 的波束分束器。

4.4　总结和展望

总之,采用近场光学显微镜的方式表征了 SPP 沿均匀和微结构化的金属条带的传输特性。我们展示了 SPP 沿金属条带传输的场在横向上是紧束缚的。由于这一束缚特性,人们可预想到极为邻近的金属条带之间的串扰很弱,因此,有机会将 MS 以很高的密度集成到共面几何结构中。这一前景在 SPP 生物传感器的小型化方面具有极大的意义。

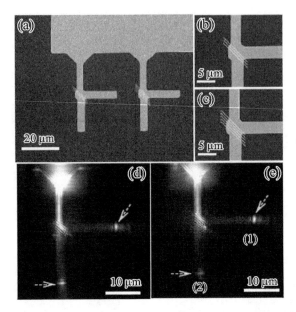

图 4.10　(a),(b)和(c)基于 MS 的 SPP 分束器的 SEM 图像。采用两种结构:3 个脊(b)和 5 个脊(c)组成的镜子。(d)(参照(e))由 3 个脊(参照为 5)组成布拉格镜的分束器的 PSTM 图像。

通过对金属条带的纹理化,我们已展现了由周期性表面缺陷构成的微光栅图形对 SPP 条带模式起到了一个有损布拉格镜的作用。我们还发现倾斜布拉格镜对 SPP 沿急转弯波导的路由也是有效的。特别地,我们已演示了基于 MS 的 SPP 波束分束器的制备技术。这为设计更为复杂的器件,如干涉仪,开辟了一条途径。为此目的,在基于 SPP 的光学器件的下一步发展过程中,并展对动态控制系统的研究是十分必要的。

致谢

作者非常感谢 E. Devaux 博士和 T. Ebbessen 教授采用聚焦离子束技术制备了纹理化的条带。此项工作还获得了卓越"等离子—纳米—器件"的欧洲网络(项目号:FP6 - 2002 - IST - 1 - 507879)和勃艮第地区委员会的支持。

参考文献

[1] H. Raether: Surface Plasmons, Springer Tracts in Modern Physics, Vol. 111 (Springer, Berlin, 1988).

[2] P. Berini: Plasmon-polariton waves guided by thin lossy metal films of finite width: Bound modes of symmetric structures, Phys. Rev. B 61, 10484 (2000).

[3] P. Berini: Plasmon-polariton waves guided by thin lossy metal films of finite width: Bound modes of asymmetric structures, Phys. Rev. B 63, 125417 (2001).

[4] R. Charbonneau, P. Berini, E. Berolo, E. Lisicka-Shrzek: Experimental observation of plasmonpolariton waves supported by a thin metal film of finite width, Opt. Lett. 25, 844 (2000).

[5] S. I. Bozhevolnyi, T. Boltasseva, T. Sondergaard, T. Nikolajsen, K. Leosson: Photonic bandgap structuresfor long-range surface plasmon polaritons, Opt. Commun. 250, 328 (2005).

[6] T. Nikolajsen, K. Leosson, S. I. Bozhevolnyi: In-line extinction modulator based on long-range surface plasmon polaritons, Opt. Commun. 244, 455 (2005).

［7］T. Nikolajsen, K. Leosson, S. I. Bozhevolnyi: Surface plasmon polariton based modulators and switches operating at telecom wavelengths, Appl. Phys. Lett. 85, 5833 (2004).

［8］A. Hohenau, J. R. Krenn, A. L. Stephanov, A. Drezet, H. Ditlblacher, B. Steiberger, A. Leitner, F. R. Aussenegg: Dielectric optical elements for surface plasmons, Opt. Lett. 30, 893 (2005).

［9］R. C. Reddick, R. J. Warmack, T. L. Ferrell: New form of scanning optical microscopy, Phys. Rev. B39, 767 (1989).

［10］B. Lamprecht, J. R. Krenn, G. Schider, H. Ditlbacher, M. Salerno, N. Felidj, A. Leitner, F. R. Aussenegg, J-C. Weeber: Surface plasmon propagation in microscale metal stripes, Appl. Phys. Lett. 79, 51 (2001).

［11］J. C. Weeber, J. R. Krenn, A. Dereux, B. Lamprecht, Y. Lacroute, J. P. Goudonnet: Optical near-fielddistributions of surface plasmon waveguide modes, Phys. Rev. B 64, 045411 (2001).

［12］J. C. Weeber, Y. Lacroute, A. Dereux: Near-field observation of surface plasmon polariton propagation on thin metal stripes, Phys. Rev. B 68, 115401 (2003).

［13］R. Zia, M. D. Selker, M. L. Brongersma: Leaky and bound modes of surface plasmon waveguides, Phys. Rev. B 71, 165431 (2005).

［14］R. Zia, A. Chandran, M. L. Brongersma: Dielectric waveguide model for guided surface polaritons, Opt. Lett. 30, 1473 (2005).

［15］H. Ditlbacher, J. R. Krenn, G. Schider, A. Leitner, F. R. Aussenegg: Two-dimensional optics with surface plasmon polaritons, Appl. Phys. Lett. 81, 1762 (2002).

［16］J-C Weeber, Y. Lacroute, A. Dereux, E. Devaux, T. Ebbesen, C. Girard, M. U. González, A-L Baudrion: Near-field characterization of Bragg mirrors engraved in surface plasmon waveguides, Phys. Rev. B 70, 235406 (2004).

第5章 长程等离激元传输线数值模拟

ALOYSE DEGIRON AND DAVID R. SMITH

Department of Electrical and Computer Engineering, Duke University,
Durham, North Carolina, 27708, USA

5.1 引言

几乎所有的光电子或光子器件里都有用于导波的结构。然而在近几十年里,在实际的实现过程中,传导波的基本原理并未得到充分的发展。在微波或射频波段(radio frequencies, RF),波导一般为包括或不包括中心导体的金属壳结构[1],对于后者,波导的横向尺寸决定了其工作频率。金属在光波频段是相对较差的导体,一般认为不能用作光学器件。相反,由于电介质波导可利用较高折射率介质区域与自由空间或较低折射率介质包层之间的折射率不匹配,将光限制在垂直于传播方向的平面内,从而可应用于光学器件[2]。由于绝缘电介质的损耗低,光波导(如光纤)可支持具有超低吸收衰减的传输模式——通常小于 1 dB/km。

虽然当今技术越来越发达,但介质光波导的最小尺度仍被局限于介质中光波长的数量级或更大量级。因此,基于波导的器件,如耦合器、弯曲波导、干涉仪在光子线路中占据较大空间,为实现其功能通常需要多个波长的空间尺寸。

在射频和微波频段,使用金属作为波导和传输线使得其所支持的电磁波在传播时几乎不受它们波长的限制。例如,同轴电缆可传输频率从零(直流)到超过 100 GHz 的电磁波。由于电磁波能量可转化为与设计的金属结构的电导率和电容率有关的表面电流及电荷分布,因此使得这种传播可在金属结构中发生。

为了满足光波导的微型化和多功能化的要求,基于表面等离极化激元(SPPs)激发可控的波传导结构已出现[3-12]。SPPs 是沿着金属表面的二维电磁波和集体电子振荡的共振耦合形成的混合传导波[13]。SPPs 的特点在于它是限制于邻近界面的亚波长区域的大的、局域的电磁场,使其对周围环境非常敏感。因此,可通过对界面的合理设计调节它们的性质。此外,对 SPPs 的操控提供了一种突破衍射极限的压缩和控制光的方法。这些独特的特性使 SPP 结构在光频段为传输线得到了广泛关注:越来越多的理论和实验研究证明,低损耗 SPP 模式可有效地沿着具有亚波长横截面的金属条带传播[6-12]。

由于 SPP 的局域化取决于平面几何结构的固有电容率和电导率,且不受波长限制,所以在某种意义上来说光学中的 SPP 波导是光学中类似于射频和微波技术中的传输线。

然而,现有的用于分析低频下的传输线或光频下的介质波导的技术,不能用来确定 SPP 传输线的特性。这是由于 SPP 传输线的特性主要依赖于光频段金属固有的频率色散关系。材料的频率色散特性和模式的亚波长局域化,使得 SPP 波导传输线的数值分析变得十分复杂。有限差分和有限元方法均归结为对一个离散形式的麦克斯韦方程组的求解,为实现收敛所需的体积元的数量远大于只涉及正(无色散的)电介质材料或完美导体的情形。除了只需要最小的计算域,且形状最简单的结构外,目前的个人电脑无法满足其求解所需的网格要求。

　　大多数关于 SPP 传输线的分析都是基于半解析方法。然而,这类方法受到可求解的几何形状的限制。对于通常的 SPP 传输线的设计,最好是有一种方法能够很方便地对任意几何形状和材料构成的 SPP 传输线的模式都可以求解。对于在传输方向上特性不发生改变的传输线,其计算域能够显著减小,从而几乎成为一个二维问题。在本章,我们描述了一个基于本征模式求解器的数值方法,用于模拟 SPP 传输线。该方法对于实际几何形状设计和 SPP 传输线应用是十分有用的。在 5.2 节,我们将会简单回顾沿着金属条带传播 SPP 的理论和实验框架;5.3 节中将会描述我们基于商用有限元代码的模拟方法的原理;5.4 节将会介绍一些说明性实例。

5.2　物理背景

　　单独的金属-电介质界面所支持的 SPPs 的短寿命推动了将薄金属条带用作等离激元波导的发展。在这种情形下,由于在界面附近具有极高的场束缚效应导致了由金属吸收所带来的强烈衰减,SPPs 的传输长度很少超过数十微米(在可见光波段)[13]。然而,当 SPP 模式的场分布显著的延伸到电介质中,并且较少的限制在金属中时,其传输距离可更长。对于这种模式——经常被称为长程表面等离激元——由吸收引起的损耗是最小化的。长程表面等离激元实际上是两个或更多界面的 SPPs 显著交叠时所形成的耦合模式[15]。这种情况发生在各个模式能量相似且相互之间极为临近时——正如薄的光学金属薄膜和条带被对称介质(或几乎对称)包围时。

　　20 年前,首次报道了单独的金属薄膜中存在长程 SPPs[15,16]。当膜厚较小时,两交界处的 SPPs 之间耦合并形成两个横磁(transverse magnetic,TM)模,其场分布分别相对于膜的中心平面对称和反对称。根据惯例,对于中心对称平面结构中的反对称(或对称)模式,其垂直于表面的电场分量的解是反对称(或对称)的。反对称模式的特点是场分布主要限制在金属中,因此吸收损耗高,传播距离短,而对称模式可在厚度足够小的薄膜中长程传输。实际上,金属膜越薄,对称(反对称)模式衰减越少(多),因此当厚度接近为 0 时,理论上对称模式可能传输到厘米量级。然而,这需要非常弱的场限制性,从而使模式更接近为周围电介质层自由传输的电磁波而不是束缚在结构边界的 SPPs。因此,表面等离激元波导的实际设计是在低损耗传导和强电磁场限制两个因素之间的折中。

　　对于有限宽度的薄金属薄膜,最近也得到了相似的结论,虽然由于这些条带状的结构具有较低程度的对称性,导致其模式更加复杂且数目更多。例如,包含在均匀电介质(图 5.1(a))中的矩形条带所支持模式的场分布必须对称或反对称于与传输方向垂直的两个对称平面。对于这 4 种具有不同场对称性的模式,一系列的基模和高阶模式能够被激发并沿着金属条带传输,如同在空芯波导中传输电磁模式一样。此外,这些模式中有一些是长程 SPPs。特别地,其中的一种模式具有较大的应用价值,因为它既没有截止厚度,也没有截止频率,而且它的场分布图案使其可以用一个简单的端面耦合(end-fire)技术(例如:将光聚焦在金属条带输入端)来激励[6]。事实上,随着金属条带厚度的减小,这种有趣的模式变成沿着相邻电介质传播的横向电磁(transverse electromagnetic, TEM)波,与独立的金属薄膜的对称(长程)模式相似。Berini 利用传输线的半解析方法求解这种特殊结构的麦克斯韦方程,全面深入地描述了这种矩形金属条带的模式[6,7]。最近,Zia 等人提出了一种原创的方法,利用二维电介质平板波导的求解方法对模式建模,以简化问题[12]。虽然这是个非常理想化的模型,但其结果与 Berini 精确计算的结果非常吻合[6]。其他的理论研究也可在参考文献中找到,但他们主要讨论了非常细节的问题,如短程 SPPs 的近场特性[3]。

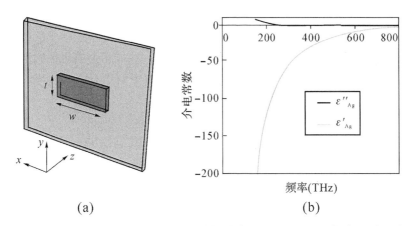

　　　　　　(a)　　　　　　　　　　　　　　(b)

图 5.1　(a) 模拟矩形截面的直波导的单元。求解域的水平边界是完美电壁;垂直图案边界是完美磁壁。(b) Ag 介电函数 $\varepsilon_{Ag} = \varepsilon'_{Ag} + i\varepsilon''_{Ag}$ 的实部为 ε'_{Ag},虚部为 ε''_{Ag}。

　　沿薄金属条带传播的 SPP 模式也已进行了实验研究。一方面,利用玻璃基底上放置金属条带的非对称结构研究了短程 SPPs 的性质。例如,利用近场测试绘制出该非对称 SPP 模式在空气-金属界面周围的场分布图[4]。远场测试进一步确定这种非对称模式波导的传播距离在光频段难以超过 50 nm[5]。另一方面,长程传输模式的存在也已被确认,所选用的是包含金属条带和各向同性电介质的对称波导结构,其中金属条带长度为毫米级,且金属条带嵌入在电介质之间[8-11]。这些研究也表明单个对称波导组合起来可构成无源光学元件(如接头或耦合器)[9],甚至有源器件也得到了演示,如热光干涉仪和开关[11]。

　　所有的这些研究成功证明了金属条带作为表面等离激元传输线的巨大潜力。然而,应该注意到这一课题仍处于发展的起步阶段,因为目前的理论工作仅适用于高度理想化的结构,如表面完全光滑和拐角锐利的金属条带。由于人们对 SPPs 波导设计的兴趣日益增加,需要开发出更加新颖的仿真工具,以便我们更好的理解实际的样品(包括材料色散,表面粗糙度等)并设计出创新的结构。下一节我们将介绍一种仿真方法,或许能够缩小当前理论研究和实验研究的差距。

5.3　数值方法

　　此处研究的结构是嵌入在均匀电介质(通常为玻璃或 SiO_2)中的无限长 Ag 条带。使用有限元商业软件 HFSS(Ansoft)数值求解恰当定义的特征值问题,从而来研究该结构的特性。有限元方法的原理是把计算域划分成更小的单元,再分别求解这些小单元。通过每个单元的解推导得到整个计算区域的解,采用逐次精化计算网格得到收敛的真实结果。在我们介绍的案例中,计算域是包含波导横截面的封闭区域,如图 5.1(a)所示的矩形条带。为了模拟一个无限大结构,在平行传输的方向采用周期性边界条件,然后其余边界设置为距离条带足够远的完美导体边界,以防止 SPP 模式受到任何的扰动。周期性边界条件确保计算域一个面的电磁场与另一个相位延迟 φ 的反向面的电磁场相匹配。因此场分量需要满足条件 $f(z+d)=\exp(\mathrm{i}\varphi)f(z)$,其中 z 是平行于传输方向的空间坐标,d 是两个周期性面之间的距离。一旦 φ 固定,本征问题就可以通过单位内的材料和边界条件来确定。原则上,每一个 φ 都能得到无数个本征模式,每一个模式都具有不同的复频率。

同大多数数值方法一样,模拟等离激元结构的主要困难是它的模式密度常常变得很大,且每个模式的频率非常接近。对于通过求解离散的麦克斯韦方程组的数值求解方法,分布接近的等离激元模式求解容易转变为病态矩阵(频域),求逆之后结果将不准确。在时域上,极大的模式密度(mode density)导致收敛缓慢。我们此处并不针对这一问题提出特别的解决方法,而是利用对称性(包括平移和反射)尽量减小计算域的大小。即使是我们的受限制的计算域,除了能够支持波导的 SPP 模式之外,还支持多种谐振腔模式。因此需要对场分布进行仔细的回顾,以分辨出我们需要的解,如,场分布在金属条带边界处的模式。

单元内材料参数的定义是我们在本征求解过程中另一个自洽问题。采用非优化迭代法使模式达到收敛,其材料参数,频率和相位超前保持一致。例如,在接下来的模拟过程中,假设一个无损耗的介质,其介电常数 $\varepsilon_d=4$,Ag 条带的复介电函数 ε_{Ag} 由 Johnson 和 Christy 的实验数据拟合确定[17]。如图 5.1(b)所示,ε_{Ag} 随频率变化而发生极大的变化,因此,金属条带的介电常数一旦确定为某个常数 ε_{const},模式的频率 ν_0 必须与 $\varepsilon_{Ag}(\nu_0)=\varepsilon_{const}$ 一致,才能获得有效解。对每一个模式而言,均需要调整两个周期性平面之间的初始相位延迟 φ 来满足前面的等式。迭代过程是从估测 φ 的初始值开始的,一旦得到一个自洽解,这个过程就完成了。确定 φ 之后,从 $\exp(\mathrm{i}\varphi)=\exp(\mathrm{i}\cdot k_{xr}\cdot d)$ 的定义中就可知道传输常数的实部 k_{xr}。

模式 $\nu(k_{xr})$ 的色散曲线是通过反复模拟不同 ε_{Ag} 值得到的,如图 5.2 的例子中 Ag 条带宽为 $1~\mu\mathrm{m}$,厚为 $40~\mu\mathrm{m}$。而传输常数的虚部 k_{xi} 是平行于表面的,根据关系式 $k_{xi}=2\pi\nu''/\nu_g$,可以任何频率的情况,其中 ν'' 是频率的虚部,ν_g 是群速度,也就是 $\nu(k_{xr})$ 的导数。

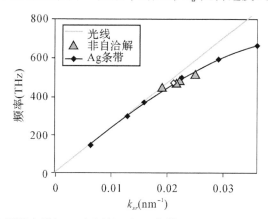

图 5.2　嵌入在各向同性介质($\varepsilon_d=4$)中的矩形 Ag 条带($w=1~\mu\mathrm{m}, t=40~\mu\mathrm{m}$)的色散曲线。灰色三角形表明在 $\nu_0=473.61~\mathrm{THz}$(对应自由空间波长 $\lambda_{vac}=633~\mathrm{nm}$)处得到自洽解的迭代过程。曲线上的白色菱形代表迭代过程收敛的真实结果。

应该注意到,我们对 SP 波导建模的方法可推行到射频或微波频率下传统平面传输线的模拟。这种情况难度较小,因为这种结构通常包括两个导体去引导电磁波,因此可通过确定偏振,电压以及两个导体间的阻抗直接使我们感兴趣的模式收敛。

5.4　结果

我们重复了 Berini[6] 报道的一些重要结果,其中矩形截面的 Ag 条带被介电常数 $\varepsilon_d=4$ 的均匀介质包围(图 5.1(a))。正如前面所提,由于几何对称性,四种类型的模式都会出现。其中的每一种均被两个对称结构平面的特定场分布描述,通过将电壁和/或磁壁以合适的方式组合成一半结构,这些模式将分别产生。因此仅需要模拟 1/4 的结构,极大地减少了计算时间。然而,利用有限元算法模拟条带并不简单,因为该结构的 90°拐角处产生很强的奇异场,若不采用一个非常大的有限元网格就无法恰当解决。接下来,我们通过将条带的拐角轻微修正成圆角,以避免这个问题并缩短计算时间。正如我们看到的,这一修正并没有对结果产生明显的影响。

如图 5.3 所示,在该结构的四个基模中,波矢的实部和虚部为条带厚度的函数。在自由空间波长 $\lambda_{vac}=633$ nm 的条件下,计算了条带宽度为 1 μm 的模式,圆角的曲率半径 $r=5$ nm。我们根据 Berini 提出的命名法标记了模式,其中对于矩形结构,占主导地位的电场分量是 E_y,用一对儿字母分别表明 E_y 相对于水平和垂直的平面对称或者反对称。下标 b 指束缚在表面的模式,上标注指沿着最大尺寸方向 E_y 空间分布的极大值的数目。

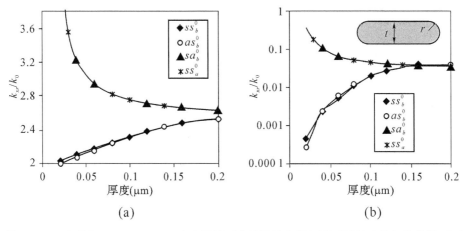

(a)　　　　　　　　　　　　　　　(b)

图 5.3　Ag 条带($w=1$ μm,$r=5$ nm)支持的四个基模的实部(a)和虚部(b)的色散曲线,自由空间波长 $\lambda_{vac}=633$ nm。数据由自由空间波矢 $k_0=2\pi/\lambda_{vac}$ 归一化得到。内嵌图:结构形状。

模式本质上表现为两个相反的行为,这是由它们的场分量 E_y 关于水平对称结构的平面是非对称或对称的而决定的。然而对于研究的不同厚度情形,图 5.3(a)和 5.3(b)中上分支的模式保持下降,下分支中描述的其他两个模式随着条带厚度减小而最终分裂。尤其是 ss_b^0 模式的色散曲线几乎与无限宽 Ag 膜的对称模式完全相同[6]。分支的曲率与相应模式的场分布有关。如图 5.4(a)和 5.4(b)所示,上分支模式的场局域在拐角附近,随着条带厚度的减小而逐渐渗透到条带中。局域模式具有更小的群速度,因此具有更高的吸收衰减,使其波矢的实部和虚部都增大。相反地,图 5.4(c)和 5.4(d)表明,随着厚度的减小,下分支模式的场围绕在条带周围传播,并延伸到更远的介质区域。这些模式类似于(无界的)TEM 模式,在电介质内自由地传输。由于束缚较弱,几乎与 TEM 一样,波矢量的虚部消失,但它们的实部趋于介质材料中平面波的值,表现为我们所期待的长程SPPs 行为。应该注意的是,实际应用中常常需要权衡传输长度与场的限制程度,做出取舍。

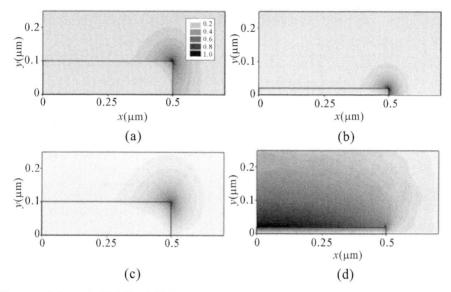

图 5.4　对应于不同厚度的 sa_b^0 模式(**a,b**)和 ss_b^0(**c,d**)的电场分布,此时波长为自由空间波长 $\lambda_{vac} =$ 633 nm。

上面的结果与 Berini 的计算结果非常一致[6],在厚度较大情况时,图 5.3(a)和 5.3 (b)中的分支取值非常接近。对于波矢的实部和虚部,其差值均为 2‰～3‰ 量级,这主要是由于条带拐角附近很强的场局域化所引起的。这种局域化使得模式对特定几何形状的拐角非常敏感,因此基于圆形拐角计算得到的结果与 Berini 计算的结果有差异并不奇怪,在 Berini 的计算中假设拐角为 90°。相同的结论应用于上分支的其他部分,其场分布大部分都被局域在拐角附近。与之相反的是,在厚度较小时,尖锐拐角和圆形拐角结构的下分支模式几乎相同。这与我们预料的相吻合,在条带周围的场和条带的形状,而不是局部的细节对 SPPs 产生了更多的影响。

通过仔细分析拐角曲率对基模场分布和频率的影响,上述定性讨论可以定量化被证实。图 5.5 分别绘制了 40 nm 和 160 nm 厚的条带 ss_b^0 模式的波矢与曲率的函数关系。正如我们之前考虑的,在条带最薄的情况下,波矢仍几乎保持不变,这是因为此时场分布不再局域在拐角附近。而条带最厚时情况是相反的,此时波矢的实部和虚部都会下降。有趣的是,这个结果表明在条带较厚时,仅通过使拐角变圆,衰减长度就可增加。图5.6(a)和 5.6(b)画出了 90°拐角和完全为圆形拐角时的模式场。后者的模式沿着结构的长边延伸而不再被局域在拐角附近,延伸到更深的介电区域,最终由于金属吸收而衰减。

同样的结论也适用于其他模式。但应该注意,随着拐角曲率增加,短程基模的场分布(如图 5.3 中的上分支模式)沿着条带较短的边缘而非较长的边缘延伸(如图 5.6(b)和5.6(d))。为了解释此差异,我们对比了圆柱线中支持的模式,其中圆柱线截面半径与条带的曲率半径相同,如图 5.6(c)和 5.6(d)所示。图 5.6(e)和 5.6(f)绘制了通过计算 1/4 线状结构的两个模式的电场,计算过程中采用了之前分别用于产生条带的 ss_b^0 和 sa_b^0 模式的完美导体边界。结果表明后一种模式与条带拐角附近的 ss_b^0 和 sa_b^0 模式的场图案类似。换句话说,条带矩形截面的拐角变圆改变了 SPPs 的性质,如同后者趋向于具有同样场对称性的圆柱线的模式。此外,这个结论只有当条带的模式局域在边缘附近时才成立。对于薄的条带,图 5.3 的下分支模式是长程的且对拐角的形状非常不敏感。同时,小的表面粗糙度对这些模式也不会产生太大影响,下文将对其进行解释。

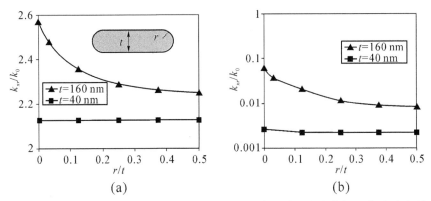

图 5.5　两种不同厚度(a,b)的 ss_b^0 模式中拐角曲率的影响,此时波长为自由空间波长 $\lambda_{vac} = 633$ nm。内嵌图:条带形状。

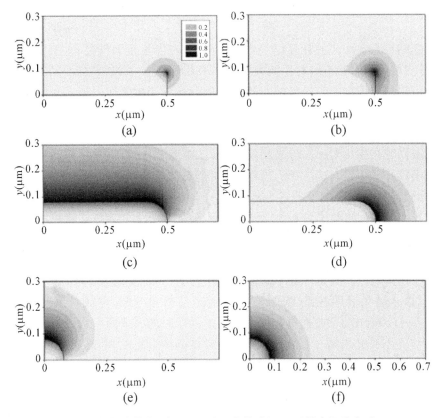

图 5.6　不同形状结构的模式 ss_b^0(a,c,e)和 sa_b^0 模式(b,d,f)的电场分布,$\lambda_{vac} = 633$ nm。

　　尽管全面研究表面粗糙的影响超出了本章的范畴,我们还是给出一些关于利用本征求解的方法说明表面粗糙度的影响的见解。考虑一个被各向同性介质($\varepsilon_d = 4$)所包围的厚度为 20 nm 的矩形截面的 Ag 条带,通过在 Ag 条带的表面随机增加各种尺寸的亚波长 Ag 圆柱体来模拟虚构的表面粗糙模型。圆柱的高度可看作是均匀分布在 0 和 5 nm 之间的随机变量。圆柱的半径总是小于其直径的一半。这个微小的粗糙度对等离激元模式构成一个小的扰动,如图 5.7 中 ss_b^0 模式所示:除了在圆柱周围能观察到场分布局域的“热点”(hot spots),其场分布与完美平滑表面时的情况整体上差别不大。局部的坡印亭矢量表明,假定所有的方向处于给定扰动的附近,随机分布的波纹面结构构成了亚波长的散射体。粗糙的表面作为一个额外的衰减通道,SPP 通过此通道由于局部的散射使其衰减增加。但辐射损耗仍然较小,可通过对比粗糙和光滑条带的复波矢来确定。因为它们的束缚很弱,此研究证明了长程模式对条带的微扰不敏感。该结果也与实验测到的长程模式一致,尽管真实样品的表面粗糙是不可避免的[8-11]。

　　虽然图 5.7 所示的结果表明利用本征解方法能够分析表面的微扰,但是我们须强调以下三点:首先,特定问题的解并非唯一。波纹面结构大大增大了单元内的模式密度,以至于有很多的模式产生,且每一种都具有类似的波矢和能量。第二,可以预见,增加表面粗糙度导致的散射会显著增加辐射损耗。因此,单元的边界需要重新考虑,从而使条带发射的光能够自由辐射。这个重要问题将在后文的泄漏模式中讨论。最后重要一点是,应该注意到,上文例子中的模拟的表面粗糙模型由于传播方向的周期性边界条件以及利用完美导体边界条件将单元减小到实际结构的 1/4,因此其具有周期性图样。换而言之,基于求解本征值问题的 SPP 传输线数值分析只是对真实的不规则的表面粗糙结构的一个定性分析。但是,基于同样的原因,该方法本质上能够适用于研究人工周期性粗糙表面的金属条带。

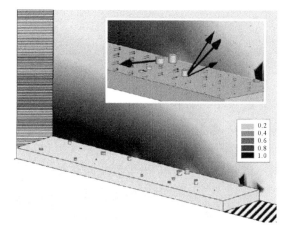

　　图 5.7　模拟亚波长波纹面的直波导的一个单元。虚线区是计算域的边界。为模拟 ss_b^0 模式,边界由水平的电壁和垂直的磁壁组成。同样图中显示了模式的场分布图案。内嵌图:表面上方坡印廷矢量细节。

　　沿周期性图案化表面传输的 SPP 模式可被这种周期性显著改变。特别是,当面内 SPP 波矢 k_x 接近第一布里渊区 $\pm\pi/P$ 的边缘时,周期性的散射将导致驻波的形成,其中 P 为结构的晶格常数。由于对称性的原因,当 $k_x = \pm\pi/P$ 时,实际上存在两个驻波,因为电场的节点位于周期性表面调制的极小或极大值的中心[18]。这两个场分布图案对应两种不同的表面电荷分布,也因此对应两个不同的能量值。因此,SPP 色散关系中产生了频率间隙,类似于周期势中的电子波的布拉格散射。近几年,所谓的光子表面[19]吸引了大量的关注,主要因为是其可用作 SPP 模式的布拉格反射镜。例如,它们通过在金属点的二维晶格中制造线缺陷,提供了沿金属表面传导(短程)SPP 的另一种方式。如果通过调节周期使 SPP 模式频率产生带隙,则除了线缺陷[20]的方向可实现传输,其他方向的传输均被阻止。光子结构也已因其具有负有效折射率的特性开始被研究,这一特性与第一(或更高)布里渊区中特定的 SPP 频带的区域重叠有关[21,22]。

为了说明周期性对 SPP 色散的影响,我们计算了周期性调制的 SPP 传输线的频带结构。结构由上下表面锯齿状调制的矩形截面 Ag 条带组成(图 5.8(a))。严格地说,这种表面轮廓包含无数的空间傅立叶分量,而每一个分量均能影响 SPP 模式。然而,结果已表明最低阶谐波 $2\pi/P$ 主要控制着 SPP 模式的散射,因此为了清晰说明,忽略了高阶傅里叶分量的作用[18]。正如之前的计算,计算域由低损耗介质 $\varepsilon_d = 4$ 填充,并包含条带的 1/4 结构。在传输方向上单元的长度设置为表面调制的一个周期,因此对应于两个周期性平面之间相位超前的传输常数(k_{xr})总是位于第一布里渊区中。

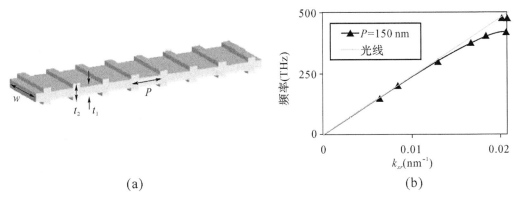

(a)　　　　　　　　　　　　　　(b)

图 5.8　(a) 具有周期性($P=150$ nm, $w=1$ μm, $t_1=20$ nm, $t_2=40$ nm)波纹面的金属条带。(b) ss_b^0 模式的色散曲线。

图 5.8(b)展示了 ss_b^0 模式的色散曲线。正如所期望的,由于形成了驻波,$k_{xr}=\pi/P$ 处产生频率带隙。更重要的是,上分支的群速度和相速度分别为 $\mathrm{d}w/\mathrm{d}k$ 和 w/k,符号相反,表明能量和波前传输速度是反向平行的。从这层意义上说,周期性 SPP 波导传输可被看做左手传输线超材料的光学相对物,左手传输线超材料已在射频和微波频率中得到了证明[23-24]。该"左手特性"或称负折射率特性,通常与介电常数和磁导率同时为负的体材料联系在一起[25-26]。但周期性结构中的"反向波"传输线模式平面上类似于左手材料,并表现出一开始在体材料中被提出的很多有趣并不寻常的特性。对于体材料和平面传输线,这种有趣的模式的传输有如在具有负折射率(或负传输常数)的介质中传输一样。在最近的报道中,人们实验证实了在混合等离激元-光子晶体中反向模式的存在,从锥形光纤能量的倏逝转移过程中实现了模式的激励[22]。这种耦合需要光纤中传统正向模式和周期性波导的反向模式之间的相位匹配。但由于前者的群速度平行于相速度,而后者却相反,因此实现了反向的功率耦合。

应该注意到图 5.8(b)的上方频带实际上与光的频带交叉。但计算域内的模式密度在这些频率中过大,以至于利用我们的计算资源无法轻易找到我们感兴趣的解。注意到这些模式的色散曲线位于图 5.8(b)的光锥内,只要满足动量守恒定律 $hk_{xr}=h_0\sin\alpha$ 时,其中 α 是 SPP 波矢量 k_{xr} 和自由空间波矢量 k_0 之间的夹角,自由空间中的导模和光子之间就会发生耦合。换句话说,这些态是泄漏模式,能自发衰减到远离条带的远场中[27]。因此,这些态不能以我们目前检测过的束缚模式同样的方式产生,因为从条带发射的光将由计算域的外边界人工反射。我们可通过利用表面具有"开放"区域的边界条件取代不确定的边界来解决该问题;也就是利用可以完全有效吸收边界上电磁场的表面。下文中将介绍沿着圆形曲率扫描的波导中的泄漏 SPP 模式,从而验证上述方法的效果。

与弯曲介质波导类似[28],具有一定曲率半径的 SPP 传输线,因产生了远离该结构且与条带表面平行的电磁通量,从而辐射能量导致损耗。基于这一原因,同样也因为该系统的几何结构,弯曲金属条带数值分析的计算域将产生重大改变。其计算单元如图 5.9(a):它存在于一个弧形波导内,采用柱面坐标 (ρ,θ,z) 来描述。弯曲的传输线用参数 ρ_0,即平均曲率半径(定义为:柱面坐标的原点与条带中心之间的距离)来描述,单元外表面的位置用 ρ_s 来描述;条带宽度和厚度仍为我们之前所选用的数值。单元边缘采用周期性边界条件,且场分量满足 $f(\theta_0+\theta_1)=\exp(i\varphi)f(\theta_0)$,其中 θ_0 和 $(\theta_0+\theta_1)$ 是柱面坐标中两个周期性平面的位置,φ 是相位延迟(图 5.9(a))。需要注意,当 $\rho_0\gg w$ 时,导模的场应该与直波导的场几乎具有相同的形式。因此前面的等式可近似记作 $f(\theta_0+\theta_1)\approx\exp(i\theta_1\cdot\rho_0\cdot k_{xr})f(\theta_0)$,它为 φ 和 SPP 波矢 k_{xr} 的面内分量之间提供了一个定性的联系。

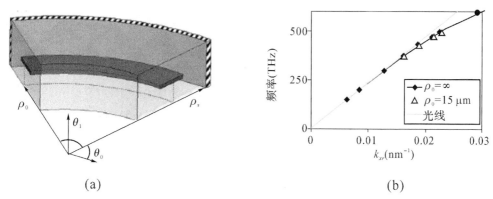

(a)　　　　　　　　　　　　　　　　(b)

图 5.9　(a) 模拟弯曲波导的单元。边界 $\rho=\rho_s$ 下面的虚线区域代表 **PMLs**。传输方向的边界条件为周期性边界条件,其他方向的边界条件为完美导体边界。(b) 直和弯曲结构 ss_b^0 模式的色散曲线。

重要的一点是:通过 SPP 模式发射的光应避免再由单元外表面($\rho=\rho_s$)数值地反射回来。为此,我们采取完美匹配层(Perfect Matching Layers,PMLs)边界条件包围这一表面,该边界条件是专门开发出来用于避免在计算域外边界边缘产生多余的反射[29-30]。PMLs 是虚构的各向异性材料,能够完全吸收边界上的电磁场,因此本质上可将边界推到离结构无限远处。如前所述,在剩余的边界中没有必要采用 PMLs,这是因为引起辐射损耗的电磁通量只通过唯一表面 $\rho=\rho_s$。基于此原因,我们将问题区域内侧的和水平方向的表面设置为完美导体边界条件。应该注意,图 5.9(a)实际上是一个真实单元的示意图。为了减少计算工作,我们对此图做了两处修改。首先,我们将两个周期性平面之间的角度 θ_1 减小至数个毫弧度。第二,因为该结构沿条带中心平面对称,我们仅需模拟结构的上半部分。因此,需要沿着对称面设置连续的完美电壁层和完美磁壁层,从而分别产生对称和反对称模式。

　　我们集中研究了几种不同曲率半径的薄 Ag 条带的 ss_b^0 模式（$t=40$ nm，$w=1$ μm）。实验研究[9] 表明该模式能够在 S 形部分连接的两个直条之间传输而不产生显著的损耗。上述发现被图 5.9(b) 所证实，图中曲率半径 $\rho_0=15$ μm 的条带计算得到的色散关系，几乎与直波导相同。然而，如果我们考虑到提出的薄金属条带结构支持的 ss_b^0 模式很弱的束缚在金属表面，因此有可能阻碍其在弯曲结构中的传导，那么实验和理论结果无疑有点令人感到吃惊。为了进一步理解长程 SPPs 在弯曲条形传输线上的行为，我们绘制了不同曲率半径下模式的电场。图 5.10 总结了在自由空间波长 $\lambda_{vac}=633$ nm 下的模拟结果。随着 ρ_0 的减小，场分布由条带周围的对称图样变为

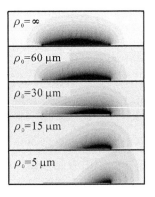

图 5.10　不同曲率半径 ρ_0 的 ss_b^0 模式的电场分布。

局域在外拐角处且高度不对称的场分布。换句话说，曲率增强了场的束缚，因此该模式在拐角处没有损失太多的能量。因此，实际结构的辐射损耗（通常包括一些直结构和弯曲结构）[9,11] 可能是由条带不同部分之间的渡越损耗，而非弯曲损耗本身引起的，这也可以通过图 5.10 中的场分布图案的显著不匹配来说明。因此详细分析不同曲率结构之间的耦合将是非常有趣的。由于求解的几何图形并不一定允许采用有效的周期性条件，这将需要模拟结连接点和条带的长度。遗憾的是，需要的计算域的尺寸太大而无法使用本征求解法对其进行模拟。

　　虽然本征求解法大大限制了模拟区域，也因此限制了可分析的结构的尺寸和类型。尽管如此，本章中的大量例子表明了这种方法的通用性，且将其用于设计新型等离激元波导和传输线具有重要的潜力。通过本征求解方法的应用，我们可探索 SPP 传输线的传输行为。由于支持的模式具有多样性，包括局域在远小于自由空间波长的模式，等离激元传输线或许可在很多场合得以利用，如现在通常使用的波导和其他光学组件所应用的场合。

参考文献

［1］D. M. Pozar: Microwave Engineering (John Wiley & Sons, New York, 1998).

［2］A. Yariv: Optical Electronics in Modern Communications (Oxford University Press, New York, 1997).

［3］J. -C. Weeber, A. Dereux, C. Girard, J. R. Krenn, J. -P. Goudonnet: Plasmon polaritons of metallicnanowires for controlling submicron propagation of light, Phys. Rev. B 60(12), 9061-9068 (1999).

［4］J. -C. Weeber, J. R. Krenn, A. Dereux, B. Lamprecht, Y. Lacroute, J. -P. Goudonnet: Near-field observation of surface plasmon polariton propagation on thin metal stripes, Phys. Rev. B 64 (4), 045411 (2001).

［5］B. Lamprecht, J. R. Krenn, G. Schider, H. Ditlbacher, M. Salerno, N. Felidj, A. Leitner, F. R. Aussenegg:Surface plasmon propagation in microscale metal stripes, Appl. Phys. Lett. 79(1), 51-53 (2001).

［6］P. Berini, Plasmon-polariton waves guided by thin lossy metal films of finite width: bound modes of symmetric structures, Phys. Rev. B 61(15) 10484-10503 (2001).

［7］P. Berini: Plasmon-polariton waves guided by thin lossy metal films of finite width: bound modes of asymmetric structures, Phys. Rev. B 63, 125417 (2001).

［8］R. Charbonneau, P. Berini, E. Berolo, E. Lisicka-Shrzek: Experimental observation of plasmonpolariton waves supported by a thin metal film of finite width, Optics Lett. 52(11), 844-846 (2000).

［9］R. Charbonneau, N. Lahoud, G. Mattiussi, P. Berini: Demonstration of integrated optics elements based on long-ranging surface plasmon polaritons, Optics. Express 13 (3), 977-984 (2005).

[10] T. Nikolajsen, K. Leosson, I. Salakhutdinov, S. I. Bozhevolnyi: Polymer-based surface-plasmonpolaritonstripe waveguides at telecommunication wavelengths, Appl. Phys. Lett. 82(5), 668-670 (2003).

[11] T. Nikolajsen, K. Leosson, S. I. Bozhevolnyi: Surface plasmon polariton based modulators and switches operating at telecom wavelengths, Appl. Phys. Lett. 82(5), 668-670 (2003).

[12] Rashid Zia, Anu Chandran, Mark L. Brongersma: Dielectric waveguide model for guided surface polaritons, Optics lett. 30(12), 1473-1475 (2005).

[13] H. Raether: Surface Plasmons (Springer-Verlag, Berlin, 1988).

[14] W. L. Barnes, A. Dereux, T. W. Ebbesen: Surface plasmon subwavelength optics, Nature 424, 824-830 (2003).

[15] D. Sarid: Long-range surface-plasma waves on very thin metal films, Phys. Rev. Lett. 47(26), 1927-1930 (1981).

[16] J. J. Burke, G. I. Stegeman, T. Tamir: Surface-polariton-like waves guided by thin, lossy metal films, Phys. Rev. B 33(8), 5286-5201 (1986).

[17] P. B. Johnson, R. W. Christy: Optical constants of the noble metals, Phys. Rev. B 6(12), 4370-4379 (1972).

[18] W. L. Barnes, T. W. Preist, S. C. Kitson, J. R. Sambles: Physical origin of photonic energy gaps in the propagation of surface plasmons on gratings, Phys. Rev. B 54(9), 6227-6244 (1996).

[19] W. L. Barnes, S. C. Kitson, T. W. Preist, J. R. Sambles: Photonic surfaces for surface-plasmon polaritons, J. Opt. Soc. Am. A 14(7), 1654-1661 (1997).

[20] S. I. Bozhevolnyi, V. S. Volkov, K. Leosson, J. Erland: Observation of propagation of surface Plasmon polaritons along line defects in a periodically corrugated metal surface, Opt. Lett. 26 (10), 734-736 (2001).

[21] P. E. Barclay, K. Srinivasan, M. Borselli, O. Painter: Probing the dispersive and spatial properties of photonic crystal waveguides via highly efficient coupling from fiber tapers, Appl. Phys. Lett. 85, 4-6 (2004).

[22] S. A. Maier, M. D. Friedman, P. E. Barclay, O. Painter: Experimental demonstration of fiber-accessible metal nanoparticle plasmon waveguides for planar energy guiding and sensing, Appl. Phys. Lett. 86, 071103 (2005).

[23] A. Lai, C. Caloz, T. Itoh: Composite right/left-handed transmission line metamaterials, IEEE Microwave Mag. 5(3), 34-50 (2004).

[24] R. Islam, F. Elek, G. V. Eleftheriades: Coupled-line metamaterial coupler having co-directional phase but contra-directiona power flow, Electronics Lett. 40(5), 315-317 (2004).

[25] V. G. Veselago: The electrodynamics of substances with simultaneously negative values of ε and μ, Sov. Phys. Usp. 10, 509-514 (1968).

[26] D. R. Smith, W. J. Padilla, D. C. Vier, S. C. Nemat-Nasser, S. Schultz: Composite medium with simultaneously negative permeability and permittivity, Phys. Rev. Lett. 84(18), 4184-4187 (2000).

[27] A. Christ, T. Zentgraf, J. Kuhl, S. G. Tikhodeev, N. A. Gippius, H. Giessen: Optical properties of planar metallic photonic crystal structures: experiment and theory, Phys. Rev. B 70, 125113 (2004).

[28] D. Marcuse: Curvature loss formula for optical fibers, J. Opt. Soc. Amer. 66, 216-220 (1976).

[29] J. -P. Berenger: A perfectly matched layer for the absorption of electromagnetic waves, J. Comput. Phys. 114, 185-200 (1994).

[30] R. Mittra, U. Pekel: A new look at the perfectly matched layer (PML) concept for the reflectionlessabsorption of electromagnetic waves, IEEE Microwave Guided Wave Lett. 5, 84-86 (1995).

第6章　表面等离极化激元在光子带隙结构中的传输

THOMAS SØNDERGAARD[1] AND SERGEY I. BOZHEVOLNYI[1,2]

[1] Micro Managed Photons A/S, Ryttermarken 15, DK-3520 Farum, Denmark

[2] Institute of Physics and Nanotechnology, Aalborg University, Pontoppidanstræde 103, DK-9220 Aalborg Øst, Denmark

6.1　引言

表面等离极化激元（surface plasmon polaritons, SPPs）是准二维电磁波激发,沿介质-金属交界面传输,其场分量在两相邻媒介中均呈指数衰减[1]。平面 SPP 场包括一个平行于介质-金属交界面平面,且垂直于 SPP 传播方向的磁场分量,以及两个电场分量。其主电场分量垂直于交界面（如图 6.1(a)所示）。SPPs 可被紧束缚在金属表面,其在介质中的穿透深度为 100 nm 量级,在金属中的穿透深度约为 10 nm 左右。这一特性使得 SPPs 可应用于微型光子线路和光互联,并已得到了广泛关注[2]。通过数值仿真,已表明纳米尺度的金属棒可支持极度局限的 SPP 模式,尽管只能传播数百纳米[3]。由金属纳米球组成的链状结构所支持的电磁波激发,被预测[4]并已被发现[5]具有类似的特性。有限宽度的金属条也可用于支持横向受限并沿金属条传输的 SPP[6-8]。

在基于介质波导的传统集成光学中,利用光子带隙（band gap, BG）效应解决微型化问题。光子带隙效应本质上是由波传播方向（任意方向）上周期性调制的折射率分布所导致的布拉格反射的一种表现形式[9]。事实上,位于带隙内的光波已被证实可在二维的带隙结构中,沿着直线和大角度弯曲的曲线位错有效传导（例如,由周期孔阵列组成的平板波导结构可用于控制光在波导平面内传输）[10]。很显然,如果这些带隙结构经过适当的设计,并予以实现,有望推动微型光子线路发展到一个前所未有的高度集成化的水平[11]。而且,人们推测其他的（准）二维波,如 SPPs,也可能被用于同样的目的。事实上,早在 30 多年前,在利用具有周期性波纹的金属表面实现光衍射的实验中,沿某一特定方向激发的 SPPs 产生的带隙效应即被首次观测到[12]。沿具有二维周期表面结构的 Ag 膜表面平面各个方向的 SPP 带隙效应也已被报道过[13]。需要强调的是,SPP 和周期性波纹状表面之间的相互作用,类似于一个波导模式和周期孔阵列之间的相互作用,不可避免地会产生远离表面传输的散射波（如图 6.1(b)所示）。这一（不需要的）过程导致额外的传输损耗,在设计 SPPBG 结构时须被考虑。

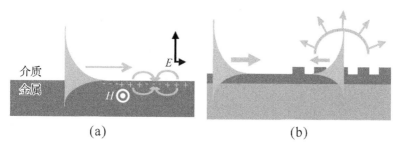

图 6.1　(a) 沿金属-介质交界面传播的 SPP, 及其电场和磁场分量方向的示意图;(b) SPP 由周期性的表面散射阵列导致反射,以及散射场分量远离金属表面传播的示意图。

　　SPP 在 SPPBG 结构中沿线缺陷传导在下面这一结构中首次被验证:高度为 45 nm,宽度为 200 nm 的 Au 凸块,在厚度为 45 nm 的 Au 膜表面排列成周期为 400 nm 的三角形晶格[14]。利用这一区域实现有效的 SPP 反射,以及不受散射体影响的沿通道传导的 SPP 均被观察到,同时,在 815 nm 波长处这些效应显著减弱。这些现象表明 SPPBG 效应存在于这些结构之中。观测结果由一个单独的扫描近场光学显微镜(scanning near-field optical microscope, SNOM)得到。SNOM 用于以常用的克雷奇曼装置(Kretschmann configuration)实现 SPP 激发(图 6.2(a)),并用于收集样品表面产生的辐射波。这些辐射波在未包裹的尖锐光纤针尖处散射并形成光纤传导模式,进而被 SNOM 收集。类似的实验进一步揭示了在窄通道内 SPP 传输会被极大地阻碍[15],而这与由(通常的)光子带隙结构所得到的经验所期望的结果恰恰相反[11]。此外还发现,SPP 导波沿尖角传输的弯曲损耗与弯曲角度的二次方成正比[16]。事实上,弯曲损耗在弯曲角大于 15 度时就已经很大了(图 6.2),这一观察结果显然也不是人们所希望看到的。很显然,应用于紧凑化光子线路的 SPPBG 结构的进一步优化需要更为详细的理论研究。

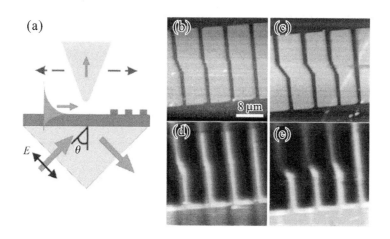

图 6.2　(a)利用收集式 SNOM 实现 SPPs 激励和光纤尖端探测的示意图,图中标出了入射激光的偏振方向。SPPBG 结构(Au 材料)的灰度图像(b,c),和近场光学图像(d,e)(32 μm×32 μm),波长 737 nm。(b,d)和(c,e)为同步拍摄。周期性的表面结构为 ΓM 方向,参数如下:周期为 410 nm;凸块高度和宽度分别为 45 nm 和 200 nm。结构包含 2 μm 宽的直缺陷接着双曲缺陷,角度为(b,d)5°,10°和 15°及(c,e)20°,25°,30°(从右至左)。

　　一般而言,由表面形貌导致的 SPP 散射是十分复杂的,其复杂性仍有待进一步深入理解。由表面散射体组成的周期阵列导致的 SPP 散射也不例外。类似的散射结构,在利用标量的二维多重散射法中首次被考虑,用于解释在实验中观察到的某些特性,例如,缺陷宽度对 SPP 传输损耗的影响[17]。该标量模型,只考虑了弹性(在表面平面)和各向同性的 SPP 散射,它非常简单且有效,但重要的缺陷严重地限制了其可适用性。为将散射 SPP 振幅与入射 SPP 振幅建立起联系,引入了散射体有效极化率这一物理量,但这一物理量只是一个唯象的量,很难与散射体参数联系起来。此外,严谨地分析由表面散射体散射的 SPP 时[18],各向同性的 SPP 散射只是由小颗粒导致的 SPP 散射中的一个特例,并且仅适用于入射到散射体上的激发场分量垂直于表面的情况。最后,面外(out-of-plane)SPP 散射完全被忽略了,因此该模型也无法用于分析和考虑这一(非常重要的)散射过程。使用简化的瑞利方程(Rayleigh equation)第一次将周期性半椭球阵列的结构和材料参数与 SPPBG 的特性联系起来[19]。然而,在所用到的公式中,表面结构的周期性是一个非常关键的假设,因此这种方法究竟是否适用于存在线或点缺陷的有限尺寸的散射阵列是值得怀疑的。

最近,我们根据二阶格林张量(Green's tensor)将标量的多重散射法拓展为矢量偶极多重散射理论,并将其应用于有限尺寸的(包含或不包含线缺陷的)SPPBG 结构[20]。我们的模拟不仅重现了缺陷宽度对 SPP 传输损耗的影响,而且得到能够实现有效 SPPBG 的散射体的临界尺寸。另一方面,从该模型中所使用的点-偶极子近似的观点看,球形散射体的临界半径(75 nm)对于所选择的波长范围(约 800 nm)是相当大的。我们使用该模型得到的 SPP 分束器的最新模拟结果表明,当球半径超过 60 nm 时,会影响透射和反射 SPP 波束的能量守恒和相位关系[21]。至此,我们得到结论:为实现有效的 SPPBG 结构建模(例如,由更大尺寸的散射体构成的),超越点-偶极近似是必要的。

在本章中,我们将表面散射体等效为有限尺寸的圆柱状凸起,对 SPPBG 现象建模,包括 SPP 的传导与弯折。在 SPPBG 结构中引入通道作为波导和弯曲波导,对此建模求解得到了透射、反射以及场振幅的图像。其目的是为了给读者提供制备在两个主要的晶格方向都能表现出带隙效应的 SPPBG 结构所需的合适的散射体尺寸和晶格常数的实际指导。我们研究了多种,但仍不是全部的波导和弯曲波导的设计。因此,人们可期望在我们所展示的结构设计的基础上实现进一步的改进。

与基于介质材料的光子晶体一样,SPPBG 结构也可被用于制作微小而紧凑的元器件,以实现在单个光学芯片上集成大量功能性的目的。由于结构中的金属具有吸收特性,SPPBG 用于实现微小紧凑的元器件是合适的,也是很重要的,否则传输损耗将会成为一个主要问题。

6.2　数值方法

我们用于 SPPBG 结构(包括各种波导和弯曲波导)建模的方法,是基于李普曼-薛定谔积分方程(Lippmann-Schwinger integral equation)

$$\boldsymbol{E}(\boldsymbol{r}) = \boldsymbol{E}_0(\boldsymbol{r}) + \int \boldsymbol{G}(\boldsymbol{r},\boldsymbol{r}') k_0^2 (\varepsilon(\boldsymbol{r}') - \varepsilon_{\text{ref}}(\boldsymbol{r}')) \cdot \boldsymbol{E}(\boldsymbol{r}') \mathrm{d}^3 \boldsymbol{r}' \tag{6.1}$$

该方法中,起始点是介电常数为 $\varepsilon_{\text{ref}}(\boldsymbol{r})$ 的参考结构,在这里是一个平面的空气-Au 交界面,其中介电常数 $\varepsilon_{\text{ref}}(\boldsymbol{r})$ 是位置 $\boldsymbol{r}$ 的函数。入射场 $\boldsymbol{E}_0$ 是参考结构中的场的解。我们选择 $\boldsymbol{E}_0$ 作为在空气-Au 界面传播的 SPP 高斯波束的场。而所感兴趣的实际结构的介电常数为 $\varepsilon(\boldsymbol{r})$,因此式(6.1)中 $\varepsilon(\boldsymbol{r}) - \varepsilon_{\text{ref}}(\boldsymbol{r})$ 这一项表示的是对参考结构做的修正。在这里,该结构对应于在 Au 表面放置一个 Au 散射体阵列。这种修正会导致入射光束 $\boldsymbol{E}_0$ 的散射,因此总电场变为 $\boldsymbol{E}$。在式(6.1)中,$\boldsymbol{G}(\boldsymbol{r},\boldsymbol{r}')$,这一项是参考结构的格林张量,表示由

偶极子(是在空气-Au 界面结构内的偶极子位置 r' 的函数)产生的场。格林张量可由数值的索末菲积分法(Sommerfeld integrals)计算得出[22]。

由于单个散射体的建模是一项艰巨的任务[18],而我们的目的是对非常多的散射体(约 10^3 个)结构进行建模,因此在处理单个散射体时,我们必须采用近似的方法。在这种近似方法中,假设入射到一散射体上的场(E_0 + 由其他散射体产生的场)为常量且穿过该散射体。对于小尺寸的散射体来说,这种近似是合理的,且比将散射体处理为(圆形)点粒子(偶极子)要好[20,22],那种方法是将散射体内的总电场假定为常量。因为小的散射体内部的总电场可能比入射场变化快得多。在计算圆柱对称形的单个散射体的散射时[23],对于各个方向的入射场,使用上述结论可有效地减少包含数千个散射体的散射系统的计算工作量。

6.3　数值结果

处理 SPPBG 结构时,首要的工作是确定 SPPBG 结构的有效设计参数的取值范围,例如散射体的尺寸和形状,以及晶格常数。我们的方法是对于不同的晶格常数、散射体高度以及散射体半径的矩形 SPPBG 结构,计算其 SPP 高斯波束入射场的透射率和反射率(关于波长的函数),从透射和反射光谱中可以对 BG 特性得到大致了解(对于 BG 效应的严格分析需要无限延伸的周期性散射系统),并且得到在结构两个主要方向都能展现出 BG 效应的参数,ΓM 和 ΓK,相对于入射波束。以下是对于这种结构计算的举例:对于晶格常数 $\Lambda = 450$ nm,散射高度 $h = 50$ nm,以及两个散射半径 $r = 100$ nm 和 $r = 125$ nm 时,结果如图 6.3 所示。上述研究的结构由一个有限的圆柱形 Au 散射体阵列组成(30×30 或 26×34),它被以三角形栅格的结构置于 Au-空气交界面上。内嵌图展示的是对应于入射波束 ΓM 和 ΓK 方向的结果。

在这些特例的计算中,反射和透射系数由靠近于空气-Au 交界面,且远离高斯入射波束(束腰 2.8 μm)轴向的散射体所占据的区域所提取。首先考虑散射体半径为 $r = 100$ nm 的结构,ΓK 方向。在波长 785 nm 和 850 nm 之间可注意到反射峰和透射谷。对应的 ΓM 方向的结构,也观察到反射峰和透射谷。这种情况下的反射值略低一些,这是因为大部分的反射光并没有直接反向传输,而是与入射方向成 60°(例如,沿布拉格反射方向)传输。SPPBG 结构尺寸变化时,在 750 nm 处的透射谷是稳定的。场计算表明,SPP 入射波在这个波长下不能够穿透 SPPBG 结构。在 785 nm 处的透射谷不稳定,这是由于阵列中有限数量的散射体引起的共振效应会导致光沿一定方向透射而不是直接传输。对于特别参数的散射体($r = 100$ nm),在两个方向的反射峰之间没有重叠。当散射体半径增加到 $r = 125$ nm 时,可注意到,对于 ΓK 方向的反射光谱,短波长 BG 边缘几乎保持在同一波长,而长波长边缘则向长波段方向移动。对于 ΓM 方向,反射峰展宽并向长波段移动。在我们的先前工作中,选用点-偶极子近似方法[20],当改变散射体的尺寸时,观察到了类似的结果。从透射光谱中提取与 BG 相关的信息并不是一件容易的事情,而且对于两个方向而言,透射系数都很小。必须牢记的是,透射光谱的特性与传播在平的和有褶皱(有散射体的)的表面区域的 SPPs 之间的耦合密切相关。当半径为 125 nm 时,两个方向的反射峰值在波长接近于 800 nm 处看起来出现了重叠,这一特征被认为是全(对于所有的面内方向)SPPBG 效应作用的结果。在下文中,我们对基于该种 SPPBG 结构的直波导和 30°弯曲波导进行建模。

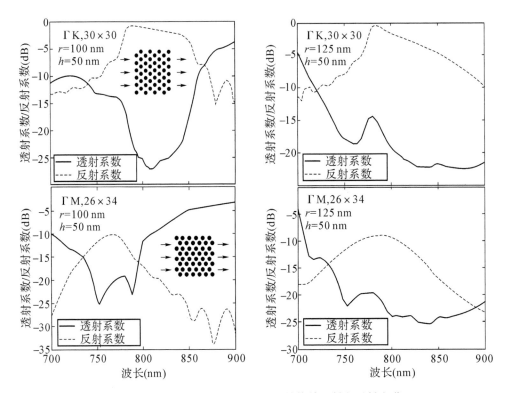

图 6.3　周期为 450 nm 的 SPPBG 结构的透射和反射光谱

可构造以下波导结构,60×30 个沿入射波束 ΓK 方向周期排列的散射体,并移除 7 个相邻中心行的散射体(W7),沿这一结构开始传输。也可构造另一波导结构,52×34 个沿 ΓM 方向排列的散射体,并移除 3 个相邻中心行的散射体(W3),沿这一结构开始传输。需要注意的是,对于 ΓM 方向,相邻的行间距更大。对以上两种波导,束腰为 2.8 μm 的高斯入射光束的透射光谱如图 6.4 所示。

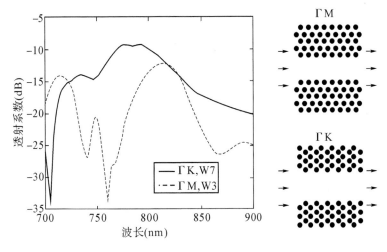

图 6.4　沿 ΓK 和 ΓM 方向的波导透射光谱。从周期性散射体阵列中分别移除 3 个(W3)和 7 个 (W7)相邻的中心行,构成这些波导。

在图 6.4 中,可观察到两种方向的波导在 800 nm 附近都有一个透射峰。然而,ΓK方向的峰值会向短波长方向移动,而 ΓM 方向的峰值则向长波方向移动。这些频移与图6.3 中观察到的 ΓK 和 ΓM 方向的反射峰的移动相反。注意有效的波导传输意味着沿SPPBG 结构前端边缘传导的 SPP 和穿透进入波导通道两侧的 SPP 均得到了有效抑制。由于 ΓK 波导通道两侧的散射体的排列方式与 ΓM 方向在前端边缘的排列方式类似(反之亦然),因此得到同时与两个方向的特征均相关的波导透射光谱是合理的。波长为800 nm 是对于两种波导传输均有效的一个合理的折中选择。注意图 6.4 中的透射包含了由于 SPP 耦合进入和输出波导所导致的损耗。

波长为 800 nm 时,在空气- Au 交界面上方 300 nm 处的两种波导的电场振幅分布如图 6.5 所示。SPPBG 结构和波导通道区域由白色虚线示出。可以看到,高斯光束(从左方入射)逐渐转变为在波导通道中传输的受限场,随后在波导的输出端转变为发散波束辐射出去。还值得注意的是,两种情况的背向散射光截然不同。正如前面所提到的,在没有波导通道的 SPPBG 结构中,对于 ΓM 方向大部分背向散射光沿着相对于直接背向散射方向 60° 的方向传输。

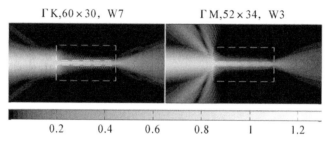

图 6.5　对于 ΓK 和 ΓM 方向的波导在 Au 表面上方 300 nm 处的场振幅。对应的入射波长是图6.4 中所对应的 800 nm。

由于两种波导对于同一波长 800 nm 都可有效传输,人们可期待将其组合成 30° 弯曲的波导。对应的透射光谱如图 6.6 所示。共有 3 种不同选择的弯曲区域被研究,分别是一个急转弯波导,以及在弯曲区域移除了 1 个和 3 个散射体的相对平滑的急转弯波导。内嵌图展示了上述 3 种情况在弯曲区域内的散射体分布。可以看到,在弯曲区域内移除 3 个散射体时,波长接近 800 nm 处(在两个方向的 BGs 重叠处)透射系数会增加几个 dB。应当牢记的是,尽管透射系数只有 −20 dB,但这一数值不仅包括了弯曲损耗和传输损耗(由金属导致的吸收),也包括了耦合进出 SPP 波导模式所产生的损耗。与之相对,ΓM 方向宽度为 W3 波导的透射系数约为 −12 dB,表明弯曲损耗在 8 dB 左右。人们还应注意到我们模拟的下列复杂的细节。透射系数是通过计算靠近弯曲波导输出端封闭区域内的平均场强度得到的。需注意的是,最大透射系数值并不是在波长约 800 nm 附近,而是在波长约 700 nm 附近。然而,对于在约700 nm 附近的波长,场计算结果表明封闭区域内的场强主要源于散射的 SPP 场,而不是(在弯曲波导周围)传导的 SPP 模式。这可由下面的现象间接证明:在约700 nm处,在弯曲区域移动散射体并未使透射系数得到提高,但是在 800 nm 处则可以。此外,对于在约 800 nm 附近的波长,场计算结果表明 SPP 模式确实在 30° 左右的弯曲波导的通道内形成传输。

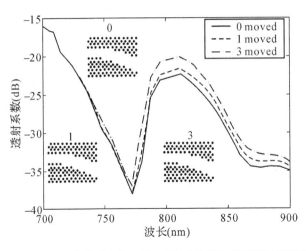

图 6.6　在图 6.4 中所考虑的 3 种 30°弯曲波导设计对应的透射光谱。

例如,入射波长为 800 nm,且移除了 3 个散射体对应的 30°弯曲波导,在其空气-金属交界面上方 300 nm 处的电场振幅分布如图 6.7 所示。可观察到,在弯曲波导的输入端,只有部分入射波功率被耦合进了波导通道。SPPBG 结构和(弯曲波导)通道区域由白色虚线示意。可清楚地看到,相当一部分的 SPP 场沿着弯曲波导附近传导,并且在与入射波方向成 30°角的波导输出端有明显的光束射出。尽管损耗是不可忽略的,上述例子依然表明 SPPBG 结构在 30°弯曲时能够导出辐射。

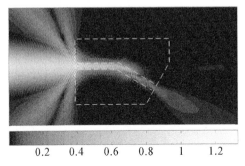

图 6.7　图 6.6 中考虑的 30°弯曲波导(通过移除 3 个散射体)在 Au 表面 300 nm 处电场振幅分布(波长＝800 nm)。

另一种改变 SPP 传输方向(利用 SPPBG 波导)的方法是逐渐旋转具有线缺陷的晶格结构,这是一种已报道的用于传统光子晶体波导的方法[25]。3 个不同曲率半径(23 μm、35 μm 和 46 μm)下,沿 ΓM 方向的渐变弯曲的 45°弯曲波导的透射光谱如图 6.8 所示。

我们希望当波导曲率半径由 23 μm 增大到 46 μm 时,泄漏出波导的损耗能够减少。然而,这样同时又会使弯曲波导变长,SPP 模式在波导通道内的传播距离更长,导致了传输损耗的增加。对于给定的在波长 800 nm 附近的 Au 的介电常数[26],SPP 在平坦的空气- Au 界面的传输长度(对应场强变为原来的 e^{-1})是 45 μm。SPP 在波导两侧的散射进一步减少了传输长度(决定于波导宽度[15])。总而言之,结果表明,当曲率半径从 23 μm增加到 35 μm 时,泄漏损耗减少而传输损耗会增加,某种程度上两者会相互抵消。因此,透射峰并不会显著改变(图 6.8)。值得注意的是,在这种情况下,与图 6.6 中研究的急转弯波导相比,弯曲损耗降低了 5 dB 左右。进一步将曲率半径增加到 $R=46$ μm 时,(由于传输损耗的增加)导致了透射峰的降低。沿半径为 35 μm 的 45°弯曲波导传输的 SPP 如图 6.9 所示。

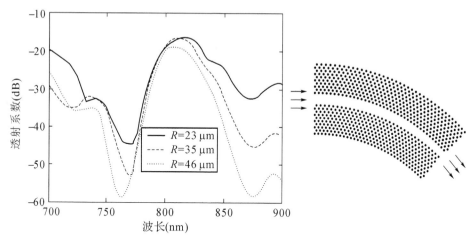

图 6.8　由直波导渐变旋转(不同半径)得到的 45°弯曲波导透射光谱。最小曲率半径(23 μm)的结构如右图所示。

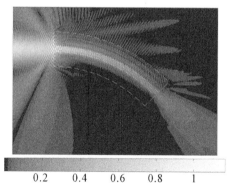

图 6.9　在 Au 表面上方高度为 300 nm 处由逐渐旋转的直波导得到的 45°弯曲波导(曲率半径＝35 μm)对应的电场振幅(波长＝810 nm)分布。

至少有两种方法可使 SPP 传输损耗降低。第一种方法是增加波长使其远离等离子体共振频率,从而减小 SPP 传输损耗。第二种方法是利用嵌入介质内的薄金属膜(厚度为 10 nm～20 nm)对称结构代替金属-空气交界面结构。金属薄膜同时支持长程和短程的 SPPs,这两种模式在薄膜中心处的场分量的对称性不同。与金属-空气交界面结构的 SPPs 相比,长程的 SPPs 具有更小的传输损耗,而短程的 SPPs 具有更大的传输损耗。通过对金属膜两侧的散射体进行适当的对称设计,(在理论上,对于理想的结构)可避免长程和短程 SPPs 的相互耦合。然而,在这两种情况下(即,对于更长波长的 SPPs 和长程 SPPs),SPP 传输损耗的减少在一定程度上需要对应于 SPP 模式弱束缚于金属,并更多的渗透进入介质内的问题。因此,为了使散射体覆盖模式的相同部分并且能够得到相同效率的 SPP 散射,有必要使用大尺寸的散射体。在另一方面,当金属对 SPPs 的束缚作用减弱时,不需要的面外 SPP 散射(转变为远离金属表面传播的模式)效率会增加[24]。

这些考虑意味着通过改变波长或者利用长程的 SPPs 来减少传输损耗需要很大的代价，也就是说，需要更大的散射体，而 SPP 面外散射可能会增加（对应于 SPP 面内散射会减少）。由于 SPPBG 效应源于有效的多重（面内）SPP 散射，后面这种情况可能会影响 SPPBG 效应的可实现性。

在通信波段，SPPBG 结构的反射光谱随工作波长的增加而产生的效应如图 6.10 所示。在空气-Au 界面处散射体的数量和排列方式与图 6.3 中的一样。考虑了两种散射体的尺寸和四种晶格常数。需注意的是，对于 ΓK 方向，反射并未增加到超过 −3 dB（50%），然而对于更短的波长反射可达到 100%（图 6.3）。对于这种差异，我们把其归因于由更强的面外散射导致的更高的损耗，如上面所阐述的那样，会弱化 SPP 在空气-Au 界面的局域性[24]。需注意，更长的结构（ΓK 方向的）并不会显著地增强 SPP 反射。例如，用包含 60×30 个散射体的 SPPBG 结构代替 30×30 个散射体的结构时，只能使反射增加约 0.5 dB 左右。

对于半径为 200 nm，高度为 100 nm 的散射体，当晶格常数 Λ 从 800 nm 变为 950 nm 时，ΓK 方向和 ΓM 方向的反射最大值并没有重叠，尽管它接近于常数 $\Lambda = 800$ nm 的情况。当半径增加到 248 nm 时，我们观察到和前面（图 6.3 中）更短波长结果类似的变化趋势。即，对于 ΓK 方向，短波长反射最大值的边缘几乎不受影响，而长波长边缘会向长波方向移动。反之，对于 ΓM 方向，反射最大值带宽变宽，且向长波方向（整体）移动。晶格常数为 800 nm 时，这些改变会导致反射峰的重叠，但对于其他晶格常数则不会。有趣的是，与图 6.3 中波长在 800 nm 附近反射重叠对应的散射体相比，半径和高度变为原来的 2 倍。然而，对应的波长和晶格常数并没有加倍，因此，增加的是散射体的尺寸，而不是波长和晶格常数。这和上文推测的弱的 SPP 局域需要使用大尺寸的散射体的结论一致。应注意的是，对于 1 430 nm 附近的波长，SPP 波沿平坦的 Au-空气交界面的传输长度 4 倍于波长为 800 nm 时的传输长度。

6.4　结论

在本章中，理论分析了 SPPBG 效应的 SPP 散射现象。我们利用了李普曼-薛定谔积分方程研究 SPP 在 SPPBG 波导和弯曲波导中的传输。SPPBG 结构由在 Au-空气界面上按三角形晶格排列的 Au 散射体构成。从反射光谱的计算中我们发现，合适尺寸的散射体和晶格常数，在某种波长条件下，对于两种方向的 SPPBG 结构会导致入射 SPP 光束的高反射。我们的研究结果表明，对于更长的波长（例如，用 1 400 nm～1 600 nm 代替 700 nm～800 nm），为使得 SPPBG 结构两个主要方向的反射峰重叠，使用改进的更大的散射体是必要的。此外，面外 SPP 散射也会随着波长的增长而增加，导致 SPPBG 效应的效率降低。我们认为，波长越长，金属表面对 SPP 波的束缚能力越小，这也与我们最近对由单个散射体导致的 SPP 散射分析研究相一致[24]。

我们展示了在 SPPBG 结构中移除不同行数的散射体形成的两种波导的透射光谱。观察到，通过移除 ΓK 方向 SPPBG 结构中散射体行数产生的波导结构对于 ΓM 方向的 BG 最有效，反之亦然。可以注意到，ΓK 方向波导通道两侧的特性与 ΓM 方向结构的反射表面特性类似（反之亦然）。我们发现当波长在 800 nm 附近时，两种波导以及将它们组合成 30° 的弯曲波导都具有一定的效率。透射系数的计算结果表明，弯曲波导的透射系数效率可通过在弯曲区域移除 3 个散射体的方法,即构成较为光滑的弯曲波导时得到进一步提高。由一个直波导渐变旋转构成的另一种弯曲波导,被发现更加有效。例如,对于半径为 30 μm 的 45°弯曲波导,其透射系数可提高约 5 dB。最后,值得注意的是,SPPBG 结构上的场强分布模拟结果表明,对于上述所选的参数,SPP 模场可被比较好地限制在波导通道内和弯曲区域。

先前的[14-17,19,20]以及本章所介绍的实验和理论研究都表明,尽管损耗不可忽略并且限制了可集成的 SPPBG 器件的数量,然而通过仔细选择参数,SPPBG 结构能够使 SPP 波在等离激元波线路中有效地传导和弯曲。需着重指出的是,由于在单个散射体和散射体构造的设计方面依然有许多未经探索的可能性,SPPBG 结构、波导以及弯曲波导的设计仍具有可提高的空间,值得期待。

致谢

本文的主要工作主要在欧洲卓越网络的帮助下完成,等离激元-纳米-器件(FP6 - 2002 - IST - 1 - 507879)。

参考文献

[1] H. Raether: Surface Plasmons (Springer-Verlag, Berlin, 1988).

[2] W. L. Barnes, A. Dereux, T. W. Ebbesen: Surface plasmon subwavelength optics, Nature 424, 824 (2003).

[3] J. Takahara, S. Yamagishi, H. Taki, A. Morimoto, T. Kobayashi: Guiding of a one-dimensional opticalbeam with nanometer diameter, Opt. Lett. 22, 475 (1997).

[4] M. Quinten, A. Leitner, J. R. Krenn, F. R. Aussenegg: Electromagnetic energy transport via linear chainsof silver nanoparticles, Opt. Lett. 23, 1331 (1998).

[5] S. A. Maier, P. G. Kik, H. A. Atwater, S. Meltzer, E. Harel, B. E. Koel, A. A. G. Requicha: Local detection ofelectromagnetic energy transport belowthe diffraction limit in metal nanoparticle plasmonwaveguides, Nature Mater. 2, 229 (2003).

[6] J. R. Krenn, J. C. Weeber: Surface plasmon polaritons in metal stripes and wires, Philos. Trans. Roy. Soc. A 326, 739 (2004).

[7] P. Berini: Plasmon-polariton waves guided by thin lossy metal films of finite width: Bound modes ofsymmetric structures, Phys. Rev. B 61, 10484 (2000).

[8] A. Boltasseva, T. Nikolajsen, K. Leosson, K. Kjaer, M. S. Larsen, and S. I. Bozhevolnyi: Integratedoptical components utilizing long-range surface plasmon polaritons, J. Lightwave Technol. 23, 413(2005).

[9] J. D. Joannopoulos, R. D. Meade, J. N. Winn: Photonic Crystals (Princeton University Press, Princeton,1995).

[10] T. F. Krauss, R. M. De La Rue: Photonic crystals in the optical regime—past, present, and future, Prog. Quant. Elect. 23, 51 (1999).

[11] C. M. Soukoulis, ed.: Photonic Crystals and Light Localization in the 21st Century, (Kluwer, Dordrecht,2001).

[12] R. H. Ritchie, E. T. Arakawa, J. J. Cowan, R. N. Hamm: Surface-plasmon resonance effect in grating diffraction, Phys. Rev. Lett. 21, 1530 (1968).

[13] S. C. Kitson, W. L. Barnes, J. R. Sambles: Full photonic band gap for surface modes in the visible, Phys. Rev. Lett. 77, 2670 (1996).

[14] S. I. Bozhevolnyi, J. Erland, K. Leosson, P. M. W. Skovgaard, J. M. Hvam: Waveguiding in surface plasmon polariton band gap structures, Phys. Rev. Lett. 86, 3008 (2001).

[15] S. I. Bozhevolnyi, V. S. Volkov, K. Leosson, J. Erland: Observation of propagation of surface plasmon polaritons along line defects in a periodically corrugated metal surface, Opt. Lett. 26, 734 (2001).

[16] S. I. Bozhevolnyi, V. S. Volkov, K. Leosson, A. Boltasseva: Bend loss in plasmon polariton band-gap structures, Appl. Phys. Lett. 79, 1076 (2001).

[17] S. I. Bozhevolnyi, V. S. Volkov: Multiple-scattering dipole approach to modeling of surface plasmon polariton band gap structures, Opt. Comm. 198, 241 (2001).

[18] A. V. Shchegrov, I. V. Novikov, A. A. Maradudin: Scattering of surface plasmon polaritons by a circularly symmetric surface defect, Phys. Rev. Lett. 78, 4269 (1997).

[19] M. Kretschmann: Phase diagrams of surface plasmon polaritonic crystals, Phys. Rev. B 68, 125419(2003).

[20] T. Søndergaard, S. I. Bozhevolnyi: Vectorial model for multiple scattering by surface nanoparticles via surface polariton-polariton interactions, Phys. Rev. B 67, 165405-1-8 (2003).

[21] V. Coello, T. Søndergaard, S. I. Bozhevolnyi: Modeling of a surface plasmon polariton interferometer, Opt. Commun. 240, 345 (2004).

[22] L. Novotny, B. Hecht, D. Pohl: Interference of locally excited surface plasmons, J. Appl. Phys. 81, 1798(1997).

[23] T. Søndergaard, B. Tromborg: Lippmann-Schwinger integral equation approach to the emission of radiation by sources located inside finite-sized dielectric structures, Phys. Rev. B 66, 155309 (2002).

[24] T. Søndergaard, S. I. Bozhevolnyi: Surface plasmon polariton scattering by a small particle placed near a metal surface: An analytical study, Phys. Rev. B 69, 045422 (2004).

[25] J. Arentoft, T. Søndergaard, M. Kristensen, A. Boltasseva, M. Thorhauge, L. Frandsen: Low-loss silicon-on-insulator photonic crystal waveguides, Electron. Lett. 38, 274 (2002).

[26] E. Palik: Handbook of Optical Constants of Solids (Academic, San Diego, CA, 1985).

第 7 章　亚波长尺度的等离激元波导

HARRY A. ATWATER, JENNIFER A. DIONNE AND LUKE
A. SWEATLOCK

Thomas J. Watson Laboratory of Applied Physics, California Institute
of Technology, Pasadena, California 91125

7.1　前言

　　17 世纪中期,很多科学家,最著名的包括胡克和伽利略,已制备出磨光的透明透镜,并将其应用于构建复合光学显微镜。这项进展彻底改变了当时人们对自然世界的认识,例如,使得血细胞和微生物成像成为可能。从过去光学原理和光学仪器辉煌发展的时代到现在,光子器件的尺寸和性能一直都受到衍射极限的限制。目前的光子器件通常由介电常数适中的介质材料组成,也正是由于这个原因,光子器件要比最小的电子器件(比如,硅基集成电路中的晶体管)大很多。

　　相比之下,因为金属具有较大且高度可调的介电系数,特别是在等离子共振频率附近,所以通过使用等离激元元件,将光限制在尺寸下降到自由空间波长的 10% 的亚波长空间内是可能的。最终,也许可能利用等离激元元件形成基于纳米光子器件技术芯片的构建模块,从根本上将器件的尺寸压缩到分子量级水平,这在计算、通信和化学/生物检测中具有潜在的成像、光谱和互连应用。为证明方法的可行性,为实现纳米光子网络,用于展示这种方法可行性所需的最基本的元件就是亚波长尺寸的波导结构。本章概述了多种亚波长波导结构的设计方案。

7.2　纳米链等离激元波导

　　光子学正在向亚 100 nm 尺度的设计和元件世界过渡。这是向亚波长尺度世界的演变,电磁波在一些媒质中(比如金属)的实际波长要比自由空间的光波长短很多。光子器件和系统通常被定义成是在某一波长(比如 1 300 nm～1 600 nm 的通信波段)下进行操作,但是图 7.1 中的色散曲线充分说明了依据频率描述器件工作会更为恰当。因为对于等离激元材料[1]和器件,频率是不变的,而波长是根据情况高度可变的。

　　最近在颗粒合成与制备技术方面的进展使得对贵金属纳米颗粒有序阵列进行研究成为可能。最近,利用金属纳米结构组成的阵列作为波导已得到关注[2-5],在这些阵列中,每个纳米颗粒的直径都远小于激励光的波长,可作为一个电偶极子[6-8]。因此,根据相邻纳米颗粒之间的距离 d,可将颗粒之间电磁场的相互作用分为两种类型:对于间距为激发波长量级的颗粒阵列,远场电磁场之间的相互作用主要服从 d^{-1} 关系[4-9],对于间距比光波长小很多的颗粒阵列,相邻颗粒之间的近场偶极子相互作用主要服从 d^{-3} 关系。由金属纳米颗粒组成的整齐的、一维的链状阵列的[10-12]等离激元偶极峰的分裂,证明了纳米链的集体本征模式是由强烈依赖于距离的电磁场相互作用所形成的。这也使得利用这种结构作为波导成为可能。

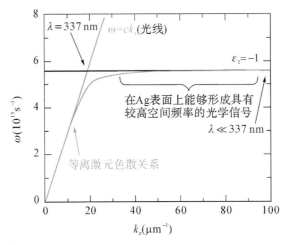

图 7.1　一个典型的平面界面的等离激元色散关系:表面等离激元是含有束缚在金属或薄金属膜表面的非辐射模式的集体激发。只有通过匹配等离激元的动量的方式,光才能从自由空间被耦合到表面等离激元模式中,例如,可以通过折射率匹配或光栅耦合的方法加以实现。在表面等离激元频率附近,介电常数 ε_1 的实部会由正数变成负数(ε_2 仍是正数),面内波矢值 k_x 可以很大。高的波矢值也正是在表面产生强的光驻留模式所需要的条件,该驻留模式有望用于光频段和软 X 射线频段(10's of nm)的成像和光学操控。

　　单个贵金属纳米颗粒可与在其偶极子表面等离激元频率处的可见光发生强烈的相互作用,源于在颗粒内部集体电子运动的激发导致了等离激元的激发[7]。纳米颗粒的表面将传导电子限制在颗粒内部,并形成一个有效的恢复力,导致了偶极子表面等离激元频率处的共振现象。当激励光的频率远离金属纳米颗粒的固有等离子共振频率时,颗粒周围的能流只受到轻微的扰动。当激励光的频率处于等离子共振频率时,颗粒的强极化作用将能量有效的卷入颗粒内部,引起在消光测量[7]中散射截面的显著增强。比激励光波长小很多的颗粒的偶极子表面等离子共振是最明显的,因为在这种情况下,颗粒的所有传导电子都同相位地被激发。共振频率由颗粒的材料、形状和周围环境的折射率决定。由于其近似自由电子特性,表面等离激元可在贵金属(如 Au、Ag 和 Cu 等)中被有效激发。对于这些金属,在多种介质中,其等离子共振都可发生在可见光范围内。

　　如果能量可在纳米颗粒之间传递,那么金属纳米颗粒与光的强烈相互作用就可用于制备波导。由于近场电动力的相互作用,单个金属纳米颗粒中的由等离子振荡引起的偶极场能够引起相邻颗粒的等离子振荡。在远场照射时,相隔紧密的贵金属颗粒组成的有序阵列展现出集体行为,这一发现证实了近场耦合的存在[8]。为了引起大家对表面等离激元能量传导机制的注意,在 1999 年,我们把按照这种原理工作的结构命名为"等离激元波导",并且把这一研究领域命名为"等离激元学(plasmonics)"。

　　当金属纳米颗粒像图 7.2 中描述的那样紧密地聚集在一起时(间隔数十纳米),强烈依赖距离的近场项在电偶极子的相互作用中占主导地位。相邻颗粒相互作用的强度及其电场的相对相位均依赖于入射光的偏振方向和频率。这种相互作用激发产生沿纳米阵列的波矢为 **k** 的相干模式。通过由电磁场相互作用项推导出偏振依赖的相互作用频率 ω_1 以及等离激元偶极共振频率 ω_0，考虑相邻最近的和非最近的纳米颗粒之间的相互作用，可计算出沿纳米颗粒组成的纳米链传输的能量的色散关系。该模型中也解释了内部衰减和辐射衰减[3]。图 7.2 展示了电场沿链（纵向模式）和垂直于链（横向模式）偏振的模式的色散关系计算结果。解析计算和全场（full-field）电磁场模拟都说明了这种色散关系是由近场耦合引起的。

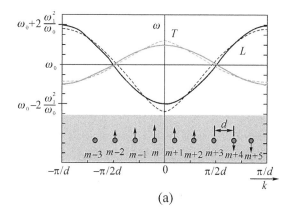

(a)

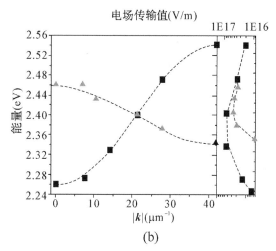

(b)

图 7.2　(a)图,(见内嵌图)线性金属纳米颗粒链中的等离激元模式的色散关系,显示了二重简并的两个分支,分别对应横向模式(**T**)和纵向模式(**L**)。只考虑最近邻颗粒之间的相互作用(实线)和包括多达五个最近邻颗粒之间相互作用(虚线)的色散关系计算结果如图所示。色散曲线中的微小差异表明了等离激元波导传输模式是由近场相互作用决定的。(b)图,电磁场模拟比较了一个由直径为 **50 nm**,中心距为 **75 nm** 的球形 **Au** 纳米颗粒组成的纳米链的纵向模式(方形)和横向模式(三角形)。图的左侧给出了能量-波矢的色散关系,而右侧给出了与具有不同能量的模式相关的电场强度。

对于线性的无限长金属纳米颗粒阵列的计算,只包括最近邻颗粒之间耦合(实线)以及在耦合项(虚线)中最多包含 5 个最近邻的颗粒。发现包括多达五个最近邻颗粒的计算对色散曲线几乎没有影响,证明相互作用是由最近邻的颗粒之间的耦合决定的。由色散曲线的斜率 $d\omega/dk$ 可知,对于两种偏振光,传导的能量的传输速度在共振频率 ω_0 处最大。由相互之间的中心间距为 75 nm,直径为 50 nm 的 Ag 球组成的结构,计算显示其能量传输速度大约是光速的 10%。这要比在典型的半导体器件中的电子速度快 10 倍。

Au 纳米链阵列的色散关系已由全场电磁场模拟得到。波导由距离波导第一个 Au 纳米颗粒中心 75 nm 处的一个振荡点偶极子所激励。连续运行时,点偶极子源在 E_0 附近的不同频率不断被驱动。随后,通过分析沿纳米链结构的场分布确定传输波的波矢 $\boldsymbol{k}$。图 7.4 的底部部分展示了纵向(方形)和横向(三角形)电磁场激励时的色散关系。虚线是由简单的点偶极子模型计算得到的色散关系,尽管具有局限性,但由点偶极子模型预测的结果与所获得的 $\omega(\boldsymbol{k})$ 数据具有非常好的一致性。该图的右部分显示了纵向激励(方形)时最后一个纳米颗粒中心的电场振幅。需要注意的,正如所预料的一样,波导损耗在色散曲线的中心处是最低的,这是因为群速度在该点处最大。

除了色散关系,波导设计中另外一个重要参数就是损耗。在等离激元波导中,损耗主要由远场辐射和内部阻尼引起。由于近场耦合的主导地位,辐射至远场的辐射损耗可忽略不计。表面等离激元模式的内部阻尼主要是由于电阻加热产生的,可看到这种阻尼导致了 6 dB/μm 的传输损耗。

波导可以连接形成线路元件,如拐角和 T 型三通结构(图 7.3)。由于耦合的近场特性,信号可沿 90 度的拐角传导,也可通过 T 型结构分离并在不连续断点处无辐射损耗地进入到远场。由于在拐角处电磁波部分透射和部分被反射,所以要求等离激元振幅和能流在拐角处连续,以此计算了在拐角附近传导的能量和在 T 结构分离的信号的功率传输系数。透射系数强烈地依赖于导波的频率和偏振方向,并在偶极子等离激元频率时达到了最大值。对于特定的偏振方向,在 90 度拐角附近传输的透射系数可接近 100%,也展示了在 T 型结构中信号无损耗分离。超过激发区域的长度之后,等离激元激发仍保持相干性,因此可用于设计基于干涉效应的开关,如马赫-曾德尔干涉仪(Mach-Zehnder interferometer)[3]。

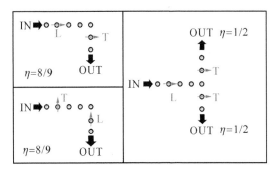

图 7.3　计算得到的 90 度拐角和 T 型三通结构的纳米链阵列中的能量传输系数 η。粗箭头表示能量流动方向,细箭头表示与纵向模式(L)或者横向模式(T)对应的偏振方向。

我们也研究了通过驱动局域偶极子源的等离激元波导的光脉冲的传播特性[14]。在图 7.4(a)中,位于阵列左侧的偶极子源发射了一个中心对应共振能量 $E_0=2.4$ eV 的脉冲,对应于具有最高群速度的 $k=\pi/2d^{-1}$ 模式。图 7.4(a)上面的插图显示在纵向偏振情况下,xy 平面内电场 x 分量的分布图,图下方是线性的彩色标尺。沿纳米链的周期性场分布确定了脉冲以 $k=\pi/2d^{-1}$ 模式为中心,具有相当于 4 倍颗粒间距的波长。下面的插图展示了在横向偏振情况下,类似的电场 y 分量分布图。图 7.4(a)的主体部分显示了纵向(方形)和横向(三角形)激发时,定义为最大场振幅位置的脉冲位置随时间的变化。对数据线性拟合得到横向模式和纵向模式的群速度。这些全场电磁场模拟结果定量地确认了使用等离激元波导实现速度为 $v_g = 0.01c$ 的信息传递的可能性。计算结果也展示了当这些等离激元波导以横向模式激发时，会出现负相速度。对于横向脉冲，群速度的方向和能量传播方向，单个波分量的相速度方向是反向平行的。这在图 7.4(b) 中得以展示，它显示了时间间隔为 $\Delta t = 0.166$ fs(在 E_0 处一个周期的 10%)的 10 个场分布图。可以看出波包向远离偶极子源的方向传播，而单个相位波前则向靠近偶极子源的方向移动。这是由于横向模式的正群速度发生在负波矢 k 处(由图 7.2 的色散关系看到)。因此纳米链等离激元波导可作为一个相对简单的模型系统用于负相速度结构的研究[15-16]。

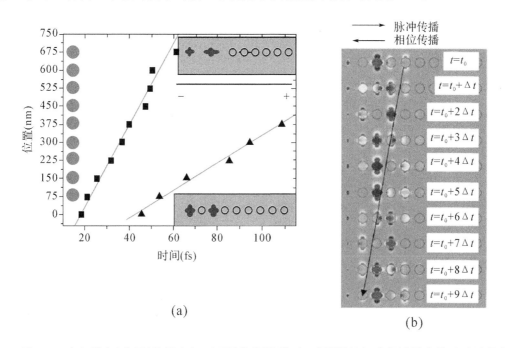

(a)　　　　　　　　　　　　(b)

图 7.4　(a) 纵向(方形)和横向(三角形)偏振激发时，球形颗粒组成的波导中的脉冲峰值位置随时间的变化。沿轴向的圆圈代表了 Au 纳米颗粒的位置，上(下)插图表示纵(横)向偏振时，xy 平面内电场 $x(y)$ 分量的分布图。(b) 横向脉冲传播时，电场随时间的变化图，展示了相速度为负，且群速度和相速度反向平行。

在光频段，激励和探测具有低于衍射极限的横向模式轮廓的传导光，为证明有序阵列颗粒之间的近场耦合提供了最直接的证据。事实上，理论和实验均已证明了图 7.5 所描绘的以及图 7.6 中实验的纳米颗粒阵列，可通过颗粒之间的近场相互作用将电磁波能量传导超过数百纳米的距离[17]。如图 7.6(a) 所示的高度有序的等离子波导可通过电子束光刻和剥离方法制备，再由图 7.6(b) 所示的原子力显微镜，以及近场光学显微镜进行成像。这样的结构可能被用于纳米尺度的全光网络，实现一类新型的可在低于光学衍射极限条件下工作的光学功能器件。

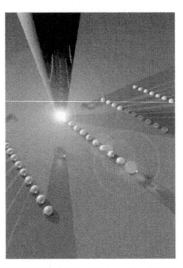

图7.5　利用近场光学显微镜局部激发和探测在亚波长尺度等离激元波导中传输的能量的示意图。近场扫描光学显微镜(near-field scanning optical microscope，NSOM)照明模式针尖发射出光,局部地激励等离激元波导。波导将电磁场能量传递到荧光聚合物纳米球。改变针尖位置对应的荧光光强在远场被收集。

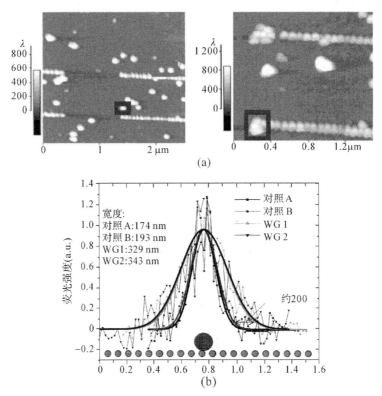

图7.6　(a)图,带有荧光聚合物纳米球的 **Au** 纳米链阵列等离激元波导的非接触模式原子力显微镜图。在成像之前利用扫描力操纵的方法在每个等离激元波导的左端放置荧光聚合物纳米球。左图示出了未操纵之前的聚合物纳米球;右图则是操纵之后的纳米球。(b)图,通过荧光纳米球强度的宽度作为能量在等离子波导内传递的证据。如插图所示,每个数据集代表沿平行于等离激元波导方向取孤立的(对照 **A** 和 **B**,正方形和菱形数据点)或位于波导上面(**WG 1** 和 **WG 2**,向上三角形和向下三角形数据点)的荧光小球,取五次荧光强度的平均值。对数据的高斯线型拟合曲线展示了荧光纳米球放在波导上而产生的宽度增加,表明了等离激元的传输。

7.3　纳米结构中强耦合的等离激元模式

　　纳米颗粒提供了显著增强的局域场,很有希望被用作分子传感器和微型化的非线性光学元件[22-26]。当颗粒阵列间隔非常密集时,纳米链的集体本征模式和色散关系将产生急剧的定量和定性变化。虽然精确,但是采用光刻方法制备这种结构在目前来说还是很困难。在玻璃上间隔密集且相互接触的线性链状纳米颗粒阵列可由高能离子辐射这种非光刻的方法制备。如图 7.7(a)和(b)所示。在图 7.7(c)和(d)中,利用时域有限差分模拟的接触颗粒(即间隔 0 nm)阵列最为显著的展现了这种变化。在这种情况下,在光谱中的 0.35 eV(自由空间波长 3500 nm)和 1.65 eV(750 nm)处发现两种截然不同的模式。通过研究这两种情况下的电场空间分布,每个模式的物理意义变得更清楚。图 7.7(c)和(d)证实了这一点,它们分别显示了在两个不同共振频率下激发的,由 12 个接触的 Ag 纳米球组成的线性阵列的电场纵向分量 E_x 的分布图。在用能量为 0.35 eV 的纵向偏振平面波激发纳米链时,从电场分布图可看出,两端区域的 E_x 为正,贯穿主体部分的 E_x 为负。该电场分布图显示正的表面电荷集中在最右边的颗粒,负电荷集中在最左面的颗粒。这个模式是典型的单线天线模式,要求表面电荷沿阵列整个长度从颗粒到颗粒流动。选择另一个波长,即当相同的结构被能量为 1.65 eV 的光激发时,(图 7.7(d))耦合的偶极子共振被选择性地激发。场分布图在电介质间隙处为正和每个颗粒内部为负之间交替变换。这表明交替变换的表面电荷分布存在于每个单独的颗粒是极化的,但呈电中性的结构之中。因此,这种颗粒相互接触的结构支持两种纵向共振:一种是每个颗粒可以作为个体耦合偶极子,或作为一个连续单线天线。从图 7.7(c)可以明显看出,类天线共振模式比耦合偶极子模式对能量的限制程度低。

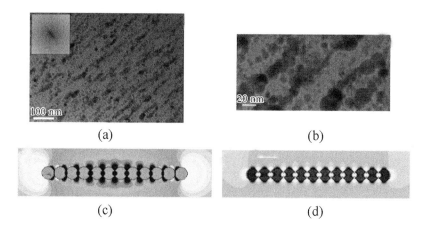

　　图 7.7　(a) 30 MeV 硅离子辐射轰击 Ag 掺杂钙钠玻璃之后,Ag 纳米颗粒的 TEM 平面图。可观察到沿着离子束方向排成直线的纳米颗粒,并由内嵌图中的空间快速傅里叶图像得以验证。图(b)尽管具有显著的尺寸多分散性,但典型的颗粒直径都在 10 nm,且颗粒被排成可达大约 10 个颗粒的准线性阵列。(c)和(d)示出了在两种截然不同的模式下,12 个直径为 10 nm 的 Ag 颗粒组成的阵列附近电场 x 分量的分布。在图(c)中的类天线模式和单线天线的被能量为 3.5 eV 的共振波长激发时的模式非常接近。在图(d)的类耦合颗粒模式与独立颗粒组成的纳米链在能量为 1.65 eV 的共振波长激发时的模式非常相像。场分布轴向轻微的不对称是由激励平面波和共振模式的叠加所引起的。

7.4　金属/绝缘体/金属纳米槽波导

　　在平面金属-电介质结构中,表面等离激元就是对麦克斯韦方程组的适当解,其复波矢决定了场对称性和衰减。对于束缚模式,场振幅在金属/电介质界面最大,并沿界面向外以指数形式衰减。虽然在绝缘体/金属/绝缘体结构中的长程表面等离激元(surface plasmons,SPs)的色散特性与光子特性相似,可以沿着界面传播数厘米[29],但往往伴随着其场显著地渗透进入周围介质之中。对于在通信频段被激励的 Ag 薄膜(约 10 nm),电场趋肤深度可超过 5 μm[30,31]。为了利用密集嵌套的波导结构实现高度集成的光子和等离激元结构,在局域化和损耗之间就需要一个更好的平衡。

单个金属/电介质交界面的表面等离激元模式的电场穿透深度表现出强烈的波长依赖性,在电介质中随着波长远离共振波长而迅速增加,但是在金属中,对于从可见光至近红外宽频段内的激发频率,场渗透深度近似地保持为常数(大约为 25 nm)。这一发现催生了一类新型的由一个绝缘的芯层和金属包覆层组成的等离激元波导。这种金属/绝缘体/金属(MIM)结构波导不同于传统的波导(包括光学频段的介质平板波导、微波频段的金属槽波导以及最近提出的半导体槽型波导[32]),它通过芯层和包覆层之间强烈的折射率差来导光[32]。然而,与介质槽波导不同的是,等离激元模式和传统的波导模式都可进入 MIM 波导,且取决于芯层的横向尺寸。因此,MIM 波导也许能在波导物理横截面外以最小的场衰减,将平面表面等离激元波导中的光学模式体积减小到亚波长尺度,即使在远离等离子共振频率时。一些有关表面等离激元在 MIM 结构中的传输和束缚特性的理论研究已开展[33,34],并且辨别了 MIM 结构中依赖波长的表面等离激元模式和传统的波导模式[35]。

当一个等离激元(plasmon)在一个金属/电介质交界面被激发时,金属中的电子产生一个表面极化激元进而产生一个局域电场。在绝缘/金属/绝缘结构中,芯层金属中的电子屏蔽了每个界面的电荷组态,使得波导内的电场接近于零(或最小)。结果金属薄膜的每个界面上的表面极化相位保持一致,而且在波导横向上没有截止频率。相反,屏蔽没有发生在 MIM 波导的芯层介质上。每个金属/电介质表面上的表面极化激元的产生与发展都和其他界面上是相互独立的,等离子体(plasma)振荡不需要能量或波矢相互匹配。

因此,对于某一特定电介质芯层厚度的 MIM,界面上的 SPs 可能不再保持同相位,但是会展现出一个摆动频率。随着芯层横向尺寸的增加,将会观察到允许的能量/波矢对应的通带和禁止的能量对应的禁隙。

图 7.8 说明了这种现象,它描绘了芯层厚度为 250 nm(图 7.8(a))和 100 nm(图 7.8(b))时,MIM 波导的色散关系。波导由一个 SiO₂ 芯层和两个 Ag 包覆层的三层金属电介质堆叠组成。金属的介电参数取自 Johnson 和 Christy 实验得到的光学参数,SiO₂ 的介电参数从 Palik 手册中获得[37]。色散关系可以运用复杂波矢空间的内尔德-米德最小化程序(Nelder-Mead minimization routine)来求解,具体的实施细节和收敛性质在别的地方[31]有介绍。作为参考,该图还包括了芯层厚度趋于无穷大时的波导色散曲线(用黑线绘制)。可看到,对于所有自由空间内的波长(能量)都存在允许的波矢,且与单个 Ag/SiO₂ 交界面 SP 的色散关系完全一致。

图 7.8(a)绘制了一个芯层厚度 d = 250 nm 的 Ag/SiO₂/Ag 波导的束缚模式(即,在频率低于 SP 共振频率的模式)。非对称束缚(a_b)模式对应于 L⁺ 的解,用浅灰线表示;对称束缚(s_b)模型对应于 L⁻ 的解,用深灰线表示。如图,可观察到多个通带和禁带频段。对于能量低于约 1 eV 时,允许的 a_b 模式遵循光线(light line),当能量高于 2.8 eV 时,它的色散曲线与传统电介质芯层/导电包覆层波导相似。插图中描绘了 a_b 模式的每个通带

的切向电场分布图（考虑到自由空间波长 $\lambda = 410$ nm（约 3 eV）和 $\lambda = 1.7$ μm（约 0.73 eV）），分别说明了这些模式的光子的和横向的电子的特性。相反，s_b 模式只能在能量为 1.5 和 3.2 eV 之间的频段才能观察到。这一模式的色散关系让人联想到传统电介质芯层/电介质包覆层型的波导，端点渐进线对应于 1.5 eV（$n = 8.33$）和 3.2 eV（$n = 4.29$）两点之间曲线的切线（有效折射率）。对于能量超过约 2.8 eV 的光，s_b 模式的波矢与 SP 模式的相匹配，并且切向电场从芯层内模式转换为界面模式（见内嵌图顶部的第一和第三幅图，对比 $\lambda = 410$ nm（约 3 eV）和 $\lambda = 650$ nm（约 1.9 eV））。随着芯层厚度从 1 μm 开始增加（数据没有显示），a_b 和 s_b 的通带数目会增加，并且 a_b 模式一般出现在能量较高的频段。类似于常规波导，芯层的尺寸越大（但有界限），该波导结构支持的模式数越多。

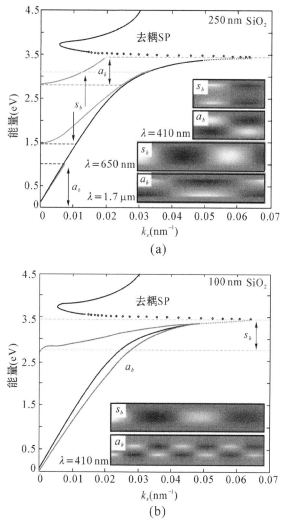

(a)

(b)

图 7.8　基于 SiO₂ 芯层和 Ag 包覆层的 MIM 平面波导的色散关系。黑色曲线绘制了一个无限厚度芯层的波导的色散关系，与单一的 Ag/SiO₂ 交界面等离激元的结果精确一致。(a) 当氧化物厚度为 **250** nm时，该结构支持传统波导模式，对于对称的（s_b，深灰）和反对称（a_b，浅灰）场结构均观察到截止波矢。(b) 随着氧化物的厚度减小到 100 nm，传统的波导模式和等离激元导波模型均支持。相应的，对于传统的波导模式，切向电场局域在其芯层，但是对于等离激元导波模式，切向电场沿着金属-电介质交界面传输（允许模式的场点在图(a)中标出，在自由空间波长 $\lambda = 410$ nm（约 3 eV）（上面两幅）、$\lambda = 650$ nm（约 1.2 eV）和 $\lambda = 1.7$ μm（约 0.73 eV）图(b) 中 $\lambda = 410$ nm（约 3 eV））。

图 7.8(b)绘制了一个 SiO_2 芯层厚度 $d=100$ nm 的 MIM 波导束缚模式色散曲线。通带 a_b 模式用浅灰线表示,禁带 s_b 模式用深灰色表示。虽然 s_b 模式与传统波导色散模式类似,但是 a_b 模式与等离激元色散模式类似。相应地,传统波导模式只存在于能量较高的频段(超过 1 eV),该频段的光子波长足够小以至于可被这种结构传输。内嵌图显示了在自由空间波长为 $\lambda=410$ nm (约 3 eV)时两种模式的切向电场分布图。如图所示,s_b 模式的场主要集中在波导芯层,很少渗透到导电包覆层。相反,a_b 模式的场则主要集中在表面上,场在金属-电介质界面两侧的渗透深度大致对称。传统波导模式和 SP 波导模式的共同存在代表了向亚波长尺度光子学的一个过渡。假如光子和 SP 之间动量匹配,能量将会沿着金属-电介质交界面以激元的形式传导。反之,该结构将支持一个传统的波导模式,但是传播模式只会出现在一个狭窄的频带内。

平面结构中的表面等离极化激元的色散和传播特性关系分别取决于面内波矢的实部和虚部。通常,处在近似线性色散区域内的模式的传播距离比较大,因为在此区域内信号速度比较快,克服了内部的损耗机制。在绝缘体/金属/绝缘体结构中,电场束缚减弱,横向的场渗透到周围电介质中的距离通常会超过微米,因此可以实现长程传播。在MIM 结构中,SP 渗透到包覆层的深度将会受到光场在金属中的趋肤深度的限制。这种限制引发了一个问题:趋肤深度如何影响传输,尤其是对于薄膜结构。

图 7.9 阐明了膜厚从 12 nm 到 250 nm 的 MIM 薄膜结构中趋肤深度和传输距离的相互影响关系。上面的图描绘了传输距离随自由空间中的波长变化的关系。下面的图描绘了相应的趋肤深度随波长变化的关系。图 7.9(a)绘制了一个氧化层厚度为 250 nm的结构的传播长度和趋肤深度随波长变化的关系曲线。根据色散关系,对称模式和非对称模式的传播波都具有通带和禁带波段。对称束缚模式在 400 nm 和 850 nm 之间的波段是可以传输的,最大传播距离约 15 μm。该模式的趋肤深度在全部波段几乎为常数,在金属中不超过 22 nm。相反,反对称束缚模式在波长大于 1 250 nm 时可传输,其传输距离为 80 μm。波长低于 450 nm 时,也观察到一个很窄的传输波段,虽然其传输距离没有超过 2 μm。在传输距离远的波长区域(超过 1 250 nm),趋肤深度保持在 20 nm 不变;然而,低于 1 250 nm 时,趋肤深度接近 30 nm。有趣的是,这个数据表明无论是 a_b 模式还是 s_b 模式,其传输距离与趋肤深度之间的关联性都很小。这种关系表明金属(即,吸收)不是唯一影响波在 MIM 结构中传输的损耗机制。

图 7.9(b)描绘了氧化物厚度为 12 nm~100 nm 时,非对称束缚模式的传输距离和趋肤深度的关系。图 7.8 中的连续的类等离激元色散曲线与观察到的传输现象密切相关:波长较长的波段的衰减长度最长,在此波段色散关系服从光在真空中的色散关系。等离激元传输距离一般随膜厚的增加而增加,对于 12 nm 厚的氧化物层,接近 10 μm,而100 nm厚的氧化物,近 40 μm。然而,在 Ag 包覆层中场渗透深度仍约为常数,不超过20 nm。因此,与通常的等离激元波导不同的是,MIM 波导可在实现微米尺度量级传输的同时保持纳米尺度量级的场限制。

图 7.9(c)描绘了薄膜的对称束缚模式的传输长度和趋肤深度的关系。对于 a_b 模式,氧化物层越厚,所支持的传输距离越远。然而,当厚度增加直到 50 nm 时,仍为倏逝波,而且对于较大波长,传输距离不超过 10 nm。当 SiO_2 厚度接近 100 nm 时,在较高频段,会观察到传输允带,反映了 7.8(b)的色散曲线:在 $\lambda=400$ nm,传输长度高达 0.5 μm。

另外,与绝缘体/金属/绝缘体波导类似,薄膜在对应于准束缚模式和辐射模式相互过渡的波长处(见内嵌图)表现为局部最大的传输长度[28-30]。对于厚度 $d < 35$ nm 的薄膜,仅观察到一个峰。然而,随着薄膜厚度的增加,峰开始劈裂,较低能量的峰形成允许传输的第一个通带。这一过渡表明了准束缚模式的分解,并标志着传统导波的开始。虽然这一区间的特征是趋肤深度有一个轻微的增加,但是对于一个给定厚度 d 的薄膜,在全波长范围,场渗透总体仍保持恒定。因此,不同于 IMI 结构,MIM 结构中波的消散不是由欧姆损耗决定的,而是由金属引起的相移而产生的场干涉决定的。不论 MIM 结构所支持是传输模式,还是纯粹的倏逝场,趋肤深度都受吸收限制,不会超过 30 nm。

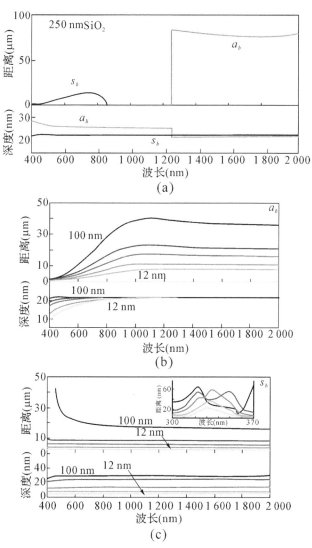

图 7.9　芯层厚度分别为 $d=250$ nm (a) 和 $d=12,\ 20,\ 35,\ 50$,和 100 nm (b, c) 时 MIM(Ag/ SiO₂/Ag)结构的传输长度和趋肤深度随波长变化的函数曲线。在图(a)中,传统(区别于等离激元的)波导模式的传播长度与趋肤深度有关。在(b)中,MIM 波导的非对称模式波的传播长度超过 10 μm,趋肤深度均不超过 20 nm。在(c)中,更薄的薄膜($d \leqslant 50$ nm)的对称模式对所有波长均为倏逝波。然而,随着 d 接近 100 nm,传统波导模式将会出现,当 $\lambda \leqslant 400$ nm 时,可观察到一个传输长度增加的区域。内嵌图:准束缚对称模式的传输距离随波长的变化。薄膜对应的单峰,在厚膜时分裂成双峰,这一现象表明了传统波导模式的产生。

7.5　总结

目前,光子网络在当前主要由电介质材料组成,利用低损耗介质之间的低折射率差来存储和传播信号。利用这种方法制备的传统波导的机理现在已被很好地理解,并在光子网络通信中被广泛使用。对于这样的网络,由于受到衍射极限限制,元件尺寸及其组成的复杂系统的紧凑程度,通常在微米或更大的尺度。然而,正如本章所述,另外一种基于高折射率介质和由金属与金属/电介质媒质组成的高折射率差的结构也许能够使得真正意义上的纳米光子网络得以实现。本文中所讨论的纳米链网络,以及平面的金属/绝缘体/金属结构所形成的等离激元波导都是典型化的上述结构,但是未来的光子网络也许会使用极为多样化的,拓扑更加复杂的金属/电介质结构,以实现纳米光子的等离激元模式的限制特性、插入损耗和传输损耗特性的最优化。计算机电磁场模拟能力的快速进步结合纳米加工技术的飞速发展,也许能最终产生新一代的纳米光子网络,在这样的光子网络之中,其核心的,最小尺寸的特征是基于亚波长的等离激元波导。

参考文献

[1] H. Raether: Surface Plasmons on Smooth and Rough Surfaces and on Gratings (Springer-Verlag, 1988).

[2] M. Quinten, A. Leitner, J. R. Krenn, F. R. Aussenegg: Electromagnetic energy transport via linear chains of silver nanoparticles, Opt. Lett. 23, 1331 (1998).

[3] M. L. Brongersma, J. W. Hartman, H. A. Atwater: Electromagnetic energy transfer and switching in nanoparticle chain arrays below the diffraction limit, Phys. Rev. B 62, R16356 (2000).

[4] B. Lamprecht, G. Schider, R. T. Lechner, H. Ditlbacher, J. R. Krenn, A. Leitner, F. R. Aussenegg: Metal nanoparticle gratings: influence of dipolar particle interaction on the plasmon resonance, Phys. Rev. Lett. 84, 4721(2000).

[5] S. A. Maier, M. L. Brongersma, P. G. Kik, S. Meltzer, A. A. G. Requicha, H. A. Atwater: Plasmonics—A route to nanoscale optical devices, Adv. Mater. 13, 1501 (2001).

[6] G. Mie: Articles on the optical characteristics of turbid tubes, especially colloidal metal solutions, Ann. Phys. 25, 377 (1908).

[7] U. Kreibig, M. Vollmer: Optical Properties of Metal Clusters (Springer-Verlag, Berlin, 1994).

[8] C. Bohren, D. Huffman: Absorption and Scattering of Light by Small Particles (Wiley, New York, 1983).

[9] S. Linden, J. Kuhl, H. Giessen: Controlling the interaction between light and gold nanoparticles: Selective suppression of extinction, Phys. Rev. Lett. 86, 4688 (2001).

[10] J. R. Krenn, A. Dereux, J. C. Weeber, E. Bourillot, Y. Lacroute, J. P. Goudonnet, G. Schider, W. Gotschy, A. Leitner, F. R. Aussenegg, C. Girard: Squeezing the optical near-field zone by plasmon coupling of metallic nanoparticles, Phys. Rev. Lett. 82, 2590 (1999).

[11] S. A. Maier, M. L. Brongersma, P. G. Kik, H. A. Atwater: Observation of near-field coupling in metal nanoparticle chains using far-field polarization spectroscopy, Phys. Rev. B 65, 193408 (2002).

[12] S. A. Maier, P. G. Kik, H. A. Atwater: Observation of coupled plasmon-polariton modes in Au

nanoparticle chain waveguides of different lengths: Estimation of waveguide loss, Appl. Phys. Lett. 81, 1714 (2002).

[13] M. L. Brongersma, J. W. Hartman, and H. H. Atwater. Plasmonics: electromagnetic energy transfer and switching in nanoparticle chain-arrays below the diffraction limit. in Molecular Electronics. Symposium, 29 Nov.-2 Dec. 1999, Boston, MA, USA. 1999: Warrendale, PA, USA : Mater. Res. Soc, 2001, This reference contains the first occurrence of the word "Plasmonics" in the title, subject, or abstract in the Inspec® database.

[14] S. A. Maier, P. G. Kik, H. A. Atwater: Optical pulse propagation in metal nanoparticle chain waveguides, Phys. Rev. B 67, 205402 (2003).

[15] D. R. Smith, N. Kroll: Negative refractive index in left-handed materials, Phys. Rev. Lett. 85, 2933 (2000).

[16] J. B. Pendry: Negative refraction makes a perfect lens, Phys. Rev. Lett. 85, 3966 (2000).

[17] S. A. Maier, P. G. Kik, H. A. Atwater, S. Meltzer, E. Harel, B. E. Koel, A. A. G. Requicha: Local detection of electromagnetic energy transport belowthe diffraction limit in metal nanoparticle plasmonwaveguides, Nat. Mater. 2, 229 (2003).

[18] F. J. García-Vidal, J. B. Pendry: Collective theory for surface enhanced Raman scattering, Phys. Rev. Lett. 77, 1163 (1996).

[19] H. Xu, J. Aizpurua, M. Käll, P. Apell: Electromagnetic contributions to single-molecule sensitivity in surface-enhanced Raman scattering, Phys. Rev. E 62, 4318 (2000).

[20] A. D. McFarland, R. P. Van Duyne: Single silver nanoparticles as real-time optical sensors with zeptomole sensitivity, Nano Lett. 3, 1057 (2003).

[21] D. A. Genov, A. K. Sarychev, V. M. Shalaev, A. Wei: Resonant field enhancements from metal nanoparticle arrays, Nano Lett. 4, 153 (2004).

[22] Hache, D Ricard, C. Flytzanis: Optical nonlinearities of small metal particles: surface-mediated resonance and quantum size effects, J. Opt. Soc. Am. B 3, 1647 (1986).

[23] Y. Hamanaka, K. Fukata, A. Nakamura, L. M. Liz-Marz´an, P. Mulvaney: Enhancement of third-order nonlinear optical susceptibilities in silica-capped Au nanoparticle films with very high concentrations, Appl. Phys. Lett84, 4938 (2004).

[24] R . J. Gehr, R. W. Boyd: Optical properties of nanostructured optical materials, Chem. Mater. 8, 1807 (1996).

[25] Y. Shen, P. N. Prasad: Nanophotonics: a new multidisciplinary frontier, Appl. Phys. B 74, 641 (2002).

[26] D. Prot, D. B. Stout, J. Lafait, N. Pin,con, B. Palpant, S. Debrus: Local electric field enhancements and large third-order optical nonlinearity in nanocomposite materials, J. Opt. A 4, S99 (2002).

[27] J . J. Penninkhof, A. Polman, L. A. Sweatlock, S. A. Maier, H. A. Atwater, A. M. Vredenberg, B. J. Kooi: Mega-electron-volt ion beam induced anisotropic plasmon resonance of silver nanocrystals in glass, Appl. Phys. Lett. 83, 4137 (2003).

[28] L. A. Sweatlock, S. A. Maier, H. A. Atwater, J. J. Penninkhof, A. Polman: Highly confined electromagnetic fields in arrays of strongly coupled Ag nanoparticles, Phys. Rev. B 71, 235408 (2005).

[29] D. Sarid: Long-range surface-plasma waves on very thin metal films, Phys. Rev. Lett. 47, 1927 (1981); A. E. Craig, G. A. Oldon, D. Sarid: Experimental observation of the long-range surface-plasmonpolariton, Opt. Lett. 8, 380 (1983).

[30] J. J. Burque, G. I. Stegeman, T. Tamir: Excitation of surface-plasmon modes along thin metalfilms, Phys. Rev. B 33, 5186 (1985); P. Berini: Plasmon-polariton modes guided by a metal film of finite width, Opt. Lett. 24, 15 (1999); P. Berini: Plasmon-polariton waves guided by thin lossy metal films of finite width: bound modes of asymmetric structures, Phys. Rev. B 61, 15 (2000); P. Berini: Plasmonpolariton modes guided by a metal film of finite width bounded by different dielectrics, Opt. Express 7, 10 (2000); P. Berini: Plasmon-polariton waves guided by thin lossy metal films of finite width: Bound modes of symmetric structures, Phys. Rev. B 63, 12 (2001).

[31] J. A. Dionne, L. A. Sweatlock, A. Polman, H. A. Atwater: Planar metal plasmon waveguides: frequencydependent dispersion, propagation, localization, and loss beyond the free electron model Dionne, Phys. Rev. B 72, 7 (2005); p. 075405.

[32] V. Almeida, Q. Xu, C. Barrios, M. Lipson: Guiding and confining light in void nanostructure, Opt. Lett. 29, 1209 (2004).

[33] E. N. Economou: Surface plasmons in thin films, Phys. Rev. 182, 539 (1969).

[34] R. Zia, M. D. Selker, P. B. Catrysse, M. L. Brongersma: Geometries and materials for subwavelength surfaceplasmon modes, J. Opt. Soc. Am. A 21, 2442 (2004).

[35] P. B. Johnson, R. W. Christy: Optical-constants of noble-metals, Phys. Rev. B 6, 4370 (1972).

[36] E. Palik, G. Ghosh: Handbook of Optical Constants of Solids II (Academic Press, Inc., New York, 1991).

第8章 光学超透镜

X. ZHANG, M. AMBATI, N. FANG, H. LEE, Z. LIU, C. SUN
AND Y. XIONG

Nanoscale Science and Engineering Center, 5130 Etcheverry Hall,
University of California, Berkeley, CA 94720-1740, USA

8.1 引言

衍射极限一直是光学成像的基本障碍。提高光学系统的分辨能力已经吸引了人们相当大的兴趣。这种持续增加的兴趣源自于其在各个领域（如生物成像、数据存储以及光刻）所展现出的巨大的潜在优势。为提高光学分辨率，人们已经做出了很多重大努力。其中接触掩膜成像的提出和实现，是人们为提高分辨率最早做出的努力[1,2]。浸入式显微镜通过增加周围介质的折射率来提高分辨率，但这种方法受到可获得的高折射率材料的限制。虽然扫描近场光学显微镜（scanning near-field optical microscopy, NSOM）提供了亚波长分辨率，但它并不像一个普通透镜一样投射一个整体图像，而是通过点对点式扫描表面附近的锐利尖端来收集光学信息，需要经历缓慢速度的连续逐行扫描。这种方法常常采用一种需要复杂的后期图像重构的"浸入式"测量来去除由于尖端结构相互作用产生的伪影。最近，Pendry 提出了一种有趣的"完美透镜理论"[3]。在这一理论当中，一种左手材料（left-handed material, LHM）可用来获得远低于衍射极限的超分辨率。

介电常数和磁导率同时为负的材料被归类为左手材料[4]。在这些左手材料中，相速度和群速度的方向相反，折射率的符号必须为负。自然界中没有现成的负折射率材料，但是超材料（metamaterials）[5,6]——人造材料——可由单元尺寸远小于波长的周期结构构造形成。这些超材料的特征在于具有有效的材料特性：介电常数和磁导率。这些特性是高度色散的，在特定的频段可同时转为负值[7]。最近，在对负折射率材料的研究中，由于这些材料有趣的特性——逆多普勒效应（reversed Doppler effect）和负切伦斯夫辐射（negative Cerenkov radiation）——以及 Pendry 的激动人心的完美透镜理论，渐渐地引起了人们的巨大兴趣[3]。

Pendry 提出的完美透镜理论中，在无损耗和对周围介质有完美阻抗匹配的理想条件下，负折射率材料做成的平板就成为一个完美透镜。该透镜通过获取携带目标物亚波长细节的倏逝波以及到达成像面的传输波（propagating waves）提供了一个目标物的完美副本。远离目标物时呈指数衰减的倏逝波在负折射率材料表面被显著增强。这种倏逝场被放大是由负电磁场（negative electromagnetic）特性所带来的表面共振模式所引起的。对一个完美透镜而言,其无损耗和负折射率的限制条件是非常严格的。此外,在光频段内不存在具有磁响应的天然材料。直到最近,在太赫兹和红外频率具有磁响应的超材料才被制备出来[8,9]。人们正在付出极大的努力制造人造材料——在光学波段内磁场和电场都具有负响应的超材料。然而,在长度尺寸远小于波长的准静态限制中,电场和磁场去耦(decouple),为实现完美透镜的类似效果,材料特性中只有一种必须是负的[3]。在光学频段内,金属中的负介电常数是很容易达到的,因此一个介电常数与周围介质大小相等方向相反的薄金属板可用作在准静态限制中的"穷人版"完美透镜。然而,由于金属膜中的损耗,在波矢谱中只有一段谱带范围内的倏逝场被增强。这些增强的静电场用于构造在近场中具有亚波长分辨率的图像。这样一个可提供远突破衍射极限的分辨率的薄金属平板被称为超透镜。

本章的主题按以下的方式制定。8.2 节讨论超透镜理论和超透镜的成像特性。在8.3 节中,介绍了 Ag 超透镜倏逝波透射增强的厚度相关性的实验验证,这是在超透镜理论中的一个核心命题。最后,8.4 节用于介绍突破衍射极限的光学超透镜的实验研究。将展示详细的实验设计和制备过程。这一章将会广泛地回顾众多研究人员所做出的工作,虽然一些研究人员已完成了许多关于超材料和超透镜进展介绍的文章[10-13]。

8.2　超透镜理论和成像特性

传统光学透镜的性能受到衍射极限限制。该限制背后的基本原理是,常规的透镜只能够传递传播分量(propagating components)。携带目标物亚波长信息的倏逝波以指数形式衰减,而且无法在远场被收集以实现图像的重构。这些性质可由在常规透镜前放置了一个频率为 ω 的无限小的偶极子这一模型加以解释[3]。场的电分量通过傅里叶展开由下式给出:

$$E(r,t)=\sum_{k_x,k_y}E(k_x,k_y)\exp(\mathrm{i}k_z z+\mathrm{i}k_x x+\mathrm{i}k_y y-\mathrm{i}\omega t) \tag{8.1}$$

$$k_z=\sqrt{\omega^2 c^{-2}-k_x^2-k_y^2} \tag{8.2}$$

透镜的轴线为 z 轴。对于具有较大值的,携带了光源更精细的细节的横向波矢,

$$k_z=+\mathrm{i}\sqrt{k_x^2+k_y^2-\omega^2 c^{-2}},\ \omega^2 c^{-2}<k_x^2+k_y^2 \tag{8.3}$$

这些波远离光源后呈指数衰减,在图像平面上这些大的横向波矢的信息将完全丢失。只有传播波的信息在成像面上得以重建,也因此使得分辨率受到限制。

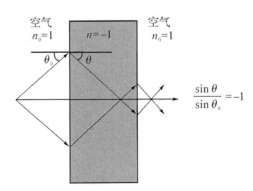

图 8.1　负折射率($n=-1$)材料平板将从一个点光源发散的光线聚焦。

　　Pendry 提出了透镜的一个非常规的替代品[3]。两边平行的负折射率材料平板如图 8.1 所示的聚焦光线。对于负折射率介质，相速度的方向与群速度相反。负折射率介质的一个重要特征是图 8.1 所展示的双重聚焦效应，这是通过满足斯涅耳折射定律（Snell's law of refraction）得到的（$n = -1$, $\varepsilon = -1$, $\mu = -1$）。对负折射率介质而言：

$$k_z' = -\sqrt{\omega^2 c^{-2} - k_x^2 - k_y^2} \tag{8.4}$$

　　负折射率介质的一个显著特征是负折射率介质远边产生的倏逝波的振幅会在传输过程中增强，如图 8.2 所示。从目标物平面到成像平面的倏逝波传输增强可由菲涅尔方程计算[3]，其解释了多重反射的原理。以波矢为函数的增强程度被称为传递函数。传递函数的特性决定了负折射率材料的性能。负折射率材料中，传播波和倏逝波都对图像分辨率有贡献。使用无损的负折射率材料，其阻抗与周围介质精确匹配，图像的完美重建是可能实现的[3]。

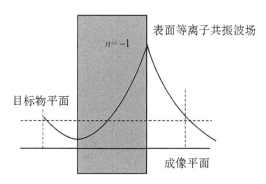

图 8.2　倏逝分量的振幅恢复的简单示意图。

　　光频段的负折射率材料到目前为止还没有被设计出来。所以准静态极限内的一种金属可用作负折射率材料的替代品。在这种情况下，在光频段介电常数为负的金属薄板可用来增强倏逝场的传播。这种增强借助于金属薄膜上表面等离激元（surface plasmons）的激发。表面等离激元是在金属表面上的电子等离子体（plasma）的集体激发与光子之间的耦合[14]。金属膜的损耗和厚度决定了波矢谱中的可增强的倏逝场的带宽，在这里给出详细的计算过程。传递函数使用菲涅尔方程（Fresnel equation）计算，并用于计算超透镜的成像特性。用于这些计算的体系如图 8.3 所示，在所有介质中，磁导率都设置为"1"。

　　对于一个给定的横向波矢

$$k_{//} = \sqrt{k_x^2 + k_y^2} \tag{8.5}$$

有 $k_{zj} = \sqrt{\varepsilon_j \left(\dfrac{\omega}{c}\right)^2 - k_{//}^2}$ （$j = 1, 2$），以及 $k_{zM} = \mathrm{i}\sqrt{k_{//}^2 - \varepsilon_M \left(\dfrac{\omega}{c}\right)^2}$

这里 ε_j 是在临近金属板的介质 1（$j = 1$）和介质 2（$j = 2$）中的介电常数。

　　使用菲涅尔方程计算通过一个厚度为"d"的超透镜的总的传输系数为：

$$T_p(k_{//}, d) = \frac{t_{1M} t_{M2} \exp(\mathrm{i} k_{zM} d)}{1 + r_{1M} r_{M2} \exp(\mathrm{i} 2 k_{zM} d)} \tag{8.6}$$

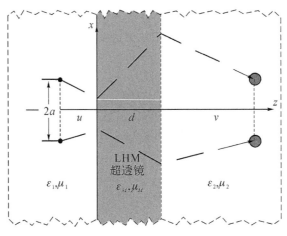

图 8.3 两线电流源辐射下超透镜成像系统模型。

这里 r_{1M} 和 r_{M2} 是两个交界面的反射系数，

$$r_{1M}=\frac{\dfrac{k_{z1}}{\varepsilon_1}-\dfrac{k_{zM}}{\varepsilon_M}}{\dfrac{k_{z1}}{\varepsilon_1}+\dfrac{k_{zM}}{\varepsilon_M}},r_{M2}=\frac{\dfrac{k_{zM}}{\varepsilon_M}-\dfrac{k_{z2}}{\varepsilon_2}}{\dfrac{k_{zM}}{\varepsilon_M}+\dfrac{k_{z2}}{\varepsilon_2}} \tag{8.7}$$

t_{1M} 和 t_{M2} 是相应的传输系数，

$$t_{1M}=1+r_{1M},t_{M2}=1+r_{M2} \tag{8.8}$$

指数增长的整体传输 T_p 的近似值在满足 $|r_{1M}r_{M2}|\gg1$ 的情况时是有效的，在这种情况下整体传输为：

$$T_p(k_{//},d)=\frac{t_{1M}t_{M2}}{r_{1M}r_{M2}}\exp(-\mathrm{i}k_{zM}d) \tag{8.9}$$

倏逝波指数增长的条件，$|r_{12}r_{23}|\gg1$，其对应的条件为

$$\left(\frac{k_{z1}}{\varepsilon_1}+\frac{k_{zM}}{\varepsilon_M}\right)\left(\frac{k_{zM}}{\varepsilon_M}+\frac{k_{z2}}{\varepsilon_2}\right)\to0 \tag{8.10}$$

这一形式正是在平板任意一侧表面上表面等离子共振的条件[15]。因此表面等离激元条件应得到满足以增强倏逝场。

理论上，通过将平板与周围介质的介电常数在幅度上相匹配来描述超透镜。这种结构的例子显示了相当大的聚焦效果[3]。倏逝场的增强为超透镜成像提供了高对比度；然而，传播波并未聚焦在成像面上。损耗以及介电常数不匹配对超透镜成像质量和聚焦深度的影响非常值得研究。全波（full-wave）数值计算被用来研究这些影响效应[16]。图 8.3 描述了二维的成像系统（其中考虑了两个单色线电流源的成像质量）。源被嵌入在均匀的各向同性的介质 1 中，介电常数为 ε_1，磁导率为 μ_1，相隔间距为 $2a$；电流源和平板的间距被定义为物距 u。由于横向磁场（TM）源 $\boldsymbol{J}(\boldsymbol{r})=\hat{z}I\delta(\boldsymbol{r}-\boldsymbol{r}')$，其中 $\boldsymbol{r}'$ 的坐标为 $(x=\pm a,z=-u)$，电磁场穿越厚度为 d，设计属性为 ε_M 和 μ_M 的超透镜，到达介质 2，图像形成于距离透镜右侧 v 处。

如前所述，超透镜的成像质量可由传递函数加以量化。对不同的横向波矢，该光学

传递函数(optical transfer function，OTF)被定义为像场与物场的比值：H_{img}/H_{obj}。超透镜的传递函数由菲涅尔系数计算，如公式 8.6。成像特性通过韦尔积分(Weyl integral)的计算在$(-u < z < 0)$处分解入射场 H_{obj} 叠加到横向分量中。

$$H_{obj}(x, -u < z < 0) = \frac{\nabla \times \hat{z}}{4\pi} \int_{-\infty}^{\infty} dk_x \frac{\exp(ik_x x + ik_{z1}|z+u|)}{ik_{z1}} I(k_x, k_{z1}) \quad (8.11)$$

这里 $I(k_x, k_{z1})$ 代表了线电流源的傅立叶变换 $I\delta(r-r')$ 和 $\beta_M = \sqrt{\varepsilon_M \mu_M \left(\frac{\omega}{c}\right)^2 - k_x^2}$

在焦平面 $z = d + v$ 处的像场是源场的卷积。同时，光学传递函数(OTF)满足

$$H_{img}(x, z = d+v) = \frac{\nabla \times \hat{z}}{4\pi} \int_{-\infty}^{\infty} dk_x \frac{\exp(ik_x x)}{ik_{z1}} I(k_x) OTF(k_x) \quad (8.12)$$

系统的 OTF 给定为：

$$OTF(k_x) = T_p(k_x, d) \exp(ik_{z1}u) \exp(ik_{z2}v) \quad (8.13)$$

图像分辨率的灵敏度依赖于材料性能的不匹配度。图 8.4 展示了一系列不同参数下，在与原始的源相隔 $\lambda/6$ 距离的傍轴焦平面上采集的图像。在数值计算中，介质 1 设为玻璃，$\varepsilon_1 = 2.368$，介质 2 为光刻胶，$\varepsilon_2 = 2.79$，这是一个轻微的不对称结构，$Im[\varepsilon_M] = 0.4$ 以及 $\mu_M = 1$。图 8.4 展示了在傍轴焦平面 $z = d + v$ 处平均能流密度 $Re[\boldsymbol{S}(x,z)]$ 的仿真结果。$\lambda/6$ 的分辨率可在 Ag 的 $Re[\varepsilon_M] = -2.4$ 处得到，其对应的波长为 364 nm。然而，当 $Re[\varepsilon_M] = -3.0$时可观测到被压缩的图像。相反，当 $Re[\varepsilon_M] = -1.5$ 时得到的是展宽的图像。这些现象可归结于表面共振令横向的峰宽度和位置产生失调。

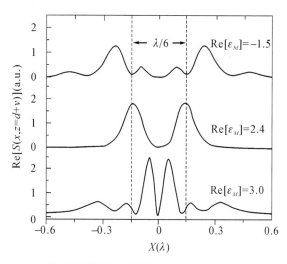

图 8.4　在傍轴焦平面上与原始源相隔 λ/6 处采集到的图像。

在 $Re[\varepsilon_M] = -2.4$ 情况下的功率密度分布如图 8.5 所示。与传统成像相比，最高功率通量没有在焦点处被观察到。这是倏逝波的衰减特性所产生的结果。因此，在超透镜平面上的场强要高得多。在超透镜的出口处，增强的倏逝场的强度超过了传播波的贡献。

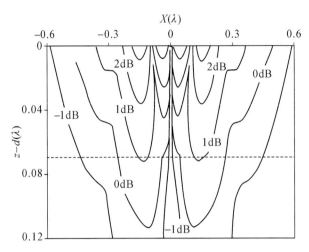

图8.5 介质2中$2a=\lambda/6$情况下功率密度的对数等值线。虚线对应于傍轴焦平面。

8.3 倏逝波的传输增强

本节将对用于实验研究穿透 Ag 膜（超透镜的一个关键前驱物）的倏逝波传输增强的方法做一个简单的回顾[15,17,18]。这种增强由 Ag 膜上表面等离激元的激发协助。当金属和介质的介电常数大小相等，方向相反时，这些表面模式在准静态极限中的波矢谱中倏逝场的整个谱带范围内都存在。金属膜中的损耗（在金属中 Ag 的损耗最低）将表面束缚模式限制在波矢谱中倏逝场的有限带宽范围内。携带亚波长信息的目标物的倏逝场在表面金属膜中产生共振增强，有限的膜厚度对表面等离激元的耦合以及倏逝波的增强都有影响。

实验测量了一个薄 Ag 板超透镜的传递函数。在 Ag 和空气交界处亚波长粗糙的表面散射了垂直的入射光束，并产生所有可能的横向波矢的电磁波，这些散射波为在同一界面激发表面等离激元提供了必要的动量。要注意的是粗糙表面用作宽频带随机光栅激发表面等离激元而不是近场目标物产生的倏逝场。表面等离激元的特点是波矢 k_{sp} 超过了在真空中（$k=\omega/c$）相同频率下传播光子的波矢，因此，无法在一个完全光滑的表面直接由光激发。考虑了一个非对称的结构，其中 Ag 薄板夹在空气和玻璃中间。如图 8.6(b)所示，通过粗糙表面的散射，倏逝波穿透进入 Ag 膜。当 $k_{//}<2\pi n_p/\lambda$ 时，（n_p 是棱镜的折射率），倏逝波被转换为传播波。因此，每一个穿过 Ag 膜的倏逝模式的透射率都可在远场测量。图 8.6(a)展示了实验方案；图 8.6(c)是通过在远场放置一个屏幕所成的像，展示了一个双月牙形环，其直接传输的波束的中心被一个圆盘所阻断。

在实验中，与所有的 k_x 相关的表面粗糙度 $|s(k_x)|$ 的谱通过原子力显微镜精确表征获得。此过程有助于在利用金属薄膜的随机表面粗糙度作为一种具有可精确确定的傅里叶分量的天然光栅，用于将入射光波耦合进入金属膜中。利用电子束蒸发技术将厚度范围从 30 nm 至 90 nm 之间的 Ag 膜沉积到 BK7 玻璃半球上。选择的薄膜厚度超过 30 nm 厚，以确保可将 Ag 的体材料的光学性能应用于计算之中[19]。50 nm 厚的 Ag 膜的横截面的透射电子显微镜（transmission electron microscopy, TEM）显示出空隙和空间的裂缝，这证实了 Ag 的体不均匀性对散射强度的贡献是微不足道的。使用反向的衰减全反射（reversed attenuated total reflection, RATR）装置[20]来测量倏逝波的相对传输增强。

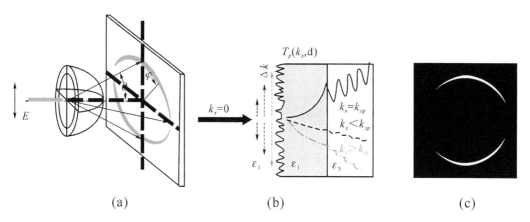

(a)　　　　　　　　　　(b)　　　　　　　　　　(c)

图 8.6　**(a)** 为测量倏逝波相对透射率的反向衰减全反射装置。**(b)** 由表面粗糙度散射假设的倏逝波耦合和倏逝场增强的示意性。**(c)** 在远场中观察到的散射环图案。

这个装置包括波长为 λ,直径小于 1.5 mm 的准直的 Ar^+ 离子激光束从空气一侧垂直照射在样品表面。一个电荷耦合器件摄像头(charge-coupled device, CCD)被放置在距离 BK7 棱镜中心约 5 cm 处来测量沿方位角 θ 的相对光强度,而 φ 以 0 为中心。对输入激光功率 I_0 进行调整,以使得传输的锥形光束的功率落在 CCD 摄像头的线性动态范围内。由 CCD 捕获的强度分布平均在 $-3° < \varphi < 3°$ 的方向以进一步提高强度的分辨率。在装置中的角分辨率和重复性被校准在 0.1°范围内。远场光强度 dI 每立体角元 $d\Omega$ 可通过入射强度 I_0 进一步归一化,可写为[21,22]:

$$\frac{dI}{I_0 d\Omega} = 4\left(\frac{\pi}{\lambda}\right)^4 |T_p(k_x, d)|^2 |s(k_x)|^2 |W(\theta, \varphi)|^2 \tag{8.14}$$

T_p 为通过 Ag 膜的 p 偏振透射系数,λ 为入射波长,$|s(k_x)|$ 为 Ag 和空气交界面的傅里叶谱的粗糙度,$W(\theta, \varphi)$ 为偶极子函数。上面的方程假定在空气/金属侧面散射只发生一次;金属/棱镜界面的粗糙度和金属膜内的散射不利于倏逝波的收集。除了表面粗糙度外,有必要取得适当的偶极子函数。偶极子函数使用理论值[23]以及 Ag 和 BK7 玻璃的介电特性计算[24,25]。测得的相对透射率,$|T_p(k_x, d)|^2$ 可从方程(8.15)中提取,并在图 8.6(b)中绘制。相比之下,在图 8.7(a)中分别绘制了从作为 Ag 厚度函数的方程(8.6)计算得的理论透射率与 Ag 和 BK7 玻璃的介电特性。在 8.7(a)和(b)中可看到峰的形状和强度有较好的一致性。

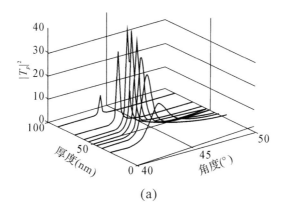

(a)

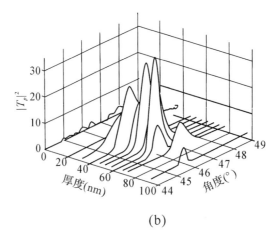

(b)

图 8.7　计算所得(a)和测得(b)相对功率透射率,作为方位角和 Ag 膜厚度的函数。入射波长＝514.5 nm。

　　倏逝分量的传输增强只发生在一个有限的带宽范围内,这一范围以表面等离激元波矢 $k_x = k_{sp} \sqrt{\varepsilon(\omega)/(1+\varepsilon(\omega))}$(由金属光学和表面科学可知)为中心。在这一波矢和频率下,照射在金属表面上的光子可激发传导电子的集体振荡,换句话说,有最高效率的表面等离激元。

　　在图 8.8 中绘制了以样品厚度为函数的峰的增强特性。增强因子 $|T_p|^2$ 随着 Ag 膜厚度的增加迅速增大,直到膜厚增至 50 nm。在 50 nm 以上,由于 Ag 膜内的本征损耗[17],增强被大幅抑制。因此,随着膜厚的进一步增大,透射率开始衰减。实验结果为穿过整个 Ag 膜的倏逝场的厚度依赖性提供了直接证据,这是 Pendry 超透镜理论中的一个核心命题。

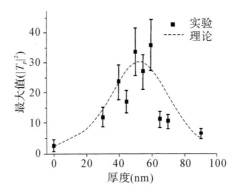

图 8.8　测得的峰值场增强与 Ag 膜厚度的关系,λ＝514.5 nm。虚线为由菲涅尔公式计算结果。

　　当表面等离激元的激励频率接近共振频率时,透射率带宽展宽。这种展宽为获取近场目标物亚波长特征提供了途径。为了获得亚衍射极限的分辨率,到超透镜交界面的物距和像距,以及超透镜的厚度都必须为亚波长尺度。否则,由于透镜材料的损耗以及其他材料缺陷,从目标物发出的倏逝波会衰减到无法恢复的程度。

8.4　超透镜的实验演示

　　在上一节中对超透镜的核心命题确认之后,我们现在聚焦于一个由薄的 Ag 平板构

成的分辨率为 $\lambda/6$ 的超透镜的实验演示。除了详细的实验设计和实验过程,Ag 超透镜的特性模拟研究也包含在本节之中[26,27]。

在这项研究中,超透镜由金属薄板的形式组成,超透镜的亚波长成像特性记录于反向一侧的光刻胶中。实验设计的核心是将倏逝波的增强最大化。Ag 被选为超透镜的材料是由于它在光波段具有很低的吸收损耗,照明波长的选择是超透镜设计的关键。为实现宽频带表面等离激元的激励,周围介质材料的介电常数应该与 Ag 的介电常数大小相等,方向相反。使用波长 365 nm,Ag 在该波长对应的介电常数(ε_m)为 $\varepsilon_m = -2.401\,2 +$ i0.248 8。聚甲基丙烯酸甲酯(Poly-methyl-metacrylate,PMMA)($\varepsilon_1 = 2.30$)用作超透镜和目标物之间的一个间隔层。一种商业 I-线型负光刻胶(NFR105G,Japan Synthetic Rubber Microelectronics(JSR Micro)$\varepsilon_2 = 2.886 + $i0.059)直接旋涂在另一侧用于成像记录。在上一节中已展示了,有轻微非对称的结构仍可支持 Ag 膜两个表面的宽带表面等离子共振实现高效耦合[16]。

倏逝场的增强强烈地依赖于超透镜的厚度。Ag 板和 PMMA 层的厚度是目标物与超透镜之间的距离。由于阻尼的作用,较厚的 Ag 膜不能确保有效的等离激元耦合,从而导致了受衍射极限限制的成像[28]。更薄的 PMMA 层展示出较大的增强,但由于受到当前制备技术的限制,在超透镜实验中只能使用 40 nm 厚的 PMMA 层(后面的章节中会讨论)。图 8.8 中展示了各种厚度的 Ag 膜对应的 OTF。其计算过程中光刻胶厚度设为无限宽。35 nm 厚的 Ag 板给出了极限分辨率高达 $4k_0$ 的最佳传递函数。更薄的 Ag 板,如 15 nm 和 25 nm,则显示出了更高但更窄的增强谱带。与零阶传输相比,较厚的板,如 45 nm 和 55 nm,则展示出较小的增强,这导致针对亚衍射极限尺寸的特征表现为较低的图像对比度。

图 8.9(c)展示了针对一个特定的波数,$2\pi/120$ nm,透射率与 Ag 膜厚度之间的关系。最佳的 Ag 膜厚度为 35 nm,此时具有最大的增强。最后,图 8.9(d)展示了通过所设计的结构,PMMA(40 nm)/Ag(35 nm)/光刻胶(厚),得到的倏逝场增强的偏振相关性。实线展示的是 TM 入射波通过超透镜的增强传输,虚线则为横电波(transverse electric,TE)对应的情况,这种情况下没有增强。同时还展示了对照样品的传递函数,其中 Ag 被厚度相同的电介质的 PMMA 代替。正如预期的那样,没有 Ag 层时,即使用 TM 入射光(虚线),倏逝波强烈衰减。由目标物散射的入射光包括了所有可能的偏振方向,只有 TM 分量的场可在 Ag 表面激发表面等离激元,并导致亚衍射极限的成像。

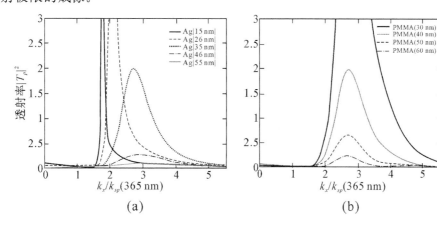

(a)　　　　　　　　　　　　　　　(b)

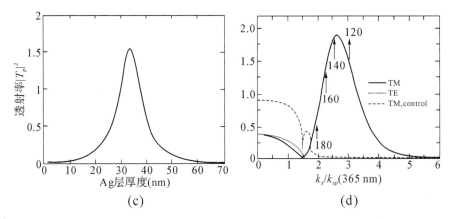

图 8.9　不同结构的超透镜的透射率曲线。(a) 固定的 PMMA(40 nm) 和可变的 Ag(15 nm～55 nm)。(b) 固定的 Ag 层 (35 nm) 和可变的 PMMA(30 nm～60 nm)。(c) 通过固定 PMMA(40 nm) 和可变的 Ag(0 nm～70 nm) 的透射率,波数为 $2\pi/120$ nm。(d) 偏振相关的透射率。

　　用于展示光学超透镜的样品的结构如图 8.10 所示。一个亚波长的目标物——在亚波长周期(120 nm)的 Cr 纳米线光栅,放置于 Ag 板的一侧。在垂直入射情况下,目标物的亚波长特征产生倏逝场。这些 TM 偏振性质的倏逝场在 Ag/PMMA 交界面处激发起表面等离激元。随后通过 Ag 层,倏逝场得以增强,目标物的场在 Ag 的另一侧恢复成图像,并由光刻胶记录。虽然有可能通过还原窄带的傅里叶分量对光栅目标物成像,但为了对任意的目标物形成亚衍射极限分辨率的成像,须激励起实现宽带范围的大的波数。一个任意的线性目标物,"NANO",有 40 nm 的线宽,包含了宽带傅里叶分量,也将在本实验中成像。从图 8.9(a) 中,可确定处在 $2k_0\sim4k_0$ 范围的波数能够透过超透镜[26]。

　　虽然使用菲涅尔方程的数值计算为检验透过超透镜结构的场传递的特征行为提供了有价值的信息,但每个交界面上可能发生的多次反射以及目标物(Cr)的材料特性还没有被考虑到。因此,我们对所设计的超透镜结构进行了全矢量仿真。我们观察到光刻胶中具有很强的横向场约束,对应大约 60 nm(图 8.11(a)),表明了目标物倏逝场的还原。仿真结果证明了目标物性质在超透镜性能上的影响是可忽略不计的。在控制结构中,一个 35 nm 的 Ag 层被一个 35 nm 的 PMMA 层取代,PMMA 的总计厚度为 75 nm。这样设计的目的是要证明,在没有 Ag 的情况下,倏逝波的增强和随后的光学超透镜是无法实现的。如图 8.11(b) 中所示,在光刻胶/PMMA 交界面处几乎没有任何强度对比。以上两个结果为 Ag 层确实可作为一个能突破衍射极限成像的超透镜提供了强有力的证据。

　　样品的制备方法如图 8.10(a) 所示:首先,使用一片紫外(ultraviolet, UV)透明石英晶片,利用电子束蒸发沉积一层 50 nm 厚的 Cr 层,利用聚焦离子束(Strata, FEI 公司)在 Cr 膜上制备出目标物。具有亚波长线宽约 40 nm 的线光栅以及二维的线图案"NANO"被刻写出来。光栅目标物的线宽为 60 nm,其周期以 20 nm 的步幅从 120 nm 变为 180 nm。然后,在目标物上制备 40 nm 厚的平面化的 PMMA 间隔层,紧接着将一个 35 nm厚的 Ag 层通过电子束蒸发沉积在上面。在 Ag 表面涂覆负的光刻胶,NFR105G。从衬底一侧曝光,以记录由超透镜重建的图像。

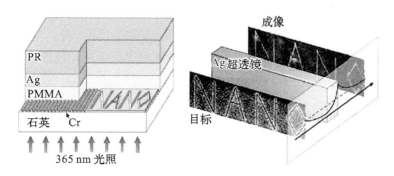

图 8.10　光学超透镜实验。嵌入的目标物都刻在 **50 nm** 厚的 Cr 层上。(a)一个间距为 **120 nm** 宽为 **60 nm** 宽的槽形阵列,利用一个 **40 nm** 厚的 PMMA 间隔层使其与 **35 nm** 厚的 Ag 膜分开。(b)倏逝波增强对单词"NANO"成像的示意图。

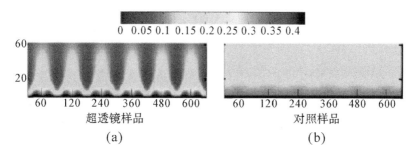

图 8.11　电场强度在(a)超透镜及(b)对照样品的光刻胶上的剖面。以周期性边界条件模拟的六个周期。在光刻胶之中,超透镜的样品恢复了目标物的场,而对照样品没有展示出强度对比。

　　间隔层的平坦化是样品制备中至关重要的一步,因为 Ag 层表面条件的不完善将改变其色散关系,从而限制最终的分辨率[29]。PMMA 间隔层需要消除由 Cr 产生的表面调制,而且其表面要足够光滑,以尽量将 Ag 的表面粗糙度降到 1 nm 均方根(root mean square,RMS)以下。根据前面讨论过的超透镜的结构设计,尽可能薄的间隔层是最为理想化的。然而,研究人员发现当薄膜厚度低于 40 nm 时其质量会下降。由于聚合物层往往会继承表面拓扑结构的轮廓,因此用单次的旋涂工艺在 50 nm 深的光栅槽表面制备如此薄且具有所需平整度的薄层是无法实现的[30]。为获得平面化的,且表面光滑的 40 nm 厚 PMMA 层,利用多步旋涂法制备出 PMMA 厚层(约 0.7 μm)以消除表面的不规则性。每次旋涂之后,峰谷深度比都会逐步减少,旋涂几次之后,得到平坦的表面。在每次旋涂之间足够长(约 10 分钟,180 ℃的热板)的烘烤是必不可少的,以去除聚合物中的溶剂,并硬化聚合物层。通过氧等离子体无差别刻蚀(blanket etch)可获得所需的厚度。商业光刻胶灰化器(Tegal)用于将 PMMA 刻蚀至 40 nm。由于在等离子体中的非线性的刻蚀速率,反复进行刻蚀-测量步骤,直到厚度达到 40 nm。最后,针对在无差别刻蚀过程中由等离子体轰击造成的粗糙化的表面,采用回流烘烤步骤使其表面平滑化。回流的有效性取决于 PMMA 的分子量和气流温度。在该实验中,使用了 495 PMMA,在加热板上以 180 ℃～200 ℃回流 30 分钟。在平面化后,获得小于 1 nm 的调幅度以及埃量级(约 0.5 nm)RMS 的粗糙度。随后,35 nm 厚的 Ag 膜通过电子束蒸发沉积在间隔层上。薄膜的表面质量必须被控制以最大限度地提高图像质量。平均粗糙度分析显示了在较低速率下的 3 nm～4 nm RMS 到较高的沉积速率下 1 nm～2 nm RMS 的改进。这种表面质量的改善避免了额外的表面散射,从而提高了超透镜的性能。

　　负 I-线型光刻胶 NFR 105G 用于记录由超透镜恢复的图像。稀释后的光刻胶旋涂至大约 120 nm～150 nm 厚,在 100℃下烘烤 1 分钟后,样品从衬底一侧用在商业的 Karl Suss MA6 准直器上的 365 nm 的 UV 光曝光。曝光后烘 100℃,1 分钟,图像即可显影。由于倏逝场的增强,就得到了亚衍射极限的成像。此外还进行了以 35 nm 厚的 PMMA 层取代 Ag 层的对照实验。在没有 Ag 超透镜时,如预期的一样,倏逝场显著衰减。在显影及光刻胶坚膜烘烤(100 ℃下约 1 分钟)之后,光刻胶的拓扑形貌由原子力显微镜(Atomic Force Microscopy, AFM)成像。

　　超透镜成像结果显示,120 nm 周期的纳米线目标物清晰可辨(图 8.12(a))。所记录的图像的高度调制可在横截面曲线(图 8.12(b))中观察到。傅里叶分析显示在 120 nm 处有一个尖锐的峰(图 8.12(c)),进一步证明了成像的周期确实是目标物的周期。这些结果表明,通过使用 Ag 超透镜,可获得具有低至 60 nm ($\lambda/6$)的半间距分辨率的亚衍射限制成像。

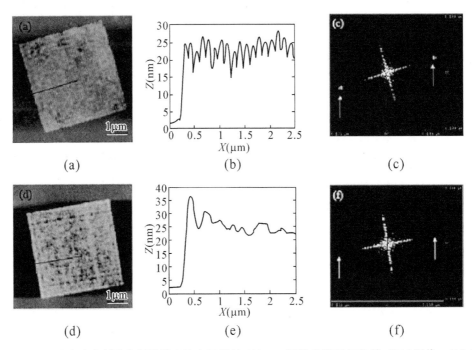

图 8.12　(a) 由光刻胶在超透镜实验中记录的 **120 nm 周期光栅目标物的 AFM 图像**。(b) 正交于黑线的平均截面。(c) 二维傅里叶分析图。(d) 在对照实验中由光刻胶记录的 AFM 图像。(e) 平均截面。(f) 二维傅里叶图形。

　　图像中的横截面轮廓显示了平均的峰谷深度为 7 nm(图 8.12(b)),而所显影的形貌的整个高度为大约 30 nm。这种差别已经从仿真结果中预测到,如图 8.11(a)所示。在 Ag 表面附近显示出一个相对更强的背景信号,图像被记录在残余层的顶部,与整个曝光的高度相比其调幅度更小。Ag 表面上的重建图像不是完美的,这种非均匀性是由于缺少高阶傅里叶分量的恢复,以及光刻工艺的非理想的化学过程所导致的。光刻胶的线性加宽可能是另一种原因,这是由于负性光刻胶在烘烤和显影过程中趋向于膨胀。Ag 表面上的表面散射也是不可忽略的噪声源。

对照实验的结果支持了 Ag 作为超透镜的作用。如图 8.12(d)所示,在没有 Ag 的情况下,没有证据表明具有成像对比度。横截面(图 8.12(e))和傅里叶谱分析(图 8.12(f))也没有证据显示由对照样品成像的周期性结构。在数值模拟的预测中,在 75 nm 的 PMMA 层中目标物产生的倏逝波有显著衰减。衰减长度 Z 可由下式估计:$Z^{-1} = 4\pi\sqrt{a^{-2}-\varepsilon\lambda^{-2}}$,这里,$a$ 是光栅的周期,ε 是周围介质的介电常数,λ 是入射波长。对于 PMMA,ε 约等于 2.4 时,一个 120 nm 周期的倏逝波在目标物之上 11 nm 内,将衰减到大约原始场振幅的 1/3。正是由于如此快速的衰减率,以及无法实现场增强,在距离目标物 75 nm 处就会发生显著地衰减。本实验中确认了 Ag 确实可作为一个超透镜,增强了倏逝场和亚衍射极限分辨率的图像。

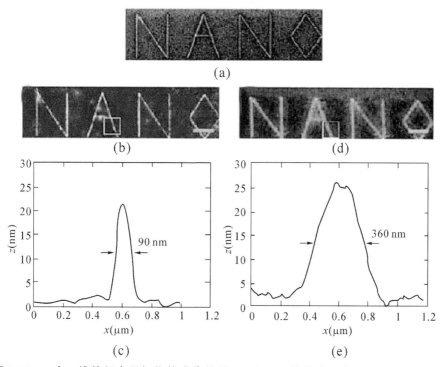

图 8.13　一个二维的任意目标物的成像结果。(a) FIB(聚焦离子束)加工后的 Cr 线目标物 "NANO"成像。(b) 由光刻胶记录的超透镜成像(比例尺约等于 2 μm)以及(c)其横截面轮廓。(d) 相同目标物的对照成像结果(比例尺约等于 2 μm)及(e)平均线截面。

为了证实图中结果(图 8.12(a)-(c))确实是由预测的超透镜的传递函数导致的(图 8.9(d)),不同周期的多个目标物已经在相同曝光条件下曝光。由不同周期目标物表示的波数在图 8.9(d)中传递函数曲线中以箭头指示。这表明,对于较大的周期,透射强度降低。成像的实验结果与其有较好的一致性。所记录的 140 nm 周期的图像具有较好的保真度,同时,对 160 nm 和 180 nm 的周期目标物,图像对比度变低。这是具有自己独特的 OTF 的 Ag 超透镜直接成像的另一证据。

除了周期性光栅,一个任意的,亚波长的结构——"NANO"也被成像。光栅目标物对应一个窄带范围内的波数,但是像单词"NANO"这样的目标物,具有宽带傅里叶分量。由超透镜(图 8.13(b))捕捉到的目标物图像(图 8.13(a))清楚的显示了线宽大约为 90 nm 的更好的分辨率(图 8.13(c)),而在对照试验中(图 8.13(d)),即使增加显影时间,仍导致了线宽为 360 nm(图 8.13(e))的受衍射极限限制的图像,这与曝光的波长(365 nm)相比拟。这种对于任意图形的成像,证明了大波矢都透过了超透镜,从而能够实现亚衍射极限的成像。

8.5 总结及展望

本章回顾了超透镜的理论和实验研究。Pendry 的理论描述了一种超透镜,在准静态限制下的金属薄板。这一结构能够在波矢谱中增强宽带的倏逝波。这种被增强的倏逝波可用于重建亚波长目标物图像。与超透镜成像相关的独特特征——压缩的和展宽的图像,可归因于在不同表面激发条件下的超透镜传递函数的特性。所设计的实验获得了 Ag 超透镜的传递函数,证实了倏逝波的增强,这是超透镜理论中的核心命题。这种倏逝波增强很大程度上归因于在透镜上的表面激发,或者更具体地说,等离激元(plasmons)。其增强的程度依赖于 Ag 超透镜的厚度和相关的损耗。最后一个 Ag 超透镜的实验演示展现了 60 nm 或 $\lambda/6$ 的成像分辨率,突破了光学衍射极限。最近在该领域的最新突破非常鼓舞人心,而且仅仅是在起步阶段。诚然,远场的超透镜依然是一个巨大的挑战。超透镜概念将在科技领域有显著影响。光学超透镜在超高分辨率成像、高密度存储器设备和纳米光刻技术中具有巨大的潜力。

致谢

这一章节的准备工作主要由多学科大学研究中心(MURI)在等离激元学课题(合约# FA9550 - 04 - 1 - 0434)方面的研究提供,由空军科学研究处(AFOSR)资助。

参考文献

[1] U. C. Fischer, H. P. Zingsheim: Sub-microscopic pattern replication with visible-light, J. Vac. Sci. Technol. 19 (4), 881-885 (1981).

[2] H. I. Smith: Fabrication techniques for surface-acoustic-wave and thin-film optical devices, Proc. IEEE62 (10), 1361-1387 (1974).

[3] J. B. Pendry: Negative refraction makes a perfect lens, Phys. Rev. Lett. 85 (18), 3966-3969 (2000).

[4] V. G. Veselago: Electrodynamics of substances with simultaneously negative values of sigma and mu, Soviet Phys. Uspekhi-USSR 10 (4), 509 (1968).

[5] J. B. Pendry, A. J. Holden, W. J. Stewart, I. Youngs: Extremely low frequency plasmons in metallic mesostructures, Phys. Rev. Lett. 76 (25), 4773-4776 (1996).

[6] J. B. Pendry, A. J. Holden, D. J. Robbins, W. J. Stewart: Magnetism from conductors and enhanced nonlinear phenomena, IEEE Trans. Microwave Theory Tech. 47 (11), 2075-2084 (1999).

[7] R. A. Shelby, D. R. Smith, S. Schultz: Experimental verification of a negative index of refraction, Science 292 (5514), 77-79 (2001).

[8] T. J. Yen, W. J. Padilla, N. Fang, D. C. Vier, D. R. Smith, J. B. Pendry, D. N. Basov, X. Zhang: Terahertz magnetic response from artificial materials, Science 303 (5663), 1494-1496 (2004).

［9］S. Linden, C. Enrich, M. Wegener, J. F. Zhou, T. Koschny, C. M. Soukoulis: Magnetic response of metamaterials at 100 terahertz, Science 306 (5700), 1351-1353 (2004).

［10］D. R. Smith, J. B. Pendry, M. C. K. Wiltshire: Metamaterials and negative refractive index, Science 305 (5685), 788-792 (2004).

［11］S. Anantha Ramakrishna: Physics of negative refractive index materials, Rep. Prog. Phys. 68 (2), 449-521 (2005).

［12］A. Grbic, G. V. Eleftheriades: Overcoming the diffraction limit with a planar left-handed transmissionline lens, Phys. Rev. Lett. 92 (11), 117403 (2004).

［13］P. V. Parimi, W. T. Lu, P. Vodo, S. Sridhar: Photonic crystals—Imaging by flat lens using negative refraction, Nature 426 (4965), 404 (2003).

［14］H. Raether: Surface Plasmons (Springer, Berlin, 1988).

［15］N. Fang, Z. W. Liu, T. J. Yen, X. Zhang, Regenerating evanescent waves from a silver superlens, Opt. Express 11 (7), 682-687 (2003).

［16］N. Fang, X. Zhang: Imaging properties of a metamaterial superlens, Appl. Phys. Lett. 82 (2), 161-163(2003).

［17］Z. Liu, N. Fang, T. J. Yen, X. Zhang: Rapid growth of evanescent wave by a silver superlens, Appl. Phys. Lett. 83 (25) 5184-5186 (2003).

［18］N. Fang, Z. Liu, T. J. Yen, X. Zhang: Experimental study of transmission enhancement of evanescent waves through silver films assisted by surface plasmon excitation, Appl. Phys. A80, 1315-1325 (2005).

［19］S. Heavens: Optical Properties of Thin Solid Films (Dover, Mineola, New York, 1991).

［20］S. Hayashi, T. Kume, T. Amano, K. Yamamoto: A new method of surface plasmon excitation mediated by metallic nanoparticles, Jpn. J. Appl. Phys. 35 L331-L334 (1996).

［21］E. Kretschmann: Determination of surface-roughness of thin-films using measurement of angulardependence of scattered light from surface plasma-waves, Opt. Commun. 10 (4) 353-356 (1974).

［22］H. J. Simon, J. K. Guha: Directional surface-plasmon scattering from silver films, Opt. Commun. 18 (3), 391-394 (1976).

［23］R. W. Alexander, G. S. Kovener, R. J. Bell: Dispersion curves for surface electromagnetic-waves with damping, Phys. Rev. Lett. 32 (4), 154-157 (1974).

［24］P. B. Johnson, R. W. Christy: Optical-constants of noble-metals, Phys. Rev. B 6 (12), 4370-4379 (1972).

［25］Oriel Instruments: The Book of Photon Tools, Chapt. 15, (2002).

［26］N. Fang, H. Lee, C. Sun, X. Zhang: Sub-diffraction-limited optical imaging with a silver superlens, Science 308 (5721), 534-537 (2005).

［27］H. Lee, Y. Xiong, N. Fang, W. Srituravanich, M. Ambati, C. Sun, X. Zhang: Realization of optical superlens imaging below the diffraction limit, New J. Phys. 7, 1-16 (2005).

［28］D. O. S. Melville, R. J. Blaikie, C. R. Wolf: Submicron imaging with a planar silver lens. Appl. Phys. Lett. 84 (22), 4403-4405 (2004).

［29］D. R. Smith, D. Schurig, M. Rosenbluth, S. Schultz, S. A. Ramakrishna, J. B. Pendry: Limitations on subdiffraction imaging with a negative refractive index slab, Appl. Phys. Lett. 82 (10), 1506-1508(2003).

［30］L. E. Stillwagon, R. G. Larson: Leveling of thin-films over uneven substrates during spin coating, Phys. Fluids A-Fluid Dynam. 2 (11), 1937-1944 (1990).

第 9 章　等离子共振蝶形纳米天线中的光场增强

G. S. KINO, ARVIND SUNDARAMURTHY, P. J. SCHUCK, D. P.
FROMM AND W. E. MOERNER
Stanford University, Stanford, California, USA

9.1　引言

当波长为 λ 的光在折射率为 n 的介质中聚焦时,由于衍射导致的最小光斑尺寸为 λ/(2n) 数量级。例如,在可见光波段边缘的波长为 405 nm 时,衍射对最小的光斑尺寸限制将大于 100 nm。近场技术基于以下原理:光可通过金属包覆的锥形光纤,当其传导直径小于 λ/(2n) 时可作为一个截止波导。这使其可获得 50 nm 数量级的光斑尺寸,且相对于入射功率为 $10^{-3} \sim 10^{-6}$ 数量级的透射功率[1]。类似地,光通过一个直径为 50 nm 数量级的小孔时,会导致其在传导末端的场强相对于入射场显著地减弱。

另一种可替代的技术——"无孔成像"是利用入射光照射纳米颗粒或尖锐的针尖(如原子力显微镜探针)[2,3]。由于所谓的"避雷针效应",在金属纳米颗粒或尖锐针尖的陡峭边缘附近纳米尺寸的亚波长范围内,其光强比入射波光强大得多。类天线共振或等离子共振可使得场进一步增强。这些效应能够广泛应用于近场成像[4],拉曼光谱[5],以及传导电磁波能量的亚波长尺寸的光电器件[6]领域。

Crozier 等人研究了由电子束光刻决定形状与尺寸的中红外波段的金属天线,并且通过计算天线中的电流分布探索了其电场增强的原因[7]。他们发现实验得到的消光系数和共振波长的数值与通过时域有限差分算法(finite difference time domain, FDTD)计算得到的结果具有很好的一致性。通常情况下,在红外波段沿入射波偏振方向的天线共振长度大约为 $\lambda/(2n_s)$,其中 n_s 为表面沉积了金属的衬底的折射率。然而,正如我们所知,在光频范围内由 Au 和 Ag 制成的天线的共振与其等离子共振频率(plasmon resonant frequency)密切相关,其共振所需的尺寸远小于 $\lambda/(2n_s)$。

许多小组已研究了各种形状的纳米颗粒用于增强场的光强,并采用了各种理论技术来预测其性能。Genov 等人[8]研究了具有微小缝隙间隔的 Au 纳米碟(nanodisks),并预测其近场光强将会增大为原来的 10^3 倍。Hao 等人[9]采用离散偶极子近似方法研究了不同形状和尺寸的纳米结构,包括尖对尖间隔 2 nm 的两个三角形的纳米棱镜(nanoprisms)。他们预测其光强增强可高达 5×10^4 倍。Rechberger 等人[10]实验研究了 Au 纳米碟之间的耦合,并展示了其共振波长与颗粒之间的间距相关。

9.2　蝶形天线

Grober 等人建议用一个形状设计为蝶形的接收天线来接收电场 E 在 y 方向,即沿两个反向三角形(如图 9.1 所示的例子,所制备的蝶形结构可在光波段共振)之间的线方向的入射波[11]。这会在两个三角形构成的蝶形尖端之间产生一个很强的场。他们在微波频段内证明了这一理论,并建议将其应用扩展到可见光范围。根据此建议,我们制造并实验表征了尺寸小到足以在可见光/近红外波段范围产生共振的金属 Au 蝶形结构。

我们实验的目的是在指定位置制造出可重复的亚 100 nm 尺寸的蝶形结构。为实现这一点,在斯坦福的纳米加工工厂,使用一种商业(Raith 150)电子束光刻(electron beam lithography,EBL)的方法在透明衬底上制备了 Au 蝶形天线。衬底主要由 160 μm 厚的熔融石英盖玻片(折射率 $n = 1.47$)构成,为了减少 EBL 过程中的电荷效应,衬底表面涂覆 50 nm 厚的铟锡氧化物(indium tin oxide,ITO)。Goodberlet 等人演示了使用单通线的方法得到 19 nm 线宽的可行性[13]。为了减少邻近效应(proximity effect),蝶形天线的布局采用了单通道方法[13],从而增加了 EBL 的分辨率。在 EBL 刻写之前,样品先由丙酮清洗,并在烘箱中 150 ℃烘烤 2 小时,除去水分。ITO 层上旋涂 50 nm 厚的聚甲基丙烯酸甲酯(Poly-methyl-methacrylate(PMMA))(在氯苯中含量为 1%,分子量为 950 000)层,在 150 ℃烘箱中烘烤 2 小时,坚膜并清除残留溶剂。在 EBL 过程中,光刻胶在加速电压为 10 kV,剂量为 275 pC/cm 的条件下被图形化。曝光之后,光刻胶在 22 ℃由甲基异丁基酮(methyl-iso-butyl-ketone)含量为 25% 的异丙醇溶液中显影 28 s。随后,通过电子束蒸发的方法沉积 5 nm 厚的 Cr 黏附层和 20 nm 厚的 Au。再通过剥离技术使得图形被转移到衬底上。

典型的蝶形天线的扫描电子显微镜(scanning electron microscope,SEM)图像如图 9.1 所示。在该研究中,构成蝶形天线的三角形的长度(三角形底边中点到尖端的距离)为常数 75 nm,而三角形间隙长度变化范围为 16 nm 至大约 500 nm。据观察,三角形尖端的曲率半径为 16 nm。为了消除长程的耦合效应,并确保只有单个蝶形天线的散射光被收集到,蝶形天线间距一般为 10 μm。

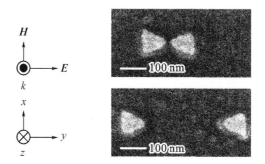

图 9.1　熔融石英-ITO 衬底上两种代表性的 Au 蝶形天线的 SEM 图像。坐标系中显示了入射波束的偏振方向。

9.2.1　单光子效应

单个蝶形天线的散射光谱可通过远场全内反射显微镜测量(total internal reflection,TIR)。这种方法的优势是直到被蝶形结构散射至探测器之前,激发波束都被限制在倏逝场中。30W 的卤素灯发出的宽波段的光穿过 455 nm 的长通滤波器耦合进多模光纤（65 μm 的纤芯）。光纤输出平行光并被聚焦进入熔融石英棱镜。折射率匹配液（$n=$ 1.47）将棱镜与熔融石英衬底的底部连接在一起，把 Au 蝶形天线放置在 ITO -空气交界面处，也就是倏逝场的位置。激发光是 s -偏振的，且每个蝶形结构的轴线均被仔细地定位，以使其平行于偏振轴（垂直偏振轴的光导致不显著的结果，类似于单个三角板的散射[12]）。散射光通过空间物镜收集（100×,0.8 数值孔径 NA），一个 50 μm 的针孔被放置在显微镜像平面用于空间滤波，以实现在样品平面所收集的光集中在直径约为 0.5 μm 的区域。通过扫描样品台，并利用单光子计数雪崩光电二极管收集宽带的散射光，以实现天线的定位。利用 150 lines/mm 的光栅摄谱仪对散射光色散，带有液氮冷却的电荷耦合器硅探测器置于成像平面，经过 60 s 的曝光得到光谱。在测试所有的光谱时，包括灯泡发射的波长和偏振依赖性、光学系统通量以及探测器量子效率均被校正。测量的结果与采用时域有限差分算法所计算的电磁场分布进行了比较。

　　蝶形天线附近的电场变化通过三维 FDTD 算法理论地模拟（实验上通过双光子散射效应，如下所述）来确定[14]。在计算蝶形天线附近的最终场强时，FDTD 模拟没有做任何近似。在模拟的网格中，每个节点沿 x,y,z 方向的尺寸均为 4 nm。在模拟过程中，蝶形天线被沿 y 方向偏振的平面波从衬底一侧照射，天线辐射波辐射到自由空间。与波长相关的蝶形天线和衬底的介电常数取自于 Palik 等人的工作[15]。在模拟区域的顶部和底部使用完美匹配层以完全吸收在传播方向上离开模拟区域的波。在 FDTD 模拟时，在 x $-y$ 方向上设定的是周期性边界条件，因此模拟的是一个天线阵列，然而实验结果是由单个蝶形天线获得的。在 FDTD 模拟时，天线之间的距离设定的足够大，所以天线之间的相互耦合对每个天线的近场分布的影响可忽略。这使得理论和实验之间能够直接比较。

　　所有模拟的蝶形天线均由等边三角形构成，其中每条边的长度为 88 nm，尖端到底边的距离为 75 nm，三角形顶点的曲率半径为 12 nm，蝶形天线中三角形之间的间隙从 16 nm 变化至 500 nm。每个模拟的蝶形天线的厚度为 24 nm（20 nm 的 Au 层加 4 nm 的 Cr 粘接层），衬底为蒸镀有 52 nm ITO 层（$n=1.95$）的熔融石英（$n=1.47$），这些数值与制造蝶形天线的技术参数非常接近[12-16]。

　　整体介绍中的图片展示了在间隙为 16 nm 的蝶形天线上方 4 nm 处所计算的强度增强曲面图。图 9.2 展示了间隙为 16 nm 和 160 nm 的蝶形天线的近场强度（$|E|^2$）增强的峰值随激发波长的变化，其中间隙为 16 nm 的蝶形天线的近场强度，相比于波长为 850 nm 的入射光束，其峰值增强了 1 645 倍，并且在 $x-y$ 方向上被束缚在一个 20 nm 的区域内，该值是以半高宽（full width half maximum, FWHM）来测量的。而间隙为 160 nm 的蝶形天线，在 730 nm 处有一个小得多的增强峰。我们发现最大强度值出现在蝶形天线表面上方 4 nm 处，接近于间隙中间每个三角形顶点稍微偏下处的位置。当间隙小于 60 nm 时，最大场的方向沿蝶形平面的 y 方向，而当间隙大于 60 nm 时，则是沿着垂直于金属表面的传输方向（z 方向）[16]。需注意，在间隙距离小于 16 nm 且尖端曲率半径小于 12 nm 时，原则上可获得更强的场。然而，在实际过程中，可靠地制备出更小的、精确控制的间隙距离和尖端半径可能难度很大。

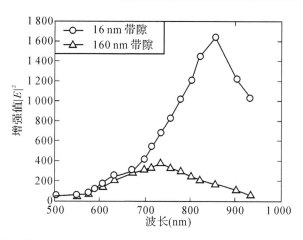

图 9.2　蝶形天线间隙宽度为 16 nm 和 160 nm 时,近场强度 $|E|^2$ 增强峰随激发波长变化的曲线。间隙为 16 nm 的蝶形天线的最大增强值为 1 645。

在实验测量中,利用 s‑偏振态的光以 TIR 方式激励,在没有蝶形天线时没有透射波,而当有天线时产生散射波。采用 FDTD 计算尺度远小于波长的三角形时,我们计算了散射效率 Q_{scat},即散射截面 C_{scat} 与金属天线面积 A 的比率。我们先计算了天线中的电流密度分布,并用它计算了远场辐射功率 $W_{ext}(W)$,因此获得了散射截面 C_{scat},其定义关系式为:

$$C_{scat} = W_{ext}/I \tag{9.1}$$

其中 $I = E^2/2\eta$ 为所计算的天线上的已知电流分布对应的入射功率密度($W/\mu m^2$),E 为天线上的入射电场,η 为包含入射波的介质的阻抗。

天线理论提供了一个系统方法用于计算已知天线电流分布的平均辐射功率(W)[17],我们将这一理论用于计算 C_{scat}。天线上的金属在 y 方向的总电流是通过对金属的 x 和 z 方向复极化电流密度进行积分得到的。所计算的天线中的电流密度、散射效率以及间隙中的最大强度都是在同一波长达到最大值。

图 9.3(a)和(b)展示了计算和实验测量得到的两种不同间隙宽度的蝶形天线的散射效率随波长的变化曲线。为了与实验数据做一个合理的比较,由 FDTD 模拟得到的辐射功率被乘以一个常数因子,以模拟实验中采用的收集透镜(0.8 NA)的有限接收角。最小的间隙(16 nm 的间隙,$Q_{ext} = 4.1$)在共振时的理论散射效率最大,这表明更小间隙的天线相对于它们的面积会辐射更大的功率。所有的实验光子计数通过缩放,以匹配 FDTD 理论计算的 16 nm 间隙蝶形天线的散射功率峰值,如图 9.3(a)和(b)所示。实验上不可能准确计算散射截面的绝对值,因为 TIR 激发的蝶形天线的等效入射功率不可能确定。这里展示的实验散射光谱假定为波长的函数,入射功率与测量的照射功率成正比,而照射功率则是由我们显微镜的探测效率相对于光源的缩放得到的。

在垂直于金属边缘的间隙内的 $x-y$ 平面上,位移电流密度 $J_{Dn} = i\omega\varepsilon_0 E_n$ 与垂直于金属内部边缘的电流密度 J_{mn} 是连续的,如下式:

$$J_{mn} = i\omega\varepsilon_0(\varepsilon_r - 1)E_{mn} \tag{9.2}$$

$$(n + ik)^2 = \varepsilon_r \tag{9.3}$$

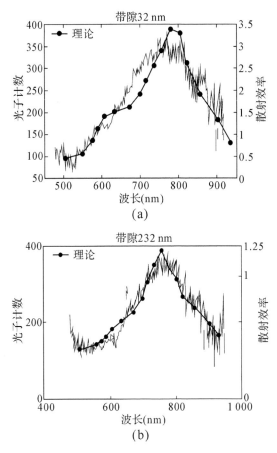

图 9.3　图(a)和(b)分别是对于间隙长度为 **32 nm** 和 **232 nm** 的由 FDTD 计算(实曲线)和实验(具有实验噪音的曲线)得到的光谱比较。理论和实验峰共振波长分别为 λ_{rT} 和 λ_{rE};32 nm 的间隙时 $\lambda_{rT}=$ **779 nm**,$\lambda_{rE}\approx$**776 nm**;而 232 nm 的间隙时 $\lambda_{rT}=$**756 nm**,$\lambda_{rE}\approx$**748 nm**。

其中 ω 为角频率,ε_0 为自由空间的介电常数,ε_r 为金属的相对复介电常数,下标 n 代表法向场分量,$n+ik$ 是 Au 的复折射率,取自 Palik 等人的工作[15]。E_{nn} 是电场 E 在金属界面的法向分量。电场法向分量与表面之间的关系为 $\varepsilon_r E_{nn}=E_n$。因此,间隙内的场增强主要归因于组成蝶形天线三角形的顶点附近电流密度的增强。

图 9.4 展示了理论和实验的共振波长随间隙长度的变化关系,理论和实验结果吻合得非常好。最小间隙的蝶形天线共振时具有最大的峰值电流密度,且计算的最大峰值电流密度随间隙的增大而减小。对于一个间隙宽度为 16 nm 的蝶形天线,峰值电流密度位于三角形的顶点处,且在尖端区域 x 方向截面的电流密度是非常均匀的。在此情况下,共振波长为 856 nm,金属的介电常数的实部是负值,因此金属的阻抗为感抗。所以,我们希望观察到由间隙电容和尖端区域电感,而不是由相对较大的三角形尺寸控制的耦合等离子共振。对于间隙小于 60 nm 的天线的共振,主要由空气间隙的电容以及其在 y 方向的相关场分布控制。在此条件下,共振波长随间隙的增加(电容减小)而减少。

在另一种间隙为 500 nm 的极端情况下,由于空气间隙的电容较小,流进间隙的总电流也很小。在此条件下,金属外部的电场 E 在 z 方向上的最大值垂直于三角形的平面,三角形之间的耦合也减少,且电流分布接近于单个三角形的情况。当间隙宽度大于

60 nm时,尖端附近的场线趋向于回到无穷远,或回到它们所离开的金属三角形,且共振波长随间隙宽度的增加而增加。

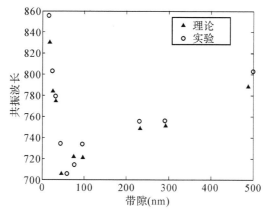

图 9.4　在光沿两个三角形连线方向偏振时,理论与实验上共振波长随带隙长度而变化的关系,实验结果用的是圆形圈表示,FDTD 模拟结果用的是实心三角形表示。

9.2.2　双光子效应

直接测量间隙内的电场是很困难的,这是因为入射泵浦场延伸到一个大得多的(衍射极限)区域,且常常会泄漏进入探测器。相反,我们发现采用双光子效应(two-photon effects)很有效,因为它只发生在光场非常强的区域。利用这种方法,我们已在实验上确定了这些结构的金属之中的场的光强增强值,非常接近于金属表面附近的外部场强[22]。

由于在粗糙的薄膜、尖锐的尖端和纳米颗粒中所激发的表面等离激元产生强烈的局域场增强,使得 Au 中双光子吸收是可探测的[18-20]。电子从价带 d 到导带 sp 的激发导致一个宽带发射连续体,称为 Au 的双光子激发的光致发光(two-photon-excited photoluminescence, TPPL)。由于其对激发强度的非线性依赖(强度的平方),TPPL 是激发场强度和分布的敏感探针。TPPL 的光谱随不同形状 Au 纳米颗粒的变化,为局部的吸收及随后的发射成因提供了依据[21],通过比较蝶形天线 TPPL 的强度与平整 Au 薄膜的 TPPL 强度,我们已利用 TPPL 直接确定了单个 Au 蝶形天线光场增强的绝对值[22]。

单个蝶形天线的 TPPL 由样品扫描显微镜测量。一个重复频率为 75 MHz,在波长 $\lambda=830$ nm 产生 120 fs 脉冲的锁模钛蓝宝石激光器通过倒置光学显微镜(Nikon TE300)的荧光显微镜端口用于激发。选择 $\lambda=830$ nm 是因为测得的具有最小间隙的蝶形天线的共振波长接近于这一数值(见图 9.4)。激光由 1.4 NA,100 × 的油浸物镜聚焦,通过盖玻片聚焦在蝶形结构-空气交界面上,形成一个衍射极限光斑。Au 的 TPPL 由同一物镜收集,通过 3 个光谱滤光片,使得波长在 460 nm 到 700 nm 之间的发射光可有效透过,而 830 nm 的激光以光密度(optical density, OD)＞ 18 衰减。对于宽带收集,所发出的光被聚焦到一个单光子计数的雪崩二极管(avalanche photodiode, APD)上。光学实验之后,用原子力显微镜(atomic force microscope, AFM)对样品进行研究,随后涂覆一层 Cr 膜(约 4 nm)用于在 SEM 中进行颗粒分析,以实现间隙尺寸的精确测量。

为了直接确定蝶形纳米天线的光场增强,平整 Au 膜的 TPPL 发射被用于校准。在收集波长范围内,平整薄膜和蝶形天线的 TPPL 光谱是相同的。图 9.5(a)和(b)表明 TPPL 具有强烈的偏振依赖性。图 9.5(c)展示了额定间隙为 20 nm 的蝶形结构阵列的

TPPL,阵列上亮度的不均匀则是由实际间隙的宽度之间存在差异所导致的,有的蝶形结构所在的位置上发暗,后来由 SEM 发现该处的蝶形结构是空缺的。图 9.5(d)展示了间隙为 400 nm 的蝶形天线的阵列,很显然,其信号更弱,而且能够很明显地光学分辨出组成蝶形结构的两个三角形(注:需要更高的泵浦功率)。图 9.5(e)为方形 Au 膜的 TPPL 图像,获得该图像需要更高的泵浦功率。正如所料,边缘处的 TPPL 最亮,这是由剥离工艺导致的粗糙边缘处的局域等离子共振,从而使得场增强。在方形 Au 膜的内部可观察到没有边缘强烈,但非常均匀的 TPPL。此外,有 5 个可见的局域场增强的热点,平均每 10 μm^2 少于一个热点,为薄膜的平整性提供了光学上的证据。

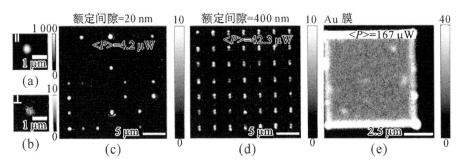

图 9.5 蝶形结构的可见的发光图像。(a)和(b)展示了间隙为 20 nm 的蝶形天线的入射偏振依赖性(注意不同的比例尺)。额定间隙尺寸为 20 nm(c)和 400 nm(d)的阵列的图像,(e)为平整的 Au 膜的图像。其中每个像素的停留时间为 10 ms,泵浦光波长为 830 nm,平均入射功率分别为(c)4.2 μW,(d)42.3 μW 和(e)167 μW[22]。

平整的 Au 薄膜、间隙为 400 nm 的单个蝶形结构以及额定间隙尺寸为 20 nm 的天线阵列中的单个蝶形结构的 TPPL 强度随入射功率的变化关系如图 9.6 所示。Au 膜的 APD 计数率针对聚焦激光照射到 Au 膜上的相对表面积做了归一化。正如所料,对于 Au 膜和 400 nm 间隙的蝶形结构,所收集到的 TPPL 发射表现为依赖于激励强度的平方,而对于 20 nm 间隙的蝶形天线,在低平均功率表现为平方的依赖性。然而随着入射功率的增加,TPPL 强度偏离这种平方的依赖性,开始减小单位数,直到更高的功率时,再次表现出这种平方的依赖性,但却是沿着一条移动到原曲线右侧的 I^2 曲线。这一情况对于所有小间隙的蝶形结构几乎都会发生(带隙 < 40 nm)。正如由 SEM 观察所确认的,这种现象的出现是因为场强变得足够大,以至于物理地破坏了蝶形结构的尖端,从而减小了其场增强能力。此后,TPPL 发射表现为由较低增强因子定义的、一个新的二次方的曲线。后续又测量了低功率的情况,测得的 TPPL 位于移动后的曲线之上(图 9.6 的空心方框),表明这是一个不可逆的改变。需注意,由于在 SEM 分析之前,尖端就被破坏了,故颗粒的原始间隙尺寸是未知的,因此我们使用"额定间隙尺寸 20 nm"这一说法。

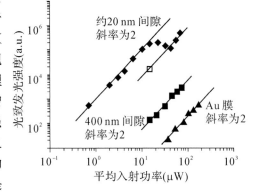

图 9.6 平整的 Au 膜、400 nm 间隙的单个蝶形结构,以及额定间隙尺寸为 20 nm 的天线阵列中单个蝶形结构的 TPPL 强度依赖性。空心方框:强度扫描之后在低功率下的测量[22]。

蝶形结构 i 中金属的强度增强 α_{bt}^i，可通过计算蝶形结构与薄膜的 TPPL 强度之比得到：

$$\frac{<\text{TPPL}_{\text{bt}}^i>}{<\text{TPPL}_{\text{film}}>} = \frac{A_{\text{bt}}}{A_{\text{film}}} \times \frac{(\alpha_{\text{bt}}^i)^2 <P_{\text{bt}}^i>^2}{<P_{\text{film}}>^2} \tag{9.4}$$

其中 $<\text{TPPL}_{\text{bt}}^i>$ 是当蝶形结构 i 位于激光器激励光斑的焦点中心处的(时间平均)TPPL 信号，$<\text{TPPL}_{\text{film}}>$ 是激励光斑位于 Au 薄膜均匀发射区域内任何位置的 TPPL 信号，$<P_{\text{bt}}^i>$ 为蝶形结构 i 产生 $<\text{TPPL}_{\text{bt}}^i>$ 时的平均入射功率，$<P_{\text{film}}>$ 为金属薄膜产生 $<\text{TPPL}_{\text{film}}>$ 时的平均入射功率，A_{bt} 是蝶形结构中引起 $<\text{TPPL}_{\text{bt}}^i>$ 的表面积，A_{film} 是 Au 膜中引起 $<\text{TPPL}_{\text{film}}>$ 的总表面积。

我们假定被聚焦激光的双光子吸收所激发的面积 A_{film} 等于一个圆形面积，该圆形面积的直径等于我们显微镜物镜的场强点分布函数(point spread function, PSF)的平方的半高宽(full width at half maximum, FWHM)。在 $\lambda=830$ nm 和 NA$=1.4$ 时，所测得的受衍射限制的 TPPL 光斑的半高宽等于 214 nm，因此 $A_{\text{film}}=35\,600$ nm^2。FDTD 计算表明等离激元电流密度和近场光强度集中于每个蝶形结构的受限制区域，例如，在最接近间隙的 Au 之中，特别是对于小间隙尺寸的蝶形结构，因此 A_{bt} 也是间隙相关的，必须被计算。

如上所述，在三角形的间隔处发现了最强的光场。然而，实验中观察到的 TPPL 无疑是源于金属之中的电磁场。因此，TPPL 的强度应该正比于金属中电场 $\boldsymbol{E}_{\text{m}}$ 的四次方，而总的 TPPL 功率与 $|\boldsymbol{E}_{\text{m}}|^4$ 的积分相关。

为了与这些实验结果相比较，在 FDTD 计算时假定平面波垂直入射到蝶形结构上。当入射电场的振幅为 E_0 时，金属表面的切向电场为 $E_{\text{inc}}=2E_0/[1+(n+ik)]$。在金属薄膜内，电场以指数 $\exp(-kz)$ 的形式衰减。而蝶形结构的 FDTD 模拟表明，对于一个合适的近似，蝶形天线中的电场也以指数 $\exp(-kz)$ 的形式衰减。因为金属中所有的场都具有相同的 z-相关性，所以在 FDTD 的计算中，只需在金属表面下方沿 x 和 y 方向对 $|\boldsymbol{E}_{\text{m}}|^4$ 进行积分。

我们使用 FDTD 计算来确定蝶形结构 i 中强度增强的平方，$|\alpha_{\text{bt}}^{i,\text{FDTD}}|^2$ 使用下式计算：

$$|\alpha_{\text{bt}}^{i,\text{FDTD}}|^2 = \frac{\iint |\boldsymbol{E}_{\text{bt,m}}|^4 \mathrm{d}x\mathrm{d}y}{\iint \boldsymbol{E}_{\text{incident}}^4 \mathrm{d}x\mathrm{d}y} \tag{9.5}$$

其中 $|\boldsymbol{E}_{\text{bt,m}}|^4 = (\boldsymbol{E}_{\text{bt,mx}}^2 + \boldsymbol{E}_{\text{bt,my}}^2 + \boldsymbol{E}_{\text{bt,mz}}^2)^2$，且对蝶形结构的整个区域积分。不同间隙宽度对应的 $|\alpha_{\text{bt}}^i|^2$ 的实验和理论结果如图 9.7 所示。TPPL 源的有效面积由以下积分决定：

$$A_{\text{bt}} = \int E_{\text{m}}^4 \mathrm{d}x\mathrm{d}y / E_{\text{max}}^4 \tag{9.6}$$

其中 E_{max} 是蝶形结构中的最大场。A_{bt} 是间隙尺寸的函数，随间隙宽度的增大而增大。理论上得到的最小间隙宽度(16 nm)对应的 A_{bt} 是 642 nm^2，这表明电场被限制在蝶形结构内金属面积(约 6 530 nm^2)的十分之一左右的区域之内。利用式 9.4 中 A_{bt} 对应的这些值以及实验测得的 TPPL 强度得到了大于 10^3 的增强因子 E^2，对于最小间隙(图 9.7)蝶形结构的 α^2 来说，甚至大于 10^6。这些因子是到目前为止所报道的由光刻方法制备的纳米天线中最大的。

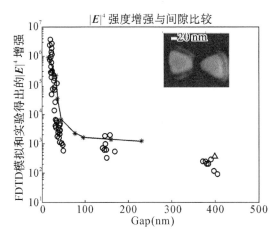

图 9.7   强度增强平方$(\alpha_{bt})^2$的实验值(圆圈)和理论值(星号和三角形)的比较,对应蝶形结构的间隙宽度为 16 nm~406 nm。FDTD 模拟的单个三角形的$(\alpha_{bt})^2$被用于与间隙为 400 nm 的蝶形结构相比较。可观察到非常好的吻合,特别是对于最大和最小间隙尺寸,这些对应的是实验条件最为接近理论处理的情况。

当间隙宽度小于 30 nm 时,我们观察到$|E|^4$的理论值和实验值吻合得很好,但对于间隙宽度在 40 nm~60 nm 之间时,就变得稍差。当额定间隙宽度为 400 nm 时,我们再次得到了很好的吻合。这可用以下的事实来解释:对于小间隙的蝶形结构,用于 FDTD 的平面波激励与实验条件非常接近,但对于中等宽度的间隙是无法精确建模的,这是因为在这种情况下,三角形不能被聚焦激光的光斑均匀地泵浦。为克服这一困难,当间隙宽度为 400 nm 时,由于耦合较小,我们分别对蝶形结构中的每个三角形进行激励和收集TPPL,并将两次结果叠加。此外,由于具有 400 nm 间隙的蝶形结构太大而无法模拟,其$|E|^4$的增强值是通过对单个三角形的 FDTD 模拟值加倍而得到的(图 9.7,三角形)。

9.3   结论

我们利用电子束光刻方法制备了在可见/近红外波段共振的 Au 蝶形纳米天线。FDTD 计算被用于预测共振频率、场剖面以及局域场增强。利用 TIR 显微镜实验对间隙尺寸从 20 nm 至 500 nm 范围的蝶形天线的峰值散射波长进行了测试,结果与理论值吻合得很好。

我们利用 TPPL 实验测量了间隙尺寸变化的 Au 蝶形纳米天线的光场增强,发现与FDTD 模拟的结果很好地相吻合。对于小间隙的蝶形天线,场强增强$>10^3$且被限制在约 650 nm^2 的区域内,可被解释为是传统的光学激发与纳米量级结构之间不匹配问题的一个显著的进展。

可以预料的是,随着制造工艺的优化,Au 蝶形天线将会可重复地在扫描探针上单个制造,或在单个衬底上大面积阵列化地制造。金属中极大的场增强也会导致金属表面,以及两个蝶形天线之间的电场产生类似的增强。这将会产生极强的具有高局部对比度的近场光源,可广泛应用于 SERS 机制的解释、超灵敏的生物检测、单分子光谱、纳米尺度的光刻以及高分辨光学显微镜和光谱。

致谢

本项工作部分得到美国能源部的资助 No. DEFG03－00ER45815 和国家卫生院的资助 No. GM65331－R21。作者非常感谢加利福尼亚大学（伯克利分校）的 Andy Neureuther 教授对 TEMPEST 6.0 FDTD 的使用及其小组开发的软件。

参考文献

[1] E. Betzig, J. K. Trautman, T. D. Harris, J. S. Weiner, R. L. Kostelak: Breaking the diffraction barrier:optical microscopy on a nanometric scale, Science 251, 146 (1991).

[2] F. Zenhausern, Y. Martin, H. K. Wickramasinghe: Scanning interferometric apertureless microscopy:optical imaging at 10 angstrom resolution, Science 269, 1083 (1995).

[3] J. L. Bohn, D. J. Nesbitt, A. Gallagher: Field enhancement in apertureless near-field scanning opticalmicroscopy, J. Opt. Soc. Am. A. 18, 2998-3006 (2001).

[4] L. Novotny, E. J. Sanchez, X. S. Xie: Near-field optical imaging using metal tips illuminated by higherorder Hermite-Gaussian beams, Ultramicroscopy 71, 21 (1998).

[5] A. Hartschuch, E. J. Sanchez, X. S. Xie, L. Novotny: High-resolution near-field Raman microscopy of single-walled carbon nanotubes, Phys. Rev. Lett. 90, 095503 (2003).

[6] S. A. Maier, P. G. Kik, H. A. Atwater: Observation of coupled plasmon-polariton modes in Au nanoparticle chain waveguides of different lengths: Estimation of waveguide loss, Appl. Phys. Lett. 81, 1714(2002).

[7] K. B. Crozier, A. Sundaramurthy, G. S. Kino, C. F. Quate: Optical antennas: resonators for local field enhancement, J. Appl. Phys. 94, 4632 (2003).

[8] D. A. Genov, A. K. Sarychev, V. M. Shalaev, A. Wei: Resonant field enhancements from metal nanoparticle arrays, Nano Lett. 4, 0343710 (2004).

[9] E. Hao, G. C. Schatz: Electromagnetic fields around silver nanoparticles and dimers, J. Chem. Phys. 120, 357 (2004).

[10] W. Rechberger, A. Hohenau, A. Leitner, J. R. Krenn, B. Lamprecht, F. R. Ausenegg: Optical properties of two interacting gold nanoparticles, Opt. Commun. 220,137 (2003).

[11] R. D. Grober, R. J. Schoelkopf, D. E. Prober: Optical antenna: Towards a unity efficiency near-field optical probe, Appl. Phys. Lett. 70, 1354 (1997).

[12] D. P. Fromm, A. Sundaramurthy, P. J. Schuck, G. Kino, W. E. Moerner: Gap-dependent optical coupling of single "Bowtie" nanoantennas resonant in the visible, Nano Lett. 4, 957 (2004).

[13] J. G. Goodberlet, J. T. Hastings, H. I. Smith: Performance of the Raith 150 electron-beam lithography system, J. Vac. Sci. Technol. B 19, 2499 (2001).

[14] TEMPEST 6.0, Electronics Research Laboratory, University of California, Berkeley, California.

[15] E. D. Palik: Handbook of Optical Constants (Academic Press, Orlando, Florida, 1985).

[16] A. Sundaramurthy, P. J. Schuck, D. P. Fromm, W. E. Moerner, G. Kino: Field enhancement and gapdependent resonance in a system of two opposing tip-to-tip Au nanotriangles, Phys. Rev. B. 72, 165409 (2005).

[17] S. Ramo, J. R. Whinnery, T. Van Duzer Fields and Waves in Communication Electronics, 2nd edn(Wiley, New York, 1984), pp. 586-589.

[18] C. K. Chen, A. R. B. de Castro, Y. R. Shen: Surface-Enhanced Second-Harmonic Generation, Phys. Rev. Lett. 46, 145 (1981).

[19] G. T. Boyd, Z. H. Yu, Y. R. Shen: Photoinduced luminescence from the noble metals and its enhancement on roughened surfaces, Phys. Rev. B 33, 7923 (1986).

[20] M. R. Beversluis, A. Bouhelier, L. Novotny: Continuum generation from single gold nanostructures through near-field mediated intraband transitions, Phys. Rev. B 68, 115433 (2003).

[21] A. Bouhelier, M. R. Beversluis, L. Novotny: Characterization of nanoplasmonic structures by locally excited photoluminescence, Appl. Phys. Lett. 83, 5041 (2003).

[22] P. J. Schuck, D. P. Fromm, A. Sundaramurthy, G. S. Kino, W. E. Moerner: Improving the mismatch between light and nanoscale objects with gold bowtie nanoantennas, Phys. Rev. Lett. 94, 017402 (2005).

第 10 章 表面等离激元的近场光学激发和检测

ALEXANDRE BOUHELIER[1] AND LUKAS NOVOTNY[2]

[1]Laboratoire de Physique de l'Université de Bourgogne，21000 Dijon，
France alexandre. bouhelier@u-bourgogne. fr

[2]The Institute of Optics，University of Rochester，Rochester，NY
14627，USA novotny@optics. rochester. edu

10. 1 引言

根据定义，表面等离激元是表面电荷密度振荡的量子，但是这一术语通常是用来描述金属表面上电荷密度的集体振荡。由于表面电荷振荡与电磁场紧密耦合，表面等离激元是极化激元。过去，表面等离激元受到很大关注是由于其在光学传感器件中的应用[1,2]。由于其局域化的性质，表面等离激元最近还被探索用在集成光路和光波导[3,4]。然而，表面等离激元的关键属性之一是其光局域化，使其可探索用于光谱学和显微镜学中的局域化光子源[5,6]。表面增强拉曼散射（surface enhanced Raman scattering，SERS）是随后应用中的一个突出的例子。最近，人们演示了 SERS 效应可利用激光照射的金属针尖进行空间上的控制。SERS 和显微镜的这种组合以振动光谱的形式提供了高空间分辨率和同步的化学信息[7]。

从关于平面金属表面的实验开始，我们将在本章中讨论表面等离极化激元（surface plasmon polaritons，SPPs）的普遍特性，然后集中研究与激光照射的金属针尖相关的光局域化。这种局域化是由与针尖锐度相关的准静态避雷针效应与表面等离激元的相互作用而完成的[8]。该局域场可作为一个二次光源，与样品表面实现高度限制的光学相互作用。反之亦然，一个局域场，如金属针尖的场或从一个小孔发射出的场，具有大空间频率，这对耦合到样品表面上的表面等离激元是必要的。这种在平面的金属表面发射等离激元的方法已首次由 Hecht 等实验演示了[9]。

利用光照射的颗粒实现亚波长光局域化已被 Synge 在写给 Einstein 的信中提出[10]，但这一想法从未以它的原始形式出版。相反的，Synge 发表了一篇文章，在其中他建议在金属屏幕上使用一个微小的孔以获得亚波长尺度的光源[11]。在 1984 年，甚至在原子力显微镜发明之前，John Wessel 提出了一个非常类似于 Synge 想法的概念[5]：一个激光照射的细长的金属颗粒被用来建立一个增强的、局域的光场。通过光栅扫描（raster-scanning）样品表面上的金属颗粒，并逐点检测其与样品表面相互作用所产生的光谱响

应,可记录下样品表面的一张光谱图。Wessel 的方案很快就被遗忘了,它在近场光学显微技术的背景下再次被重新提及。事实上,在该领域的研究中,一些研究组重塑了 Wessel 的想法。Denk 和 Pohl 建议将金属针尖上的增强场与非线性光谱学结合使用[12]。与单一金属纳米颗粒相关的场增强效应的第一次实验结果已由 Fischer 和 Pohl 发表[13]。在随后几年中,金属针尖被当做散射中心,用以将物体表面附近的非传播倏逝场转换为可由远程探测器记录的传播辐射。这种散射式近场光学显微镜最近被发现具有很多重要的应用,如掺杂物的局域测量以及表面声子极化激元的表征[14]。然而,散射式近场显微镜没有明确使用与场增强效应相关的光局域化。利用金属针尖附近的场增强效应来实现局部光谱测量在理论上被明确提出[6],并随后由 Sanchez 等人使用双光子激发荧光实验所演示[15]。在这些实验之后,相同的原理被扩展至其他光谱学的相互作用中,如拉曼散射等[7]。在本质上,Synge 和 Wessel 的原始想法都以他们的方式被转化为实际应用,并实现了纳米尺度空间分辨率的化学特性测量。

10.2　表面等离激元的局部激发

在讨论激光照射金属针尖上的场增强效应之前,我们首先回顾一些为实现局部激发 SPPs,使其在平面的金属表面上传播的重要实验。在平坦的金属交界面上光学激发表面等离激元受到的挑战在于需满足等离激元和激励辐射之间的相位匹配条件。表面等离激元色散 $\omega(k)$ 位于光锥 $\omega = ck$ 之外,因此 SPPs 不能被自由传播辐射所激发。只有当光子的动量,或波矢,可被人为地增加时,SPPs 的激发才能发生。各种实验技术已被开发来完成这一任务,例如:(1)增加入射介质的折射率,或(2)设计薄膜的表面(光栅耦合器)。虽然这些方法在入射光子和 SPP 波之间提供了非常高效的耦合,但是其相互作用的区域通常与 SPP 传播的距离相当或更大。

随着近场光学的发展,表面等离激元的局部激发变得可行。在第一个实验中,微孔被用作 SPP 的激发源[9,16-19]。为描述这些实验的激发效率,贝特-鲍坎普模型(Bethe-Bouwkamp model)[20]是必不可少的工具。它考虑的是由平面波照射一个超薄的、金属的、无限的和平坦的屏幕上的小圆孔的情况。发射场的角谱表示法(angular spectrum representation)表明,发射场是由均匀的平面波($k < \omega/c$)和倏逝波($k > \omega/c$)共同组成的。这里,k 表示 k 矢量在孔平面上的投影。由于倏逝场的色散位于光锥之外,在孔和表面之间的间隔远小于光波长的条件下,利用小孔发射的场在平面的金属表面上激发等离激元变为可能。因此,表面等离激元可通过大的波矢面内分量激发,与奥托结构(Otto configuration)极为相似[21],区别则在于由于孔的尺寸非常小,其激发区域极其确定。

图 10.1(a),(b)和(c)是当一个近场探针接近玻璃衬底上沉积的薄 Ag 膜时,根据拍摄视频按顺序截取的快照图像。这些图像是通过聚焦于金属-玻璃交界面的高数值孔径(numerical aperture, NA)油浸物镜所记录下来的。当针尖离样品很远时(图 10.1(a)),从针尖末端发射的光可穿过有限厚度(约 60 nm)的 Ag 膜被看见。随着针尖更接近表面,发射的场空间分布发生了急剧变化:表面等离激元被针尖发射的大的倏逝场波矢所共振激发,并沿着 Ag-空气交界面传播(图 10.1(b)和(c))。

在图像中看到的双瓣图案源自于和 SPP 相关的本征损耗。束缚的 SPP 模式的波振幅沿金属表面呈指数衰减。由于场穿透到了反面的界面(Ag-玻璃),耦合到可由物镜检测到的辐射泄漏波中。这种泄漏辐射（leakage radiation，LR）的远场观察可用于直接测量在反面的交界面上的非辐射表面等离激元的传播。在薄膜上一个给定的横向位置，辐射的强度正比于同一位置的 SPP 的强度[9,18,22,23]。

(a)　　　　　　　　　(b)　　　　　　　　　(c)

图 10.1　由近场探针所激发的传播的表面等离激元的泄漏辐射的空间分布。(a) 针尖远离薄膜交界面；(b) 针尖开始接近；(c) 等离激元激发的最佳距离。激励光的偏振方向是水平的。等离激元光强分布中的一些不均匀性可在右边的发散波瓣中看到。

图 10.1(c)中的 SPP 发射图案具有二维偶极子的特征。强度分布，$I_{r,l}$，可尝试用以下方程关系表示[9,18]：

$$I_{r,l}(\rho,\psi) = \frac{\Gamma_{r,l}}{\rho} e^{-2a\rho}\cos^2\psi \tag{10.1}$$

这里 $\Gamma_{r,l}$ 分别是右手侧和左手侧旁瓣强度的测量值。坐标 ρ 和 ψ 分别是源与方位角相对于右侧旁瓣中心轴的距离。对于强度的径向衰减，由于在两个维度的分布，预期有一个 $1/\rho$ 的依赖关系。此外，本征损耗（intrinsic losses）以及潜在的外在损耗（extrinsic losses）造成的阻尼用指数衰减项（衰减常数 α）来表示。$\psi=0$ 被定义为右手侧表面等离激元波瓣的中心方向。双波瓣图案的角度表示包含在 $\cos^2\psi$ 项中。

近场探针作为一个局域化的 SPP 源可精确定位在金属表面附近所选定的斑点的上方。这为研究在薄膜上制备的等离激元结构打开了新的视角。图 10.2 展示了一个例子。SPP 的强度分布表明在金属膜内的凹槽阵列中形成的 SPP 反射与透射。这里，近场针尖被放置在两组三元槽结构之间。SPP 的透射和反射衰减非常明显，后者以在槽之外的区域形成扩展的干涉条纹为特征。显然，三元槽结构起到了 SPP 多层膜反射镜的作用。由条纹可见度分析可知槽的反射率约为 10%[18]。在反射光学中，这种反射镜的反射率是波长和不同波束之间的相位差的函数。对于一个给定波长，通过优化槽之间的距离，有可能得到更高的反射率。

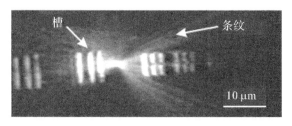

图 10.2　表面等离激元与三元槽结构的相互作用。两组三元槽结构中心之间的距离为 10 µm。双曲线条纹为 SPP 波束和它在左侧三元槽结构上的反射波之间干涉的特征。

表面等离激元的激发区域由近场探针的孔径尺寸决定。由于有孔探针的低通量，不可能任意降低孔径的尺寸。激光照射金属针尖则可获得更好的场局域效果，这将在本章后面的小节中讨论。

10.3　支持表面等离激元的锥形近场探针

在经典的实施方案中,近场光学显微镜的核心是由锥形光纤组成,其末端被用作一个局域的光学探针。为实现良好的成像性能和亚衍射极限分辨率,在光纤表面通常涂有一层金属层,且在针尖的顶点处有一个纳米尺寸的开口或小孔,用于限制光。虽然在大量的研究中已被成功用于产生亚波长的光学分辨率,但人们普遍认为这些类型的光学探针具有一些根本的局限性。当开口直径与涂覆材料的穿透深度相当时,在小孔处的场分布可显著大于它的物理尺寸,从而导致了有效开口的增大。此外,随着小孔直径的减小,通过开口的透射光的强度也迅速下降。因此,对于非常小的孔,维持一个良好的信噪比是非常困难的。

虽然很肯定的是目前有孔探针的设计不能维持常规的超高分辨率成像(< 20 nm),但基于光纤探针的制造技术是相当成熟的,提供了一种有别于较复杂的自上而下(top-down)方法的高性价比的途径。因此,实际令人感兴趣的是恢复被局域在金属覆盖的光纤的顶点的电磁限制。

有几种方法可利用锥形光纤实现场局域,以及某些情况下的增强效应。然而,这些技术大多数需要对针尖末端做进一步的后处理,比如附着一个共振的金属纳米颗粒[24,25],或者通过控制生长,在针尖末端再生长出纳米针尖[26]。

不同的研究小组提议,通过聚焦表面等离极化激元(SPPs)或许可实现亚波长的场局域[27-29]。通常,SPPs 被束缚在平面的表面上,但实验已证明圆筒金属波导也可维持 SPP 波[29,30]。金属涂层环绕的光纤因此可作为一个 SPP 波导,并且在适当的相位匹配条件下,在针尖的末端可实现 SPPs 的聚焦。

对于完全被金属覆盖的锥形光纤,在小于其截止半径的时候,光学模式不再被传导,并呈指数衰减。与截止后的电场相关的大波矢可与沿金属层外侧传播的表面等离激元的相位条件匹配[29]。其结果是,与初始波导模式相关的电磁能量被耦合至表面等离激元。被激发后,表面等离激元沿着金属涂覆层朝向针尖顶点传播。尽管波导半径缓慢变化(几乎是绝热的),表面等离激元的传播也伴随着辐射损失。为在针尖的最末端建立一个极强的场增强,沿圆周传播的表面等离激元必须是相长干涉。相长干涉的条件仅适用于初始导模特定的对称性和偏振状态[31,32]。

如果一个线偏振模式被注入光纤中,与行进的表面等离激元相关的电场在针尖的末端相消,因此不会提供任何场增强。这种情况如图 10.3(a)所示,这里对线偏振的波导基模 HE_{11} 模式计算出涂覆 Au 的针尖末端的强度分布。为简单起见,这种模式的建模采用以下方案:将一个偶极子置于沿针尖轴向截止半径处(图中虚线),并使其垂直于轴向对齐。图 10.3(a)表明表面模式被激发并聚集到针尖的最末端。由于存在由锥体的几何形状引入的相位失配,表面等离激元以辐射形式的衰减较弱,产生了远场背景。该计算还表明在针尖末端没有产生场增强。图 10.3(b)显示了针尖末端的放大视图,展示了偏振条件导致针尖尾部电场的相消。

为了在针尖末端产生相长干涉,表面等离激元的电场必须在相位上重叠。径向偏振的波导模式具有所需的轴向对称。不同的等离激元波在针尖顶点处相位重叠,从而产生很高的表面电荷密度,因此有强烈的电场增强。图 10.3(c)显示了所计算的径向偏振模式在针尖末端的强度分布。为模拟传导的径向模式的场分布,将取向平行于针尖轴向的偶极子放置在截止半径处(虚线)。与图 10.3(a)类似,表面等离激元的传播方向朝向针尖的顶点。在前面的情况中,表面等离激元的对称性导致电场在针尖末端相消,但目前情况的特征是在针尖末端有一个强局域场,如图 10.3(d)中的放大图所示。这种局域化源自于沿针尖轴向偏振的 SPP 场,由于其相位关系而相干叠加。

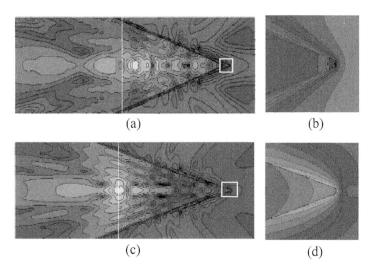

图 10.3　(a) 在涂覆了 Au 的玻璃针尖末端的光强分布。取向垂直于针尖轴向的激发态偶极子被放置在由虚线表示的截止半径处,在针尖顶点处没有观察到场增强。强度曲线采用对数标度(连续线之间的系数为 2.33)。图片大小为 2 μm～6 μm。(b) 光纤探针末端(连续线间的系数为 1.62)的放大视图(120 nm × 120 nm)。(c) 取向沿针尖轴向的激发态偶极子的强度分布,虚线表示偶极子放置的位置。该偏振状态在针尖顶点处产生增强场。(d) 光纤探针的末端的放大图(120 nm × 120 nm)。

值得注意的是,最近的一项理论工作,通过半径相关的波数描述了 SPP 在圆锥形几何结构中的超聚焦效应[33]。结果发现,当 SPP 朝向较小半径传播时,波数的大小增加。因其色散关系,随着半径越来越小,SPP 波长变短,因此使其群速度减小,最终在针尖的末端实现了局域化[27]。

由于极高的纳米加工要求,使得等离激元传导探针的实际实施极具挑战。轻微的缺陷即会扭曲探针的轴向对称性,并干扰等离激元波之间的相位关系。因此,一个探针可能工作,而下一个可能就不会,这对重复性实验构成了挑战。原则上,在近场光学显微镜中,理想的局域激发或探测源是一个点偶极子。正如下面的部分中所讨论的,通过激光照射的金属针尖的方法,在实验上合理地实现了点偶极子源。场限制只与针尖尺寸相关。小到 8 nm 的局域场已被演示。

10.4　金属针尖附近的场分布

金属以与外部的电磁辐射相互作用的自由电子为特征。取决于金属的种类和其几何形状,自由电子的集体响应可极大地增强入射辐射的电场强度。电子和电磁场的耦合激发通常被称为表面等离激元(surface plasmons)。在本节中,我们讨论表面等离激元对激光照射的金属针尖上的场增强效应所起到的作用。

　　在锋利的针尖上的场增强源自于准静态避雷针效应和表面等离激元激发的共同作用[8]。前者是由针尖上的近奇点(near singularity)所导致的结果。由于麦克斯韦方程(Maxwell's equations)是二阶微分方程,当第一个或第二个导数没有被定义时,场会变成奇异的。对于理想导体的针尖会出现这种情况。但是真实的金属具有有限的电导率,针尖处的曲率半径也是有限的。因此,不存在真正的场奇点,但在针尖处的场可被增强。表面等离激元激发的贡献来自针尖表面上的集体共振。由于开放式几何形状,人们不能指望在针尖结构上有明显的共振。针尖是一个具有挑战性的几何形状,人们不得不使用数值方法来分析针尖附近的场分布。图 10.5(a)和图 10.4(a)显示了由多重多极法(multiple multipole method, MMP)计算的 Au 针尖[34]。在这些示例中,使用了两个不同的激发偏振方向,分别为横向于针尖轴和纵向于针尖轴的方向。对于横向极化,没有观察到场增强,而对于纵向极化,场增强显著地依赖于针尖的几何形状、针尖材料和激发波长[8]。

　　为了获得更多的关于金属针尖光学响应的物理直观理解,最好是能够找到一种可精确解析求解的近似模型。对于针尖,最简单的模型是准静态球面。图 10.5(b)和图 10.4(b)显示的是与针尖几何形状具有相同曲率半径的小 Au 球的光学响应。对于横向极化的激发,在图 10.5(a)和(b)中的场分布证实了利用可极化的小球替代针尖是一个很好的近似方法。在图中的曲线分别代表在针尖和球的下方 1 nm 处的场的强度($|E|^2$)。事实证明对于横向极化,即使是二次场,其相位都是相等的。然而,对纵向极化,其一致性只是定性的,如图 10.4(a)和(b)所示。对于 Au 针尖,其场增强远远大于小 Au 球相应的场增强。因此,对于小球,需要采用一个经验极化率,它取决于针尖上的场增强强度。总之,我们发现金属针尖附近的场可由具有各向异性极化率的可极化的小球来描述,用以解释场增强效应。

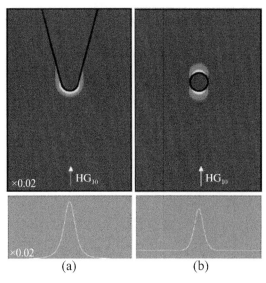

(a)　　　　　　　　(b)

　　图 10.4　由一个轴向聚焦的厄米-高斯(Hermite-Gaussian)(1,0)激光模式照射下的电场分布(E^2)的比较。(a) Au 针尖附近,(b) 一个 Au 颗粒附近。在针尖的顶点,激励激光场沿针尖顶点偏振导致了一个纵向极化(longitudinal polarization)。由此所得的场在针尖顶点附近被增强。底部的行扫描分别表示在针尖和颗粒前 1 nm 的横向行上的场强分布。然而,金属针尖的场分布已经按比例缩小为 0.02 倍。场分布之间的定性的一致性表明在纵向极化的情况下,针尖可被模拟为一个可极化的颗粒,但需要包含一个取决于场增强因子的修正的极化率。

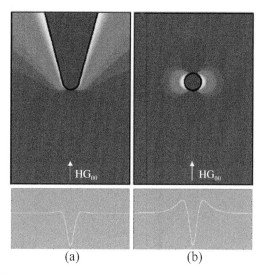

图 10.5　由聚焦的高斯激光照射下的电场分布(E^2)的比较。(a)Au 针尖附近,(b)一个 Au 颗粒附近。在针尖顶点,激励的激光场横向于针尖轴向偏振,导致了一个横向极化 (transverse polarization)。所得的场在针尖顶点被耗尽。底部的行扫描分别代表在针尖和颗粒前 1 nm 的横向行上的场强分布。场图上的定性一致表明,对于横向极化的情况,针尖可由一个可极化的颗粒模拟。

　　图 10.6(a)显示了当针尖被纵向偏振(沿 z 轴的偏振)激发时,在一个 Au 针尖上计算得到的表面电荷密度。表面电荷以与激发场相同的频率振荡。入射光沿偏振方向驱动金属中的自由电子。虽然在任意时刻金属内的电荷密度为零($\nabla \cdot \boldsymbol{E} = 0$),电荷依然积累在金属表面上。当入射偏振平行于针尖轴向时(图 10.6(a)),所引发的表面电荷密度是旋转对称的,并在针尖末端具有最高的振幅。表面电荷形成一个振荡驻波(表面等离激元),其波长比照明光的波长短[8]。另一方面,当偏振垂直于针尖轴向时,不存在场增强。在这种情况下,针尖在横向平面被简单地极化,并且没有表面电荷积聚在针尖上。现在让我们使用图 10.6(b)中定义的坐标系来对针尖调用偶极子模型。如前所述,我们发现,无论幅度增强因子是多少,针尖附近的场均可精确地由一个以角频率 ω 振荡,且位于针尖顶点中心处的有效偶极子 $\boldsymbol{p}(\omega)$ 的场来描述,其幅度为[35]

$$\boldsymbol{p}(\omega) = \begin{bmatrix} \alpha_\perp & 0 & 0 \\ 0 & \alpha_\perp & 0 \\ 0 & 0 & \alpha_{||} \end{bmatrix} \boldsymbol{E}_0(\omega) \tag{10.2}$$

　　为与针尖轴向一致,在这里我们选择 z 轴。$\boldsymbol{E}_0$ 是没有针尖时的激励电场。横向极化率 $\alpha_\perp$ 与小球的准静态极化率相同

$$\alpha_\perp(\omega) = 4\pi\varepsilon_0 r_0^3 \frac{\varepsilon(\omega) - 1}{\varepsilon(\omega) + 2} \tag{10.3}$$

这里 r_0 为针尖的曲率半径,ε 和 ε_0 分别是针尖和周围介质的介电常数。另一方面,纵向极化率 α 由下式给出

$$\alpha_{||}(\omega) = 8\pi\varepsilon_0 r_0^3 f_e(\omega) \tag{10.4}$$

其中 f_e 为复场增强因子。对于波长 $\lambda = 830$ nm,$\varepsilon = -24.9 + \mathrm{i}1.57$ 的 Au 针尖,$r_0 =$

10 nm的针尖半径,我们基于多重多极法[34]的数值计算得到 $f_e = -2.9 + i11.8$。$\alpha_{||}$ 的表达式源于条件:针尖表面由 $p(\omega)$ 产生的场的幅度等于计算确定的设置为 f_eE_0 的场的幅度。相对于激励的激光束 r 的,在针尖给定位置处的电场 E 近似为

$$E(r,\omega) = E_0(r,\omega) + \frac{1}{\varepsilon_0}\frac{\omega^2}{c^2}\vec{G}^0(r,r_0,\omega)p(\omega) \tag{10.5}$$

这里 r_0 确定 p 的起点,$\vec{G}^0$ 为自由空间二阶格林函数。

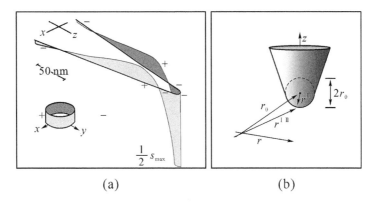

图 10.6　(a) 某一瞬间捕捉到的受激光照射的 Au 针尖表面产生的电荷密度。沿针尖轴向的极化激元在针尖的顶点产生大的表面电荷积累。实线表示针尖的轮廓,在这上面的阴影区域表示表面电荷。(b) 偶极子模型使用的坐标系。

综上所述,我们发现,激光照射金属针尖附近的局域场与位于针尖顶点处的振荡偶极子的场非常近似。针尖大小决定了针尖可接近样品表面的程度以及场局域化的强度。由于外部照明不仅激励金属针尖同时也照射了样品表面,场增强要足够强,以至于足以抑制与直接照射样品相关的信号。在下一节的讨论中,裸露的金属针尖顶点处产生的非线性信号提供了超高的场局域化,并且是无背景的,适合超高分辨率成像。

10.5　金属纳米结构的局部激发发光

与结构共振相关的局域场增强被认为是有效的表面增强处理和材料非线性响应的一个先决条件。粗糙 Ag 膜上的近场散射研究表明,场增强主要源于几个局部位置(热点),这些局部位置呈现出了局部的等离激元模式[36]。已发现,源自于表面本身的一个可见的宽频带光致发光就是由这些区域发射的[37,38]。针对 Au 纳米颗粒,类似的发射已被报道[37],以及最近的,针对椭圆形的颗粒[39,40]和纳米针尖[37]的发射也已被报道。由光谱的可见部分发射的白光光致发光来源于费米面附近 d-带中的空穴和导带中的电子之间的带间复合。该信号可直接被高能量的光子激发,或通过非线性双光子吸收过程被激发。光致发光光谱代表了两个带之间的电子联合态密度的卷积,以及由特殊构造的几何形状和相应的共振所导致的光耦合效率。特别地,已发现在强电磁场区域光致发光效率大幅增加,从而为研究特定地点的增强特性提供了一种探针[37]。

最近的实验显示,由高度聚集的飞秒激光束的场激励的纳米颗粒通过双光子吸收机制产生了一个光致发光连续体。图 10.7(a)显示了通过扫描聚焦区域得到的 Au 颗粒发出的光致发光。光致发光图案显示了该颗粒对聚焦区域总场,而不是对在焦点处任何特

定的偏振分量的响应[43]。光致发光光谱见图 10.7(b)。谱峰在 644 nm 处,与预测的表面等离子共振相一致,显示出了与颗粒固有响应的强相关性[41,42]。

为获取光致发光局部分布的空间信息,从而找到具有较大增强的区域,金属针尖被用于局部地散射光致发光。金属针尖被保持在聚焦区域内固定的位置,而颗粒则在它下面被光栅横向扫描。图 10.8(a)描绘出了颗粒的轮廓,揭示了其椭圆形的形状。图 10.8(b)展示了由颗粒发出的,与其位置相关的光致发光的近场空间分布。在图 10.7(a)中可看到,原始的远场图案作为一个微弱的背景仍然是可见的。叠加到背景上的是由针尖与颗粒相互作用而产生的高分辨率细节。在颗粒的两端,光致发光响应相对于远场背景明显增强。另一方面,信号的强度在椭球两个直径相交的点处,沿其短轴方向减弱。有趣的是,这两种效应都没有受到激励光偏振方向的影响,在所有被研究的颗粒上都观察到了。

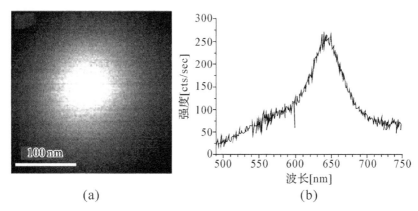

图 10.7 (a) 对由 **120 fs 脉冲**、高度聚焦的高斯激光束所聚焦的区域进行扫描,得到 **Au 颗粒的双光子激发光致发光图像**。(b) 光致发光光谱。

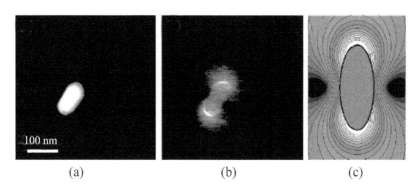

图 10.8 (a) 被研究的 **Au 颗粒的轮廓**。(b) 由不动的 **Au 针尖**得到的颗粒上的双光子激发光致发光分布。(c) 计算得到的在共振(**650 nm**)波长附近激发的,具有相同尺寸椭球的强度分布。

图 10.8(b)中的图像非常近似于图 10.8(c)中理论计算得到的在共振波长激发的椭球的表面强度分布。该图像显示了所激发颗粒的偶极子特征:长轴两端电荷积累,短轴方向电荷耗尽,这与实验图像 10.8(b)十分一致。这一计算是基于 MMP 算法,激励波长为 650 nm,Au 介电常数为 $\varepsilon_{Au} = -12.9 + i1.09$。颗粒末端的光致发光峰的宽度大约为 17 nm(半峰全宽),表明这是一个高度限制的光致发光。因而,由于光致发光效率对场的

强度敏感,图 10.8(b)也揭示了局域在纳米颗粒上,具有大的场增强效果的区域。总之,金属纳米结构附近局域化光致发光的检测为热点的局域化和表征提供了有效的方案。

10.6　结论与展望

表面等离激元的束缚特性和相对较长的传播长度使其适合集成于金属的平面线路。目前,正在被开发和研究的基本的等离激元功能,主要是依赖于其可延长的,非局域化的激发。随着等离激元结构越来越复杂,其功能特性——将表面等离激元激发局部地限制在与纳米线路尺寸相比拟的区域之内,是其需要了解的一个优势。近场探针恰恰满足这一要求。表面等离激元可在金属表面的任意结构附近被局部地激发。此外,沉积于电介质衬底表面的金属薄膜上所传播的等离激元具有固有的泄漏辐射,对这种泄露辐射的检测为直接测量表面等离激元的传播长度及其各种阻尼机制提供了方法。

在近场光学显微镜的背景下,表面等离激元对于建立高度束缚的光子源和增强的电磁场发挥了重要作用。例如,表面等离激元的聚焦可能有助于恢复基于金属涂覆光纤的近场探针的电磁约束。表面等离激元可在近场探针的外表面被激发,并朝向探针顶点传播,产生一个几乎无背景的局域激发。此外,发生在金属针尖上的局域表面等离子共振可产生显著的场增强,用于高分辨率光学成像。目前已发现,激光照射的金属针尖附近的场可由具有各向异性极化率的偶极子场来描述。此外,当由高峰值功率激光脉冲激励时,场增强效应导致了局部的非线性效应。结果表明,二次谐波和连续波的产生(发光)均在针尖顶点形成了一个高度限制的光源。这一特性已被用于产生等离激元结构的局域场(热点)分布图,也是一种很有前景的方法,可用于表征应用于基于表面等离激元一般特性的未来器件之中的场增强结构。

参考文献

[1] J. Homola, S. S. Yee, G. Gauglitz: Surface plasmon resonance sensors: review, Sensors and Actuators B 54,3 (1999).

[2] A. J. Haes, W. P. Hall, L. Chang, W. L. Klein, R. P. Van Duyne: A localized surface plasmon resonance biosensor: First steps toward an assay for Alzheimers disease, Nano Lett. 4, 1029 (2004).

[3] J. C. Weeber, A. Dereux, C. Girard, J. R. Krenn, J. P. Goudonnet: Plasmon polaritons of metallic nanowires for controlling submicron propagation of light, Phys. Rev. B 60, 9061 (1999).

[4] H. Ditlbacher, J. R. Krenn, G. Schider, A. Leitner, F. R. Aussenegg: Two-dimensional optics with surface plasmon polaritons, Appl. Phys. Lett. 81, 1762 (2002).

[5] J. Wessel: Surface-enhanced optical microscopy, J. Opt. Soc. Am. B 2, 1538 (1985).

[6] L. Novotny, E. J. Sanchez, X. S. Xie: Near-field optical imaging using metal tips illuminated by higherorder Hermite-Gaussian beams, Ultramicroscopy 71, 21 (1998).

[7] A. Hartschuh, E. J. Sanchez, X. S. Xie, L. Novotny: High-resolution near-field Raman microscopy of single-walled carbon nanotubes, Phys. Rev. Lett. 90, 95503 (2003).

[8] L. Novotny, R. X. Bian, X. S. Xie: Theory of nanometric optical tweezers, Phys. Rev. Lett., 79, 645 (1997).

[9] B. Hecht, H. Bielefeldt, L. Novotny, Y. Inouye, D. W. Pohl: Local excitation, scattering, and

interference of surface plasmons, Phys. Rev. Lett. 77, 1889 (1996).

[10] D. McMullan: SPIE Milestone Series: Selected Papers on Near-field Optics, 172, 31 (2002).

[11] E. H. Synge: Asuggested model for extending microscopic resolution into the ultra-microscopic region, Phil. Mag. 6, 356 (1928).

[12] W. Denk, D. W. Pohl: Near-field optics: microscopy with nanometer-size fields, J. Vac. Sci. Technol. B 9, 510 (1991).

[13] U. Ch. Fischer, D. W. Pohl: Observation of single-particle plasmons by near-field optical microscopy, Phys. Rev. Lett. 62, 458 (1989).

[14] F. Keilmann, R. Hillenbrand: Near-field microscopy by elastic light scattering from a tip, Phil. Trans. R. Soc. Lond. A 362, 787 (2004).

[15] E. J. Sanchez, L. Novotny, X. S. Xie: Near-field fluorescence microscopy based on two-photon excitation with metal tips, Phys. Rev. Lett. 82, 4014 (1999).

[16] L. Novotny, B. Hecht, D. W. Pohl: Interference of locally excited surface plasmons, J. Appl. Phys. 81, 1798 (1997).

[17] A. Bouhelier, Th. Huser, H. Tamaru, H. J. Güntherodt, D. W. Pohl: Plasmon transmissivity and reflectivity of narrow grooves in silver films, J. Microscopy 194, 571 (1999).

[18] A. Bouhelier, Th. Huser, H. Tamaru, H. J. Güntherodt, D. W. Pohl, F. Baida, D. Van Labeke: Plasmon optics of structured silver films, Phys. Rev. B 63, 155404 (2001).

[19] F. I. Baida, D. Van Labeke, A. Bouhelier, Th. Huser, D. W. Pohl: Propagation and diffraction of locally excited surface plasmons, J. Opt. Soc. Am. A 18, 6 (2001).

[20] C. J. Bouwkamp: On Bethe's theory of diffraction by small holes, Rep. Phys. 5, 321 (1950).

[21] A. Otto: Excitation of nonradiative surface plasma waves in silver by the method of frustrated total reflection, Z. Angew. Phys. 216, 398 (1968).

[22] A. Bouhelier, G. P. Wiederrecht: Surface plasmon rainbow jets, Opt. Lett. 30, 884 (2005).

[23] A. Bouhelier, G. P. Wiederrecht: Excitation of broadband surface plasmon polaritons: Plasmonic continuum spectroscopy, Phys. Rev. B, 71, 195406 (2005).

[24] O. Sqalli, M. P. Bernal, P. Hoffmann, F. Marquis-Weible: Gold elliptical nanoantennas as probes for near field optical microscopy, Appl. Phys. Lett. 76, 2134 (2000).

[25] Th. Kalkbrenner, M. Ramstein, J. Mlynek, V. Sandoghdar: A single gold particle as a probe for apertureless scanning near-field optical microscopy, J. Microscopy 202, 72 (2001).

[26] H. G. Frey, F. Keilmann, A. Kriele, R. Guckenberger: Enhancing the resolution of scanning nearfield optical microscopy by a metal tip grown on an aperture probe, Appl. Phys. Lett. 81, 5030 (2002).

[27] M. I. Stockman: Nanofocusing of optical energy in tapered plasmonic waveguides, Phys. Rev. Lett. 93, 137404 (2004).

[28] F. Keilmann: Surface polaritons propagation for scanning near-field optical microscopy applications, J. Microscopy 194, 567 (1999).

[29] L. Novotny, C. Hafner: Light propagation in a cylindricalwaveguide with a complex, metallic, dielectric function, Phys. Rev. E 50, 4094, (1994).

[30] G. Goubau: Surface waves and their application to transmission lines, J. Appl. Phys. 21, 1119 (1950).

[31] A. Bouhelier, J. Renger, M. R. Beversluis, L. Novotny: Plasmon-coupled tip-enhanced near-field optical microscopy, J. Microscopy 210, 220-224 (2003).

[32] L. Vaccaro, L. Aeschimann, U. Staufer, H. P. Herzig, R. Dändliker: Propagation of the

electromagnetic field in fully coated near-field optical probes, Appl. Phys. Lett. 83, 584 (2003).

[33] A. J. Babadjanyan, N. L. Margaryan, Kh. V. Nerkararyan: Superfocusing of surface polaritons in the conical structure, J. Appl. Phys. 87, 3785 (2000).

[34] Ch. Hafner: *The Generalized Multiple Multipole Technique for Computational Electromagnetics* (Artech, Boston, 1990).

[35] A. Bouhelier, M. Beversluis, A. Hartschuh, L. Novotny: Near-field second-harmonic generation induced by local field enhancement, Phys. Rev. Lett. 90, 13903 (2003).

[36] V. A. Markel, V. M. Shalaev, P. Zhang, W. Huynh, L. Tay, T. L. Haslett, M. Moskovits: Near-field optical spectroscopy of individual surface-plasmon modes in colloid clusters, Phys. Rev. B 59, 10903 (1999).

[37] M. R. Beversluis, A. Bouhelier, L. Novotny: Continuum generation from single gold nanostructures through near-field mediated intraband transitions, Phys. Rev. B. 68, 115433 (2003).

[38] G. T. Boyd, Z. H. Yu, Y. R. Shen: Photoinduced luminescence from the noble metals and its enhancement on roughened surfaces, Phys. Rev. B 33, 7923 (1986).

[39] M. B. Mohamed, V. Volkov, S. Link, M. A. El-Sayed: The 'lightning' gold nanorods: fluorescence enhancement of over a million compared to the gold metal, Chem. Phys. Lett. 317, 517 (2000).

[40] A. Bouhelier, M. R. Beversluis, L. Novotny: Characterization of nanoplasmonic structures by locally excited photoluminescence, Appl. Phys. Lett. 83, 5041 (2003).

[41] A. Bouhelier, R. Bachelot, G. Lerondel, S. Kostcheev, P. Royer, G. Wiederrecht: Surface Plasmon Characteristics of Tunable Photoluminescence in Single Gold Nanorods, Phys. Rev. Lett. 95, 267405 (2005).

[42] H. Wang, T. B. Huff, D. A. Zweifel, W. He, P. S. Low, A. Wei, J. X. Cheng: In vitro and in vivo two-photon luminescence imaging of single gold nanorods, Proc. Nat. Acad. Sci. 102, 10552 (2005).

[43] A. Bouhelier, M. R. Beversluis, L. Novotny: Near-field scattering of longitudinal fields, Appl. Phys. Lett. 82, 4596 (2003).

第 11 章　近场光学扫描成像原理

ALAIN DEREUX

Laboratoire de Physique de l'Universit'e de Bourgogne，BP 47870，F-21078 Dijon，France

adereux@u-bourgogne. fr

11.1　近场光学显微镜

在纳米光子学(nanophotonics)潜在应用的实际价值还没有出现之前,一代表面物理学家就致力于研究一种新型仪器,即现在所说的近场光学显微镜[1]。许多在这方面所发现的基本现象都与微型化的光学器件的发展直接相关。正如我们将在这一章要介绍的,随着时间的推移,人们认识到近场光学显微镜的一种主要实用特征就是能够扫描绘制(map)光波的电磁场分布。如今,这种功能是表征微型化的光学器件,如等离激元器件等,但又不限于这些器件的所必不可少的方法。这些器件的尺寸都是在波长 λ 或更小量级,其现象主要涉及在一个波长 λ 范围内即衰减的倏逝电磁波。为充分挖掘光学纳米器件的潜力,很显然,信号的探测或任何信号的转换过程都应控制在亚波长尺度范围内。因此,我们需要清醒地意识到:纳米光子学的发展所需要解决的根本问题就是在亚波长尺度下对光场进行探测。

20 世纪 80 年代年以来,多种构造的,在稳态照明模式下操纵的近场光学显微镜得以发展,按其构造主要可分为两类:扫描近场光学显微镜(Scanning Near-Field Optical Microscope,SNOM)和光子扫描隧道显微镜(Photon Scanning Tunneling Microscope,PSTM)。

SNOM 利用的原理类似于电子扫描隧道显微镜:一个纳米量级尺寸的光源扫描样品表面,根据样品的属性,出射光线在透射或反射中被探测到。虽然反射式 SNOM 装置中使用针尖同时用作局域发射源和局域探针,但是下面的讨论将会明确 SNOM 从本质上是照明(illuminating)探针设备。

PSTM 的操作则有所不同。样品放在棱镜上,这使其可通过全内反射实现照明。纳米尺寸的针尖扫描样品表面,随后破坏全反射。PSTM 的探针针尖也因此被用做表面附近的光场探测器。这种方式被称作为收集(collection)模式。需要注意的是,已经证明[2],第三类近场光学显微镜,被称做"无孔"近场光学显微镜,就其讨论意义而言,也可被视为收集模式显微镜。两种构造的显微镜一般都用到由光纤拉锥形成的针尖,针尖有可能还在表面涂覆了金属。在针尖顶端镀金属的结构是非常重要的。这种结构可简单地描述为,针尖顶端被模拟为亚波长的孔径。在 20 世纪 90 年代,近场光学显微镜的发展由于缺乏严格定义亚波长属性的标准而受到了阻碍。也由于缺乏任何可靠的评判标准,导致了关于近场光学成像[3]解释的争论。

11.2　近场光学图像的解释

为了解释任意一种上述的通常装置得到的图像,我们提出一个基于海森堡测不准原理的实用观点,即在 δl^3 体积内进行一个测量,其中 δl 是亚波长的尺寸。

当入射波通过一个亚波长结构时,受到海森堡测不准原理的影响($i=x, y, z$):

$$\Delta x_i \Delta p_i \geqslant \frac{\hbar}{2} \tag{11.1}$$

对于电磁波,这种情况导致了一个测不准原理,通过下标($i, j=x, y, z$)的循环排列,将光波的电场 E_i 与磁场 H_j 分量与典型的尺寸 δl(国际单位制)联系起来:

$$\Delta E_i \Delta H_j \geqslant \frac{\hbar}{2} \frac{c^2}{(\delta l)^4} \tag{11.2}$$

如果 $\delta l \leqslant 0.1\ \mu m$,公式右边的值会变大(图 11.1),这个测不准原理意味着在体积 δl^3 里(且 δl 是亚波长)同时(从量子理论的意义上来说,即没有任何相互影响)测量电场和磁场是不可能的。因此,在亚波长尺度体积内,包含电场和磁场两部分贡献的电磁波的能量也变得不确定(从量子理论的意义上来说)。因此,使用近场显微镜得到的亚波长测量结果,不能像用普通显微镜对反射或透射能量的远场测量那样去解释。本文提出的实用解释是:用测得的靠近样品表面的电场或(唯一地)磁场两者中的一者的强度空间分布来定义亚波长分辨率。实际上,我们提出当下列条件被满足时,亚波长分辨率才可实现[4,5]:

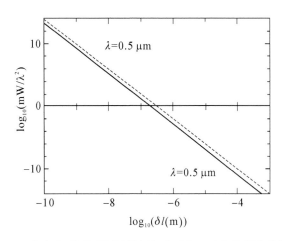

图 11.1　真空中对于两种典型波长,公式(11.2)右边部分的估值。

· 在收集模式下,样品表面散射的电场或磁场的实验图像与不包含任何针尖的理论计算分布是一致的。

· 在照明模式下,实验图像与不包含任何针尖的光频段电磁场局域态密度(local density of states,LDOS)的理论分布是一致的。

该标准考虑了探针针尖质量以及整个实验装置质量的严格测定。这需要能够计算近场区域的电磁场分布和电磁场的 LDOS。在下一节解释的散射理论可使得这两种计算在一个框架下进行。

11.3　电磁波的散射理论

从数学的观点看,散射理论(也称为场磁化率或并矢格林技术)就是以格林函数理论为基础来求解引入源项的波动方程。它将非齐次波动方程的一般解析解简单描述成一个积分方程,该积分方程的核心是格林函数[6]。电磁场散射理论的一些公式已经被成功应用于近场光学现象的建模中。虽然格林函数可展开为傅里叶或多极子级数,但是大多数公式偏向于分解成实空间的离散化形式,这是由于近场光学现象发生在亚波长尺度[7]。

目前,大多数近场光学的应用都只涉及稳态激光照明。该实验模式允许人们将理论描述限定在时谐电磁场的范畴内。对于这种 $\exp(-\mathrm{i}\omega t)$ 形式的时间相关性,可由不含任何外源项的麦克斯韦方程推导出电场 $\boldsymbol{E}$(国际单位制)的矢量波动方程:

$$-\nabla\times\nabla\times\boldsymbol{E}(\boldsymbol{r})+\frac{\omega^2}{c^2}\epsilon(\boldsymbol{r})\boldsymbol{E}(\boldsymbol{r})=0 \tag{11.3}$$

还可写成:

$$-\nabla\times\nabla\times\boldsymbol{E}(\boldsymbol{r})+q^2\boldsymbol{E}(\boldsymbol{r})=\boldsymbol{V}(\boldsymbol{r})\boldsymbol{E}(\boldsymbol{r}) \tag{11.4}$$

其中:

$$q^2=\frac{\omega^2}{c^2}\varepsilon_{\mathrm{ref}} \tag{11.5}$$

任何由于各向异性或原始介电张量剖面 $\epsilon(\boldsymbol{r})$ 的几何形状的低对称性所引起的复杂变化,都被描述为相对于参考系 $\varepsilon_{\mathrm{ref}}$ 的一种差异:

$$\boldsymbol{V}(\boldsymbol{r})=\frac{\omega^2}{c^2}(\boldsymbol{I}\varepsilon_{\mathrm{ref}}-\epsilon(\boldsymbol{r})) \tag{11.6}$$

式(11.4)的解可从李普曼-薛定谔方程中得到:

$$\boldsymbol{E}(\boldsymbol{r})=\boldsymbol{E}_0(\boldsymbol{r})+\int_D \mathrm{d}\boldsymbol{r}'\boldsymbol{G}_0(\boldsymbol{r},\boldsymbol{r}')\boldsymbol{V}(\boldsymbol{r}')\boldsymbol{E}(\boldsymbol{r}') \tag{11.7}$$

在散射理论中,第一项 $\boldsymbol{E}_0(\boldsymbol{r})$ 是指入射场,第二部分被称为散射场,可对 $\boldsymbol{V}(\boldsymbol{r}')$ 为非零的区域 D 积分得到。D 为相对于参考系统的散射体的体积。

为了求解李普曼-薛定谔方程,我们需要知道解析解 $\boldsymbol{E}_0(\boldsymbol{r})$ 满足的方程

$$-\nabla\times\nabla\times\boldsymbol{E}_0(\boldsymbol{r})+q^2\boldsymbol{E}_0(\boldsymbol{r})=0 \tag{11.8}$$

和与之相关的,由下式定义($\boldsymbol{I}$ 是单位并矢)的格林并矢

$$-\nabla\times\nabla\times\boldsymbol{G}_0(\boldsymbol{r},\boldsymbol{r}')+q^2\boldsymbol{G}_0(\boldsymbol{r},\boldsymbol{r}')=\boldsymbol{I}\delta(\boldsymbol{r}-\boldsymbol{r}') \tag{11.9}$$

参考结构 $\varepsilon_{\mathrm{ref}}$ 通常是一个均匀的背景材料或一个半无限的表面系统。对于均匀的介质,$\boldsymbol{G}_0(\boldsymbol{r},\boldsymbol{r}')$ 的解析形式从文章[8,9]可得

$$G_0(\boldsymbol{r},\boldsymbol{r}') = -\left[\boldsymbol{I} - \frac{1}{q^2}\nabla\nabla\right]\frac{\exp(iq\mid\boldsymbol{r}-\boldsymbol{r}'\mid)}{4\pi\mid\boldsymbol{r}-\boldsymbol{r}'\mid} \tag{11.10}$$

对于表面系统,传播函数的表达式会更加复杂[10-12]。

11.4　电磁场的局域态密度

众所周知,在普朗克定理(Planck's law)中,真空中的电磁场 LDOS$\rho_0(\boldsymbol{r},\omega)$是作为一个系数乘以玻色—爱因斯坦分布(Bose-Einstein distribution)来描述黑体辐射的:

$$U(\omega)\mathrm{d}\omega = \rho_0(\boldsymbol{r},\omega)\frac{\hbar\omega}{\mathrm{e}^{\frac{\hbar\omega}{k_B T}}-1}\mathrm{d}\omega \tag{11.11}$$

它也是建立费米黄金法则(Fermi Golden Rule)的基础,费米黄金法则描述了一个连续系统与离散系统耦合的衰减速率 Γ 的问题。事实上,从

$$\Gamma = \frac{2\pi}{\hbar}\mid<f\mid\boldsymbol{p}\cdot\boldsymbol{E}(\boldsymbol{r})\mid i>\mid^2\delta(\omega=\omega_f-\omega_i) \tag{11.12}$$

即

$$\Gamma = \frac{2\pi}{\hbar}\mid<f\mid\boldsymbol{p}\mid i>\mid^2\rho_0(\boldsymbol{r},\omega) \tag{11.13}$$

标准微积分分布的应用表明系数 $\rho_0(\boldsymbol{r},\omega)$ 遵循真空的电并矢格林函数 $\boldsymbol{G}_0(\mathfrak{J})$(代表虚部)

$$\rho_0(\boldsymbol{r},\omega) = -\frac{1}{\pi}\mathfrak{J}\,\mathrm{Trace}\boldsymbol{G}_0(\boldsymbol{r},\boldsymbol{r}',\omega) = \sum_{j=x,y,z}\rho_{0,j}(\boldsymbol{r},\omega) = \frac{1}{\pi^2}\frac{\omega^2}{c^3} \tag{11.14}$$

这里,为了说明电磁场矢量性质,我们将"部分"LDOS 定义为:

$$\rho_{0,j}(\boldsymbol{r},\omega) = -\frac{1}{\pi}\mathfrak{J}\,\boldsymbol{G}_{0,jj}(\boldsymbol{r},\boldsymbol{r},\omega) \tag{11.15}$$

靠近沉积在表面上的亚波长结构的 LDOS 在每点都有可能不同,并可能取决于激发偶极子的极化方向。对于由其介电函数 $\varepsilon(\boldsymbol{r},\omega)$ 描述的系统,LDOS 与偶极子点光源有关(但不等同),该偶极子点源对应于定义该系统的并矢格林函数的波动方程中(如下)的狄拉克 δ 函数

$$-\nabla\times\nabla\times G(\boldsymbol{r},\boldsymbol{r}',\omega) + \frac{\omega^2}{c}\epsilon(\boldsymbol{r},\omega)G(\boldsymbol{r},\boldsymbol{r}',\omega) = \boldsymbol{I}\delta(\boldsymbol{r}-\boldsymbol{r}') \tag{11.16}$$

一个实际系统 $G(\boldsymbol{r},\boldsymbol{r}',\omega)$ 的并矢格林函数可通过戴森方程(Dyson equation)从一个参考系统中数值推导出。原则上,这个参考系统可选取均匀介质,比如真空,因此

$$G(\boldsymbol{r},\boldsymbol{r}') = G_0(\boldsymbol{r},\boldsymbol{r}') + \int_V G_0(\boldsymbol{r},\boldsymbol{r}'')V(\boldsymbol{r}'')G(\boldsymbol{r},\boldsymbol{r}'')\mathrm{d}\boldsymbol{r}'' \tag{11.17}$$

LDOS 是由电并矢格林函数 $\boldsymbol{G}$ 推导出:

$$\rho(\boldsymbol{r},\omega) = -\frac{1}{\pi}\mathfrak{J}\,\mathrm{Trace}\boldsymbol{G}(\boldsymbol{r},\boldsymbol{r}',\omega) = \sum_{j=x,y,z}\rho_j(\boldsymbol{r},\omega) \tag{11.18}$$

这里,我们需要再次定义"部分"LDOS 为:

$$\rho_j(\boldsymbol{r},\omega) = -\frac{1}{\pi}\,\mathfrak{J}\,\boldsymbol{G}_{jj}(\boldsymbol{r},\boldsymbol{r},\omega)\tag{11.19}$$

通过单位并矢 $\boldsymbol{I}$,每个部分 LDOS 都与点状源给定的方向 x, y, z 有关。上述总结指出,为探测与 LDOS 成比例的信号,所采用的观点要求找到合适的实验条件;在实验中,可把探针针尖看作是一个以角频率 ω 振荡的点状偶极子。

11.5　扫描绘制光学近场

11.5.1　利用光子扫描隧道显微镜检测光波的电场或磁场分量

就 PSTM 图像的解释来说,探针针尖的设计是最重要的。事实证明,通过拉锥光纤获得的介质针尖检测到的信号与光波的电场成正比。当涂覆一层 Au 薄膜(10 nm～50 nm)时,这些相同的针尖检测到的信号与光波的磁场成正比。在数个入射波长的情况下,实验上都已重现了检测光波磁场分量的现象。然而,为了在一个给定波长情况下观察这种现象,包裹在介质芯层上的 Au 薄膜厚度必须进行精确调整,以便于在金属涂层上激发一个圆对称的等离激元。

图 11.2、图 11.3 和图 11.4 展示了通过 PSTM 检测观察靠近纳米结构的光学磁场。图 11.2 为参考纳米结构形貌的 AFM 图像。图 11.3 为电场(a)和磁场(b)强度的理论分布。对于这一特殊样品,如果 $\lambda=543$ nm,其分布保持相同的特征。在计算中假设该纳米结构是沉积在理想的平面表面上。这就导致在平板附近形成明显的干涉图案。在实验中,实际的(非理想平面)表面使这些干涉条纹分解,导致了散斑图案。出于这个原因,理论和实验之间的对比必须限制于每个平板的顶部的对比度。图 11.4 是利用涂覆不同厚度 Au 层的光纤针尖在图 11.2 所示的样品上方检测得到的 PSTM 图像。在图 11.4(a)和(c)中,其厚度经过了筛选,以便能够激励一个圆对称等离激元。图像(a)和(c)与光学磁场(图 11.3(b))分布一致,而图像(b)和(d)与光学电场(图 11.3(a))分布相一致。在采用两种波长 $\lambda=543$ nm 和 $\lambda=633$ nm 时,介电(无涂层的)针尖提供的图像与(b)和(d)相似。

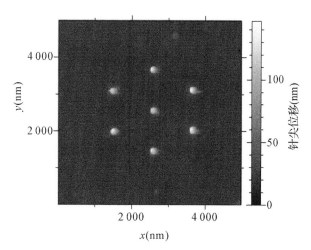

图 11.2　参考纳米结构形貌的 AFM 图像:7 个 Au 平板(130 nm×130 nm×100 nm)沉积在一个平面的玻璃表面上。

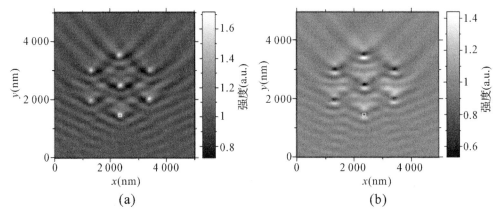

图 11.3　图 11.2 中所示的样品表面的近场区域散射的电场（a）和磁场（b）强度的理论分布（入射角＝60°，TM 偏振态，λ＝633 nm）。

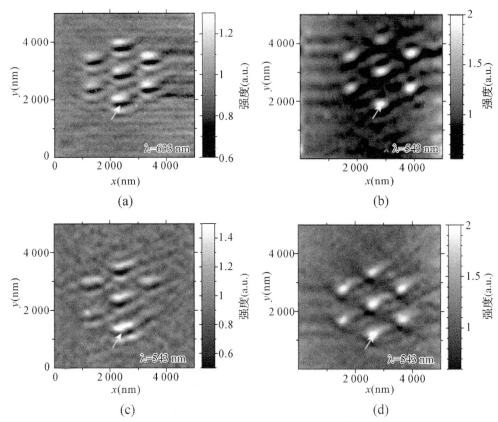

图 11.4　图 11.2 中样品的 PSTM 图像（TM 偏振态，入射角＝60°）。(a) $d=20$ nm, $\lambda=633$ nm; (b) $d=20$ nm, $\lambda=543$ nm; (c) $d=30$ nm, $\lambda=543$ nm; (d) $d=35$ nm, $\lambda=543$ nm。

　　使用另一个入射偏振态或观察不同类型的样品（如支持等离子共振的 Au 平板），可得到相同的结果[13]。

　　实验的 PSTM 结果与理论分布之间的惊人吻合证明了 11.2 节所提出的有关近场光学显微镜[14-16]收集模式的实际观点的有效性。此外，探针针尖上金属涂层所支持的圆对称局域表面等离激元的激发被证明是确认所提出观点有效性的核心。

11.5.2　扫描近场光学显微镜检测电磁场的局域态密度

将 11.2 节的实际观点应用到 SNOM 装置中有些不够直观。事实上,由于局域探针也是入射光的来源,在针尖不存在的时候,如何去识别这个在实际观点中假设的电磁场?为了回答这一问题,应记住这个独立于任何外部激发而存在的电磁场对应于电磁场的基态。该基态由实验中所用激光频率下的电磁场的 LDOS 来描述。实际观点假设如果能检测到与电磁场 LDOS 成比例的信号,SNOM 装置就满足亚波长分辨率的标准。

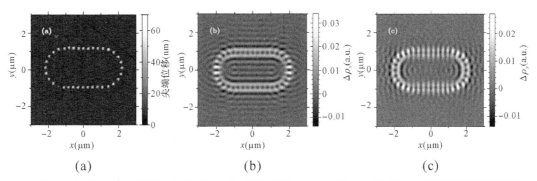

图 11.5　(a) 参考样品的 AFM 图像,Au 颗粒($100\ nm \times 100\ nm \times 50\ nm$)放在平板玻璃表面。相对于真空中的恒定值(计算面的高度:在平面上方 $z=160\ nm$ 处),样品附近的部分 LDOS 变化的理论分布(b)$\Delta\rho_x(r,\omega)$,(c)$\Delta\rho_y(r,\omega)$。

通过实验证实 SNOM 装置可探测电磁场的 LDOS 这一假说,需要实现具体的纳米结构。数值模拟相对于真空中的恒定值(图 11.5(b) 和 (c)),LDOS $\Delta\rho_x(r,\omega)$ 和 $\Delta\rho_y(r,\omega)$变化的空间分布,证实"体育场"结构提供了一个简单的方法来研究 LDOS 与偏振和亚波长裁剪相关的效应。在这个"体育场"内部,$\Delta\rho_x(r,\omega)$ 显示了一个和这个体育场同心复制形状的图案,然而 $\Delta\rho_y(r,\omega)$ 突出了两个"焦点"区域。

根据实验(图 11.6)可得出以下关于检测 LDOS 的必要条件的结论:

· 包含一个器件,用于探测角度大于基底中全反射临界角的散射光。

· 使用一个发射特性可被看做是一个点状偶极子的针尖。裸露的(没有金属涂覆层)光纤针尖被证明无法满足这一条件。涂覆 Au 的相同的光纤针尖提供了与 LDOS 成比例的信号。与在参考文献中普遍看到的假设相反,我们发现没有必要在有涂层的针尖顶端形成一个小的孔洞 。

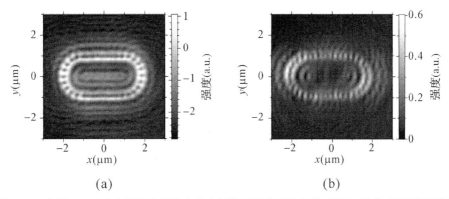

图 11.6　为图 11.5(a)中显示的样品上方在两种不同偏振态下的 SNOM 图像,两种偏振引起了针尖顶端的有效偶极子沿 x 方向(a)和 y 方向(b)。

在 SNOM 研究过程中,图 11.6 的实验结果和理论分布(图 11.5(b)和(c))之间非常吻合,证实了检测一个与电磁场的 LDOS 成比例的信号是可能的。在 11.2 节介绍的实用观点对照明模式下的近场光学显微镜[17-21]同样也是有效的。

11.6　局域等离激元的观察

我们现在讨论沉积在表面上的金属纳米结构附近的光学限制现象。这些现象可由装配有可探测电场强度的探针的 PSTM 设备观察。

11.6.1　利用局域等离激元耦合压缩近场

金属纳米结构被制备在玻璃衬底表面。利用工作在单个 Au 颗粒(100 nm × 100 nm×40 nm)(图 11.7)上方恒定高度的 PSTM 可实现高灵敏度的测量。在计算中(图 11.7(a)),颗粒中心位于坐标系的原点,但是在实验图像(图 11.7(b))中会轻微的向右移。理论计算的图案与实验成像的图案非常吻合。由于模拟中没有包含针尖,实验的图像看上去是更宽的图案,且对比度更低。模拟结果成功的重现了入射面的光波和被 Au 颗粒散射的光波之间的干涉。这一结果证实了即使是扫描处于等离子共振的样品,探针针尖对于扫描图案的影响也非常小。

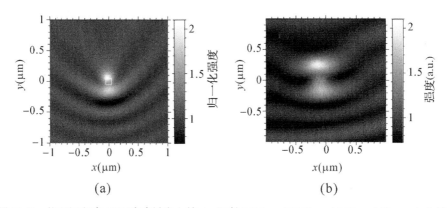

(a)　　　　　　　　　　　　(b)

图 11.7　位于沉积在 ITO 玻璃衬底上的 Au 颗粒(100 nm×100 nm×40 nm)40 nm 之上的电场的理论分布图(a)和相应的 PSTM 光学近场分布图(b)。

为了检验非辐射耦合这一假说,小的 Au 颗粒(100 nm×100 nm×40 nm)以 100 nm 为间距排成一行。实验结果表明颗粒之间的等离激元耦合将电磁场限制在链宽(图 11.8(a))[22]范围内。事实上,探针针尖至少检测了超过它本身体积(如图 11.7)的光场。因此,在没有针尖时,场分布可能会更窄。

电磁场压缩效应与每个独立纳米颗粒的局域等离激元相互耦合所形成的混合等离激元模式有关。模型计算结果(图 11.8(b))表明这些光斑比单一 Au 颗粒的光斑更窄,且这些光斑并非集中在颗粒的顶部。因此在图 11.8(a)中观察到的压缩效应是由等离激元之间的耦合而不是由基本的形貌所决定的。然而,由于模拟计算只利用 30 个颗粒代替实验中的 10 000 个颗粒,所以模拟计算中的压缩光斑没有实验中的窄。压缩效应可能会随着链长度的增长而增加。

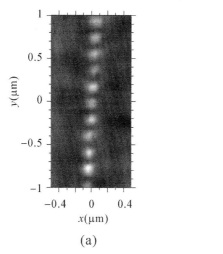
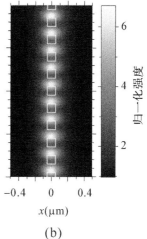

(a)　　　　　　　　　　　　　　(b)

图 11.8　恒定高度情况下的 PSTM 图像。(a)在由沉积在 ITO 玻璃衬底上的 10 000 个 Au 颗粒组成的链的一段的上方所记录的图像与只考虑了数 10 个颗粒的数值模拟(b)作对比。

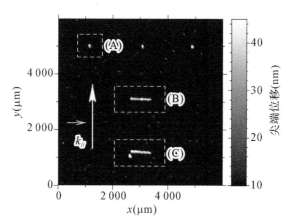

图 11.9　用于演示纳米结构之间的可控等离激元耦合的测试样品的 AFM 图像。白色箭头显示了由全内反射得到的表面波的传播方向。

11.6.2　控制局域等离激元的耦合

最后,我们尝试去控制两个不同形状[23]的 Au 纳米结构之间的等离激元耦合。在图 11.9 的样品中,所有的颗粒的体积都是 120 nm×60 nm×40 nm,所有的纳米线的体积都是 660 nm×60 nm×40 nm。通过改变 Au 颗粒相对于纳米线的距离(亚波长的)可实现 Au 纳米线共振模式激发的开启(图 11.11)或关闭(图 11.10)。在图 11.10 中,孤立的颗粒(区域 A)没有产生任何显著的信号,然而纳米线产生了一个与其体积成比例的信号。这就解释了在区域 B(孤立的纳米线)和区域 C(纳米线靠近颗粒)之间的一个小差异。

在图 11.11(a)中,孤立颗粒(区域 A)的共振被激发,但是在区域 B 的纳米线由于入射偏振态的选择特性,共振没有被激发。然而,区域 C 中纳米线的共振被激发,这是因为它位于一个共振 Au 纳米颗粒的附近。共振纳米颗粒散射所有可能的偏振态,其中包括了导致纳米线 C 被共振激发的偏振态。需要注意的是,为了设计一个可使这一演示成为可能的样品,在实验之前先利用数值模拟(图 11.11(b))来实现。

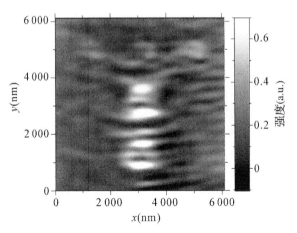

图 11.10　图 11.9 所显示的样品在 **TM 偏振激光束(633 nm 波长)**照射下的 **PSTM 图像**。入射角度是 **60°**,在该波长下,颗粒和纳米线的共振都不会被激发。

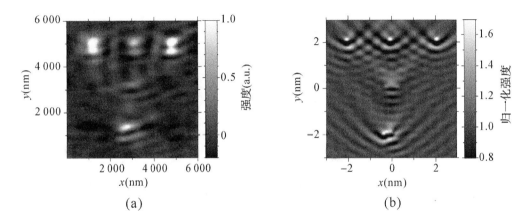

(a)　　　　　　　　　　　　　(b)

图 11.11　**(a)** TM 偏振的激光束照射图 11.9 中的样品时的 **PSTM 图像**。**(b)** 光学近场以及电场强度的理论计算分布图(相对入射场强做归一化,入射条件与实验中一致)。

致谢

这项工作由勃艮第地区委员会(ARCEN 项目)和欧洲委员会(合约 NoE FP6‐IST‐2002‐1‐507879 & STRP‐NMP‐2002‐1‐001601)提供支持。

参考文献

［1］D. Courjon, C. Bainier：Near field microscopy and near field optics, Rep. Prog. Phys. 57, 989 (1994).

［2］J. J. Greffet, R. Carminati：Image formation in near-field optics, Prog. Surf. Sci. 56, 133 (1997).

［3］B. Hecht et al.：Facts and artifacts in near-field optical microscopy, J. Appl. Phys. 81, 2492 (1997).

［4］A. Dereux, C. Girard, J. C. Weeber：Theoretical principles of near-field optical microscopies and spectroscopies, J. Chem. Phys. 112, 7775 (2000).

[5] A. Dereux et al.: Direct interpretation of near-field optical images, J. Microscopy 202, 320 (2001).

[6] R. G. Newton: ch. 4, Scattering Theory of Waves and Particles (McGraw-Hill, New York, 1966).

[7] C. Girard, A. Dereux: Near-field optics theories, Rep. Prog. Phys. 59, 657 (1996).

[8] P. Morse, H. Feshbach: ch. 13, Methods of Theoretical Physics (McGraw-Hill, New York, 1953).

[9] H. Levine, J. Schwinger: On the theory of electromagnetic wave diffraction by an aperture in an infinite plane conducting screen, Comm. Pure App. Math. 3, 355 (1950).

[10] G. S. Agarwal: Quantum electrodynamics in the presence of dielectrics and conductors, Phys. Rev. A 11, 230 (1975).

[11] H. Metiu: Surface enhanced spectroscopy, Prog. Surf. Sci. 17, 153 (1984).

[12] C. Girard, X. Bouju: Self-consistent study of dynamical and polarization effects in near-field optical microscopy, J. Opt. Soc. Am. B 9, 298 (1992).

[13] E. Devaux: Ph. D. thesis, Université de Bourgogne, Dijon, 2000.

[14] J. C. Weeber et al.: Observation of light confinement effects with a near-field optical microscope, Phys. Rev. Lett. 77, 5332 (1996).

[15] E. Devaux et al.: Local detection of the optical magnetic field in the near zone of dielectric samples, Phys. Rev. B 62, 10504 (2000).

[16] U. Schröter, A. Dereux: Surface plasmon polaritons on metal cylinders with dielectric core, Phys. Rev. B 64, 125420 (10 pages) (2001).

[17] G. Colas des Francs et al.: Optical analogy to electronic quantum corrals, Phys. Rev. Lett. 86, 4950 (2001).

[18] G. Colas des Francs, C. Girard, J. C. Weeber, A. Dereux: Relationship between scanning near-field optical images and local density of photonic states, Chem. Phys. Lett. 345, 512 (2001).

[19] C. Chicanne et al.: Imaging the local density of states of optical corrals, Phys. Rev. Lett. 88, 097402 (4 pages) (2002).

[20] G. Colas des Francs, C. Girard, A. Dereux: Theory of near-field optical imaging with a single molecule as a light source, Single Molecules 3, 311 (2002).

[21] A. Dereux et al.: Subwavelength mapping of surface photonic states, Nanotechnology 14, 935 (2003).

[22] J. R. Krenn et al.: Squeezing the optical near-field zone by plasmon coupling of metallic nanoparticles, Phys. Rev. Lett. 82, 2590 (1999).

[23] J. R. Krenn et al.: Direct observation of localized surface plasmon coupling, Phys. Rev. B 60, 5029 (1999).

第 12 章 等离激元器件的模拟技术概述

GEORGIOS VERONIS AND SHANHUI FAN

Ginzton Laboratory, Stanford University, Stanford, California 94305, USA

12.1 引言

表面等离激元是沿金属与介质的交界面传输的电磁波。在一个表面等离激元中,光与金属中的自由电子相互作用,金属中的自由电子就会对所施加的场做出响应,从而产生集体共振。最近,纳米尺度的金属器件已展现出利用表面等离激元在亚波长尺度操纵光的潜力。这种潜力能够推动纳米尺度光路的实现。

当金属中的电子平均自由程远小于等离激元的波长时,表面等离激元就可用宏观电磁理论(即麦克斯韦方程组)来描述[1]。在光频段,上述前提条件通常是能够满足的[1]。我们还注意到,在宏观电磁理论中,用体材料特性(例如介电常数)来描述不考虑其尺寸的对象。然而,对于纳米尺度的颗粒,可能需要对其光学、电学特性做更为本质的描述[2]。

本章中,我们对等离激元器件的模拟技术进行了概述。重点是与宏观电磁场理论相关的技术。假设所有的材料都为非磁性材料($\mu=\mu_0$),并用它们的体介电常数 $\varepsilon(r, \omega)$ 来表征。我们重点考虑数值模拟技术,而不考虑解析方法,如米氏理论[3]。这类方法只适用于平面几何或特定形状(球体,圆柱体)的对象,因此,它在等离激元器件及其结构的分析中作用有限。

等离激元器件的数值建模包含几个需要注意的难点:首先,如上文提到的,等离激元器件可能会有任意的几何结构。有些技术只针对特定的几何结构,因而不适用于任意几何结构的等离激元器件的建模。

其次,金属的介电常数在光频段是复数,即 $\varepsilon_r(\omega)=\varepsilon_{Re}(\omega)+i\varepsilon_{Im}(\omega)$,且这个介电常数是以频率为变量的复函数[4]。因此,一些只能用于无损耗的,非色散材料的模拟技术就不适用于等离激元器件。此外,在时域方法中金属的色散特性必须用合适的解析表达式来近似[5]。在大多数情况中,德鲁特模型被用于表征金属介电函数与频率的关系

$$\varepsilon_{r, \text{Drude}}(\omega)=1-\frac{\omega_p^2}{\omega(\omega+i\gamma)} \tag{12.1}$$

其中 ω_p, γ 是与频率无关的参数[6]。然而,德鲁特模型近似只适用于一个有限的波长范

围[6]。可把洛伦兹项加入到等式(12.1)中,使得德鲁特模型的适用范围更广,进而得到洛伦兹-德鲁特模型(Lorentz-Drude model):

$$\varepsilon_{r,LD}(\omega) = \varepsilon_{r,Drude}(\omega) + \sum_{j=1}^{k} \frac{f_j \omega_j^2}{(\omega_j^2 - \omega^2) - i\omega\gamma_j} \tag{12.2}$$

其中 ω_j 和 γ_j 分别代表振子的共振频率和带宽,而 f_j 是加权系数[6]。从物理意义的角度讲,德鲁特关系和洛伦兹关系分别对应了电子的带内(自由电子)和带间(束缚电子)跃迁[6]。虽然洛伦兹-德鲁特模型拓展了金属介电常数的解析的近似的适用范围,但它仍然不能用来描述在某些金属中观察到的尖锐的吸收边现象,除非添加大量的近似项[6]。尤其,即使使用 5 个洛伦兹项,洛伦兹-德鲁特模型都不能很好地近似贵金属(Ag、Au、Cu)中的带内吸收现象[6]。在图 12.1 中,我们把 Ag 的德鲁特模型和洛伦兹-德鲁特模型与其实验数据进行了对比。我们注意到即使是最优参数下的 5 阶洛伦兹-德鲁特模型也会导致在某些频率产生二次误差。

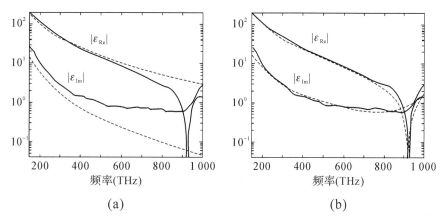

图 12.1　光频段 **Ag** 的介电常数的实部和虚部。实线表示实验数据[4]。虚线分别表示用(a)德鲁特模型,(b)具有 **5 个洛伦兹项**的洛伦兹-德鲁特模型。模型的参数已经过了优化[6]。

　　第三,沿着金属和介质交界面传播的表面等离激元中,电磁场集中在交界面,并在金属和介质区域内随着离开交界面的距离呈指数衰减[7]。因此,对于通过数值网格将电磁场离散化的数值方法,需要在金属-介质交界面处有非常精细的网格用以充分地分解局域场。此外,有些等离激元器件是基于亚波长尺寸的元件[7]。实际上,表面等离激元的大多数潜在应用都与亚波长光学有关。等离激元器件的纳米特征尺寸进一步增加了其数值模拟技术的挑战性。

　　我们以一个简单的例子来说明等离激元器件建模的挑战性。假设一个无限周期的 Ag 圆柱阵列被平面波垂直照射(如图 12.2(a)中插图所示)。我们用频域有限差分(finite-difference frequency-domain, FDFD)方法,下文会更详细介绍,来计算周期阵列的透过率。该方法允许我们直接使用实验测得的随频率变化的金属的介电常数(包括实部和虚部),无需使用其他近似。电磁场被均匀二维网格离散化,网格尺寸为 $\Delta x = \Delta y = \Delta l$。图 12.2(a)给出了随频率变化的透过率的计算结果。我们也给出了由式(12.1)中德鲁特模型计算的该结构的透过率。我们注意到,用德鲁特模型会导致重大的误差。通常来说,选择德鲁特模型参数可在给定的频率范围内减小介电函数的误差[8]。然而,正如该例所说明的,该方法仅在有限的波长范围内得到准确结果。总之,金属在光频段复杂的色散特性增加了等离激元器件建模的难度,这种情况在低折射率或高折射率的电介质器件建模中是不会出现的。

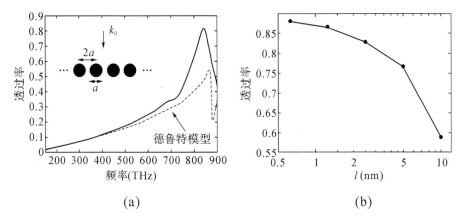

(a)　　　　　　　　　　　　　　　(b)

图 12.2　(a) 在正常的 H 极化电磁波入射下,计算得到的无限周期 Ag 圆柱阵列(如内嵌图所示)的透过率频谱。结果所示为直径为 $a=100$ nm 的情况。虚线表示了用德鲁特模型(其参数为 $w_p=1.37\times10^{16}\,\mathrm{s}^{-1}$, $\gamma=7.29\times10^{13}\,\mathrm{s}^{-1}$)计算得到的透过率频谱。(b) 在 855 THz 的频率下计算得到的空间网格尺寸 Δl 与透过率的关系曲线。

在图 12.2(b)中我们给出了在特定波长下的 Ag 圆柱阵列的透过率随空间网格尺寸 Δl 变化的计算结果。我们注意到,在本例中网格尺寸 $\Delta l\cong1$ nm 时能够得到合理精确的结果,并且结果不会随着网格尺寸的减小而发生重大变化。这里要求的网格尺寸值与电磁场在金属-介质交界面处的衰减长度相关。总而言之,与低折射率或高折射率对比度的电介质器件相比,等离激元器件的建模需要更精细的网格分辨率,这是由于在等离激元器件的金属-介质交界面处具有很高的场局域性。所需的网格尺寸与所建模的等离激元器件的形状、特征尺寸、所用到的金属材料以及工作频率有关。

下面我们将检验几种在等离激元器件建模中广泛使用的模拟技术。并且检验它们是如何应对上述挑战的。

12.2　数值模拟技术

12.2.1　格林并矢方法

格林并矢方法(Green Dyadic Method,GDM)是基于积分方程的离散化来得到矩阵方程[9]。

我们假设一个有限体积 V 的目标物嵌入到一个参考介质中。系统被一个任意空间分布的电场照射,其时谐的时域特性用 $\exp(-\mathrm{i}\omega t)$ 表示。从麦克斯韦方程组:

$$\nabla\times\boldsymbol{E}(\boldsymbol{r})=\mathrm{i}\omega\mu_0\boldsymbol{H}(\boldsymbol{r}) \tag{12.3}$$

$$\nabla\times\boldsymbol{H}(\boldsymbol{r})=-\mathrm{i}\omega\varepsilon_0\varepsilon_r(\boldsymbol{r})\boldsymbol{E}(\boldsymbol{r}) \tag{12.4}$$

我们消去 $\boldsymbol{H}(\boldsymbol{r})$,得到下面关于 $\boldsymbol{E}(\boldsymbol{r})$ 的波动方程

$$\nabla\times\nabla\times\boldsymbol{E}(\boldsymbol{r})-\varepsilon_r(\boldsymbol{r})\frac{\omega^2}{c^2}\boldsymbol{E}(\boldsymbol{r})=0 \tag{12.5}$$

其中,如果 $r \in V$,介电函数 $\varepsilon_r(r)$ 则定义为 $\varepsilon_r(r) = \varepsilon_{r,\mathrm{obj}}(r)$;如果 $r \notin V$,$\varepsilon_r(r) = \varepsilon_{r,\mathrm{ref}}(r)$。因而,式(12.5)可写为[9]

$$\nabla \times \nabla \times E(r) - \varepsilon_{r,\mathrm{ref}}(r)\frac{\omega^2}{c^2}E(r) = \frac{\omega^2}{c^2}\left[\varepsilon_{r,\mathrm{ref}}(r) - \varepsilon_{r,\mathrm{obj}}(r)\right]E(r) \tag{12.6}$$

方程(12.6)的右边作为场源,其值正比于目标物体积 V 内部的电场场强。因而方程(12.6)可表示为:

$$E(r) = E^i(r) + E^s(r) \tag{12.7}$$

其中入射场 $E^i(r)$ 是当方程(12.6)等式右侧为 0 时的齐次解。为了确定目标物的散射场 $E^s(r)$,必须考虑参考系对一个点电流源的响应,这就是格林函数。由于 $E(r)$ 是矢量,而且电流源也是矢量,因而格林函数必须是一个作用于一个向量进而生成另一个向量的并矢函数 $\bar{G}(r,r')$[10]。因此并矢格林函数可定义为

$$\nabla \times \nabla \times \bar{G}(r) - \varepsilon_{r,\mathrm{ref}}(r)\frac{\omega^2}{c^2}\bar{G}(r) = \bar{I}\delta(r - r') \tag{12.8}$$

用方程式(12.6)～(12.8)我们得到如下关于 $E(r)$ 的积分方程

$$E(r) = E^i(r) + \frac{\omega^2}{c^2}\int_V \bar{G}(r,r')\left[\varepsilon_{r,\mathrm{ref}}(r') - \varepsilon_{r,\mathrm{obj}}(r')\right]E(r')\mathrm{d}r' \tag{12.9}$$

为了求解方程(12.9),首先需要解出 $\bar{G}(r,r')$。如果目标物所嵌入的参考介质是均匀介质(也就是 $\varepsilon_{r,\mathrm{ref}}(r) = \varepsilon_r$),那么就会得到:

$$\bar{G}(r) = \left(\bar{I} + \frac{1}{k^2}\nabla\nabla\right)\frac{\mathrm{e}^{ik|r-r'|}}{4\pi|r-r'|} \tag{12.10}$$

其中 $k^2 = \omega^2\varepsilon_r\varepsilon_0\mu_0$[10]。由于许多实际的等离激元器件是由放置在空气和多层的衬底的交界面上的金属结构组成,因此,层状参考系统的格林函数也被特别关注。在这种情况下,格林函数以数值地求值的索末菲积分来表示。一旦确定了 $\bar{G}(r,r')$,可通过将体积 V 分解为 N 个单元,并且假设每个单元中 $E(r)$ 和 $\varepsilon_{r,\mathrm{ref}}(r) - \varepsilon_{r,\mathrm{obj}}(r)$ 都是常数,用于数值地计算得到目标物内部的场[9]。如果 r_m 是第 m 个单元的中心,式(12.9)就简化为一个线性方程的密集系统:

$$\begin{bmatrix} \bar{I} - \xi_1\bar{G}(r_1,r_1) & \cdots & \xi_N\bar{G}(r_1,r_N) \\ \vdots & & \vdots \\ \xi_1\bar{G}(r_N,r_1) & \cdots & \bar{I} - \xi_N\bar{G}(r_N,r_N) \end{bmatrix}\begin{bmatrix} E(r_1) \\ \vdots \\ E(r_N) \end{bmatrix} = \begin{bmatrix} E^i(r_1) \\ \vdots \\ E^i(r_N) \end{bmatrix} \tag{12.11}$$

其中 $\xi_m = \omega^2/c^2\left[\varepsilon_{r,\mathrm{ref}}(r_m) - \varepsilon_{r,\mathrm{obj}}(r_m)\right]\delta V_m$,$\delta V_m$ 是第 m 个单元的体积。由于 $r = r'$ 时,$\bar{G}(r,r')$ 存在奇点,因而计算对角线上的项时需要特别注意[11]。一旦确定了目标物内部的场,其他任意点的场都可由式(12.9)的离散形式计算

$$E(r) = E^i(r) + \sum_{m=1}^N \xi_m\bar{G}(r,r_m)E(r_m) \tag{12.12}$$

GDM 对嵌入在均匀的或平面的层状介质中金属结构的散射建模特别有效。这是由于格林函数适用于这种结构的参考系统,且只有金属结构的体积需要被离散化。然而,

GDM 应用于更普遍的问题时将会很困难,因为此时构建相应的格林函数具有很大的难度。GDM 是一种频域的技术,所以它可处理任意材料的色散。GDM 需要金属结构体积的离散化。因而,需要很精细的网格分辨率以精确地模拟场在金属内部快速衰减的情形。此外,如果使用的是正交网格,对于弯曲的金属-介质交界面需要更精细的网格分辨率,以避免由于锯齿化而产生大的误差[5]。可使用非均匀的和(或)非正交的网格来提高离散化的效率[5,12]。非均匀的网格能够在金属-介质交界面附近获得更佳的离散化效果。非正交的网格可更好地近似弯曲的交界面。然而,其代价是代码更为复杂化。

12.2.2　离散偶极近似

离散偶极近似(discrete dipole approximation,DDA)是利用有限的极化点阵列对连续的对象近似,这些极化点在局部电场作用下产生偶极矩[13,14]。

我们假设一个电场分量为 $E^i(r)$ 的电磁波入射到介电函数为 $\varepsilon(r)$ 的目标物上。我们用有限数量的可极化单元来近似表示目标物的几何结构。如果 $E_m = E(r_m)$ 是第 m 个单元位置上的电场,那么该位置的感应极化强度 P_m 就是

$$P_m = \alpha_m E_m \tag{12.13}$$

其中 α_m 是在 r_m 位置的极化率。在多数情况下,r_m 的值常用克劳修斯-莫索提等式(Clausius-Mossotti equation)获得:

$$\alpha_m = \frac{3}{N} \cdot \frac{\varepsilon(r_m) - 1}{\varepsilon(r_m) + 2} \tag{12.14}$$

其中 N 是单位体积内的可极化单元数。对于无限立方晶格,等式(12.14)在 dc 限制 $kd \to 0$ 时是准确的,其中 d 是偶极子间距。在有限波长下,需要在等式(12.14)中加入辐射响应的修正项 $O[(kd)^3]$[14]。第 n 个偶极子对第 m 个偶极子位置上的电场的贡献 E_{mn},就是偶极子 P_n 在距离为 $r_{mn} \equiv r_m - r_n$ 处的真空电场。表达式如下[15],

$$E_{mn} = \frac{\exp(ikr_{mn})}{4\pi\varepsilon_0 r_{mn}^3} \cdot \left\{ k^2 (r_{mn} \times P_n) \times r_{mn} + [3(r_{mn} \cdot P_n)r_{mn} - r_{mn}^2 P_n]\frac{1 - ikr_{mn}}{r_{mn}^2} \right\} \tag{12.15}$$

其中 $r_{mn} \equiv |r_m - r_n|$。因而在位置 m 处的总电场 E_m 就是

$$E_m = E_m^i + \sum_{n \neq m} E_{mn} \tag{12.16}$$

其中 $E_m^i = E^i(r_m)$。如果式(12.13)~(12.16)用于所有的 N 个点处,我们就得到了 $3N$ 个复杂线性方程组系统。一旦解出了方程组中的未知电场量 E_m,在其他任意位置的电场都能够通过将入射场与 N 个节点的场对其贡献的叠加而得到[14]。

如果结构的尺度远小于入射光的波长,可将准静态近似用于偶极子电场[15]

$$E_{mn} = \frac{1}{4\pi\varepsilon_0 r_{mn}^5} [3(r_{mn} \cdot P_n)r_{mn} - r_{mn}^2 P_n] \tag{12.17}$$

已证实了在低频限制下,DDA 与 GDM 等效[14]。由于它是基于偶极子在均匀介质中的场,因而 DDA 只能用于模拟嵌入在均匀介质中金属目标物的色散(式(12.15))。它是一种频域方法,所以能处理任意材料的色散。与 GDM 类似,DDA 是基于金属结构的

体积离散化,所以非均匀和(或)非正交网格能够用于有效地处理弯曲表面问题和金属-介质交界面处场的快速衰减问题。

12.2.3　频域有限差分法

在有限差分方法中,用有限差分来近似差分方程中的导数。为了得到导数 $\mathrm{d}f/\mathrm{d}x|_{x_0}$ 的近似值,我们考虑函数 $f(x)$ 在点 x_0 处关于 $x_0+\Delta x$ 和 $x_0-\Delta x$ 的泰勒级数展开式,得到[5]:

$$\frac{\mathrm{d}f}{\mathrm{d}x}\bigg|_{x_0}=\frac{f(x_0+\Delta x)-f(x_0-\Delta x)}{2\Delta x}+O\big[(\Delta x)^2\big] \tag{12.18}$$

式(12.18)表明,一阶导数的中心差分近似具有二阶精度,意味着式(12.18)的剩余项以 Δx 平方的速度趋近于 0。

在有限差分方法中,一个连续的问题被近似为一个离散的问题。场量定义为离散网格的节点处的值。节点坐标为 $\boldsymbol{r}_{ijk}=(x_i,\ y_j,\ z_k)$ 的矩形网格是最简单的,也是最广泛使用的。为方便起见,在节点位置为 $\boldsymbol{r}_{ijk}$ 处的场量表示为 $f_{ijk}=f(\boldsymbol{r}_{ijk})$。在等式(12.18)基础上,一阶导数可用下面的中心差分形式近似表示

$$\frac{\mathrm{d}f}{\mathrm{d}x}\bigg|_i\cong\frac{f_{i+1}-f_{i-1}}{2\Delta x} \tag{12.19}$$

基于上述讨论的结果,如果矩形网格是均匀的(也就是 $x_i=i\Delta x$),那么上式是具有二阶精度的。同样的,二阶导数可用下面的形式近似表示

$$\frac{\mathrm{d}^2f}{\mathrm{d}x^2}\bigg|_i\cong\frac{f_{i+1}-2f_i+f_{i-1}}{(\Delta x)^2} \tag{12.20}$$

上式在均匀网格中也具有二阶精度[5]。

通过将不同方程里的导数替换为相应的有限差分近似式,得到一个代数方程组,它将某个特定节点的场的数值与相邻节点的数值联系起来。为了用 FDFD 方法解麦克斯韦方程组,我们将系统离散化为三阶、二阶和标量偏微分方程,这些方程是从电场的波动方程(式(12.5))推导得到的。为了简化,我们这里仅考虑二维横电(transverse electric,TE)偏振态的情况。对于 TE 偏振态,有 $\boldsymbol{E}=E_z\hat{z}$,电场的波动方程变为[16,17]:

$$\left[\frac{\partial^2}{\partial x^2}+\frac{\partial^2}{\partial y^2}+k_0^2\varepsilon_r(x,y)\right]E_z(x,y)=-\mathrm{i}\omega\mu_0 J_z(x,y) \tag{12.21}$$

简单起见,我们假设网格为均匀矩形网格,其中 $x_i=i\Delta x,y_j=j\Delta y$,并用式(12.20)将方程(12.21)中的导数替换为它们的有限差分近似,从而得到

$$\frac{f_{i+1,j}-2f_{i,j}+f_{i-1,j}}{(\Delta x)^2}+\frac{f_{i,j+1}-2f_{i,j}+f_{i,j-1}}{(\Delta y)^2}+k_0^2\varepsilon_{n,j}f_{i,j}=A_{i,j} \tag{12.22}$$

其中,$f=E_z,A=-\mathrm{i}\omega\mu_0 J_z$。因此,在坐标为 $\boldsymbol{r}_{ij}=(x_i,\ y_j)$ 的节点处使用有限差分近似后,得到了一个线性偏微分方程,它将场 f_{ij} 与其相邻的 4 个节点 $f_{i+1,j},f_{i-1,j},f_{i,j+1}$,$f_{i,j-1}$ 联系起来。将有限差分近似应用到网格的所有节点中,得到一个形式为 $\boldsymbol{Ax}=\boldsymbol{b}$ 的线性方程组,其中 $\boldsymbol{b}$ 是由电流源 $\boldsymbol{J}$ 决定的。由于在每个节点处的场的方程只包含了其 4 个(三维结构中是 6 个,一维结构中是 2 个)相邻节点的场,因而最后得到的系统矩阵是

非常稀疏的[17]。

FDFD 可用于对任意几何结构的等离激元器件建模。与 GDM 相比,FDFD 不需要构建格林函数,因此是一种更加灵活的方法。一般而言,对于 FDFD 和 GDM 都能够适用的问题,FDFD 的效率相对较低,因为它需要同时对金属目标物和包裹它的介质进行网格离散。但是,由于 FDFD 得到的是稀疏矩阵系统,而 GDM 得到的是密集矩阵系统。如果使用直接的或者迭代的稀疏矩阵技术,在未知变量个数相同的情况下,稀疏的问题可比密集的问题更有效地求解[16,17]。使用 FDFD 时的另一个复杂性在于需要吸收边界条件(absorbing boundary conditions,ABCs),因此波不会在求解域边界处被不自然地反射,这也是所有其他基于微分形式的麦克斯韦方程组的有限体积离散化方法所面对的问题[5,16]。最近,诸如完美匹配层这样的非常有效且精确的 ABCs 已被展示[18]。FDFD 是频域技术,可处理任意的材料色散。与 GDM 相同,需要用非均匀和(或)非正交的网格来有效地处理弯曲表面问题和金属-介质交界面处的场向外快速衰减的问题。

波导结构

在前面的部分,我们介绍了当场被一个电流源 J 激发时,如何利用有限差分方法来求解麦克斯韦方程组。如果我们想确定在 z 方向均匀不发生变化的波导结构中的模式和色散特性,就需要采用与之前稍微有所不同的方法。如果我们假设所有的场分量都含有一个 $\exp(-\gamma z)$ 因子,那么麦克斯韦方程组就简化为如下形式[19]

$$-\varepsilon_r k_0^2 h_x + \varepsilon_r \frac{\partial}{\partial y}\left[\varepsilon_r^{-1}\left(\frac{\partial h_y}{\partial x}-\frac{\partial h_x}{\partial y}\right)\right] - \frac{\partial}{\partial x}\left(\frac{\partial h_x}{\partial x}+\frac{\partial h_y}{\partial y}\right) = \gamma^2 h_x \tag{12.23}$$

$$-\varepsilon_r k_0^2 h_y - \varepsilon_r \frac{\partial}{\partial x}\left[\varepsilon_r^{-1}\left(\frac{\partial h_y}{\partial x}-\frac{\partial h_x}{\partial y}\right)\right] - \frac{\partial}{\partial y}\left(\frac{\partial h_x}{\partial x}+\frac{\partial h_y}{\partial y}\right) = \gamma^2 h_y \tag{12.24}$$

其中 $H(x,y,z)=h(x,y)\exp(-\gamma z)$。等式(23)和(24)同时也适用于横向束缚的磁场。它们可由基于一种数值网格的有限差分方法离散化。这种数值网格被称做 Yee 元胞,在后面会介绍。我们随后得到一个形式为 $Ah=\gamma^2 h$ 的稀疏矩阵的本征值问题,可用稀疏矩阵特征值的迭代法求解[16]。这种形式的一个重要特征就是求解过程中没有寄生模式(spurious mode)[16],因而具有很好的鲁棒性。

准静态近似

有些等离激元结构的尺寸远远小于入射光的波长 λ。在这些条件下,延迟效应可忽略不计,且准静态近似 $E(r)=-\nabla\varphi(r)$ 可被用于表示散射电场,其中 $\varphi(r)$ 代表静电势。进而场分布问题就简化为求解下列方程

$$\nabla \cdot \{\varepsilon_r(r)[-\nabla\varphi(r)+E^i(r)]\}=0 \tag{12.25}$$

上式体现了电流守恒定律[20]。用前面介绍的有限差分法对方程(12.25)离散化,就能得到形如 $Ax=b$ 的稀疏线性方程组,其中 b 由入射场 $E^i(r)$ 决定

12.2.4　时域有限差分法

时域有限差分法[5]直接求解以时间为变量的麦克斯韦的旋度方程组

$$\nabla \times E = -\mu_0 \frac{\partial H}{\partial t} \tag{12.26}$$

$$\nabla \times H = \varepsilon_0 \varepsilon_r \frac{\partial E}{\partial t} \tag{12.27}$$

因此,空间和时间都要被离散化。标准的 FDTD 是以 Yee 算法为基础[5]。如我们在前一节所看到的,中值差分近似具有二阶精度。为了在时间分量上达到二阶精度,Yee 算法采用了一种交替算法 (leapfrog)[5]。在 $t=n\Delta t$ 时刻的 $\boldsymbol{E}$ 场是由前一时刻计算并保存的 $\boldsymbol{H}$ 场来计算得出的。然后用前一时刻计算并保存的 $\boldsymbol{E}$ 场来计算在 $t=(n+1/2)\Delta t$ 时刻的 $\boldsymbol{H}$ 场,这个过程持续进行,直到时间迭代结束。将这一机制应用到式(12.26)中,我们得到

$$\boldsymbol{H}\big|^{n+1/2}=\boldsymbol{H}\big|^{n-1/2}-\Delta t/\mu_0\Delta\times\boldsymbol{E}\big|^n \tag{12.28}$$

我们注意到,这种交替机制得到了时域中心差分,因而它是具有二阶精度的近似。需要补充说明的是,由于 $\boldsymbol{E}(\boldsymbol{H})$ 场是从前一时刻计算保存的 $\boldsymbol{H}(\boldsymbol{E})$ 场中得到的,因而时间步进是完全确定的,意味着我们不一定需要求解联立方程组[5]。

为达到空间上的二阶精度,FDTD 用了一种叫做 Yee 元胞（Yee lattice）的特殊网格,在这个网格中每个 $\boldsymbol{E}$ 分量都被 4 个 $\boldsymbol{H}$ 分量包围,每个 $\boldsymbol{H}$ 分量都被 4 个 $\boldsymbol{E}$ 分量包围[5]。基于上述方法,得到了式(12.26)的 x 分量的离散形式

$$H_x\big|_{i,j,k}^{n+1/2}=H_x\big|_{i,j,k}^{n-1/2}+\Delta t/\mu_0$$
$$\left[(E_y\big|_{i,j,k+1/2}^n-E_y\big|_{i,j,k-1/2}^n)/\Delta z-(E_z\big|_{i,j+\frac{1}{2},k}^n-E_y\big|_{i,j-\frac{1}{2},k}^n)/\Delta y\right] \tag{12.29}$$

我们注意到,用 Yee 元胞,所有空间的有限差分表达式都是中心差分,因而也是具有二阶精度的。通过离散式(12.26)和(12.27)的其他分量,能够得到同样的有限差分等式。综上所述,显而易见的,FDTD 是一种在时间和空间(在均匀介质中)上同时具有二阶精度的数值计算方案。

FDTD 中色散介质的处理

当用 FDTD 在光频率下对金属建模时,一个主要的挑战在于如何处理金属的色散特性。正如上文所提到的,在时域方法中,色散媒介的介电常数必须用恰当的解析表达式来近似。FDTD 中最常用的用于模拟色散材料的算法是辅助微分方程（auxiliary differential equation, ADE)法[5,21]。在色散材料中,$\varepsilon(\omega)$ 将 $\boldsymbol{D}$ 与 $\boldsymbol{E}$ 联系了起来

$$\boldsymbol{D}=\varepsilon(\omega)\boldsymbol{E} \tag{12.30}$$

ADE 是基于麦克斯韦方程组与一个普通的时域微分方程的结合。该时域微分方程把 $\boldsymbol{D}(t)$ 和 $\boldsymbol{E}(t)$ 关联起来,它是通过对式(12.30)进行傅里叶逆变换得到的。

这里我们来考虑一个简单的例子,假设介电常数 $\varepsilon_r(\omega)$ 仅由一个洛伦兹项组成:

$$\varepsilon_r(\omega)=\frac{\omega_0^2}{(\omega_0^2-\omega^2)-\mathrm{i}\omega\gamma_0} \tag{12.31}$$

如果我们将式(12.31)带入到式(12.30)中,并进行傅里叶逆变换,就会得到一个把 $\boldsymbol{D}$ 和 $\boldsymbol{E}$ 联系起来的二阶微分方程

$$\omega_0^2\boldsymbol{D}+\gamma_0\frac{\partial\boldsymbol{D}}{\partial t}+\frac{\partial^2\boldsymbol{D}}{\partial t^2}=\omega_0^2\varepsilon_0\boldsymbol{E} \tag{12.32}$$

用一个与上文介绍的相似的具有二次精度的中值差分算法对式(12.32)进行离散化。我们注意到,如果使用 ADE 方法,可通过两个步骤从 $\boldsymbol{H}$ 得到 $\boldsymbol{E}$。第一步,通过求解下面的

有限差分近似式来从 H 得到 D

$$\nabla \times H = \frac{\partial D}{\partial t} \qquad\qquad (12.33)$$

第二步,通过求解式(12.32)所示的有限差分近似来从 D 得到 E。为了计算式(12.32)中 D 的一阶微分和二阶全微分的有限差分表达式,需要保存前两个 D 的值,也就是说为了从 D 得到 E,不仅仅需要 $D|^{n+1}$ 的值,还需要 $D|^{n}$ 和 $D|^{n-1}$ 的值。

另一种用 FDTD 模拟色散材料的方法是递归卷积法(recursive convolution method,RC)[5,21]。

FDTD 是有限差分方法,所以在对等离激元器件建模方面它与 FDFD 具有相同的性能。然而它们也有一些重要的区别:首先,如上文提到的,在时域方法中,必须用恰当的解析表达式对金属的色散特性进行近似,否则会导致在宽带计算中引入重大的误差。另外,实现 ADE 法和 RC 法,需要额外的计算时间和内存空间[5,21]。另一方面,在 FDTD 方法中,通过宽带脉冲激励,并同时计算出激励和响应的傅里叶变换,即可通过单次模拟获得整个频段的响应[5]。

12.2.5　其他数值方法

频域有限元(finite-element frequency-domain,FEFD)法比 FDFD 更加强大,特别是在处理复杂几何结构问题的时候。但是 FDFD 的概念更简单,而且编程更容易。FEFD 的主要优势在于它可用多种不同形状的单元对复杂几何结构离散化,而在 FDFD 中通常用矩形网格,导致颗粒形状的锯齿化近似[16,22]。此外,在 FEFD 中每个单元的场是利用形函数(shape function)来近似,而在 FDFD 中,仅用一种简单的分段常数来近似[22]。简而言之,虽然 FEFD 比 FDFD 更加复杂,但能够在给定运算量下获得更好的准确性[22]。

z 方向均匀的波导结构的模式和色散特性也可用直线法(method of lines,MoL)来计算。在 MoL 方法中,对于二维问题,求解其微分方程仅需要沿着其中一维方向离散化[23]。然后使用连续介质层之间切线方向场量的连续边界条件在另一维对方程进行解析求解。MoL 方法对等离激元器件的建模的主要优势在于它可更有效地处理在金属-介质交界面沿其解析地处理的方向快速衰减的场。总而言之,MoL 方法的应用只限于平面结构,并不适用于复杂几何结构[22]。

边界元法(boundary element method,BEM)是除格林函数法(Green dyadic method,GDM)之外的另一种处理均匀散射体的方法。在 BEM 法中,使用格林第二恒等式来推导边界积分方程[24]。与 GDM 相比,BEM 的优势在于它只需要对散射体的表面离散化,而不需要对散射体的体积离散化[24]。但是它的应用仅限于均匀的散射体。

多重多极法(multiple multipole,MMP)是另一种用来模拟分段均匀材料媒质的技术。在 MMP 方法中,每个均匀区域中的场都表示为一个已知基函数的线性叠加,这些基函数都是麦克斯韦方程组的解析解[25]。使用最多的基函数是多极化(multipolar)函数,多极化函数是指时谐单极、偶极(诸如此类)以及在所处位置上是奇异点的场源[25]。特定区域内的多级函数的源位于区域之外的。每个区域的多级展开系数由界面处的边界条件决定。由于只需将界面离散化,因此 MMP 方法也是一种边界法。与 BEM 相同,MMP 法的应用也仅限于均匀散射体。

如上文提到的,在对等离激元器件建模中所面临的主要挑战之一是场随着离开金属-

介质交界面距离的增加而呈指数衰减。可用表面阻抗边界条件（surface impedance boundary condition，SIBC）来计算金属结构外部的场，并不需要对其内部结构进行建模[5,26]。因此，避免了求解金属内部的快速衰减场。SIBC 将金属-介质交界面处的切向电场和磁场联系起来

$$E_{\tan} = \sqrt{\frac{\mu_0}{\varepsilon_0 \varepsilon_r(\omega)}} \hat{n} \times H \tag{12.34}$$

SIBC 是一种近似边界条件，当金属目标物的曲率半径远远大于场在金属内部的穿透深度时非常精确[26]。然而，只有这个条件满足时，它才适用。如果场的趋肤深度很大，这种方法就无法用于相关物理现象的建模。

12.3　总结

金属在光频段的色散特性是等离激元器件建模的主要挑战。频域方法虽然能够处理任意材料的色散问题，但需要大量的模拟才能得到宽频带响应。未来一个可能的研究方向就是开发合适的、快速的和频率扫描的方法[16]。这样的方法只需在有限数量的频率下对器件进行模拟就可得到宽频带响应。虽然在时域方法中，只需一次模拟就能得到全频段响应，但时域方法在处理色散时需要额外的运算量和存储空间，而且其使用的解析近似，会造成很大的误差。另一个未来可能的研究方向是发展用少量的项对金属色散进行近似的解析表达式。这种表达式能够提高精度并减少宽带时域计算中的运算量和所需的存储空间。等离激元器件建模的另一个主要挑战在于如何实现精细的离散化，以便充分地分辨出金属－介质交界面向外快速衰减的场。尽管非均匀和（或）非正交网格能提高标准数值方法解决该种问题的效率，但我们更感兴趣的是处理等离激元器件时是否会有专门地优化的数值网格。总之，针对等离激元器件，目前仍有很多的研究机会开发更精确和更高效的方法。

参考文献

[1] L. Novotny, B. Hecht, D. W. Pohl: Interference of locally excited surface plasmons, J. Appl. Phys. 81(4), 1798-1806 (1997).

[2] E. Prodan, P. Nordlander, N. J. Halas: Effects of dielectric screening on the optical properties of metallic nanoshells, Chem. Phys. Lett. 368 (1-2), 94-101 (2003).

[3] C. F. Bohren, D. R. Huffman: *Absorption and Scattering of Light by Small Particles* (Wiley, New York, 1983).

[4] E. D. Palik ed: *Handbook of Optical Constants of Solids* (Academic, New York, 1985).

[5] A. Taove: *Computational Electrodynamics* (Artech House, Boston, 1995).

[6] A. D. Rakic, A. B. Djurisic, J. M. Elazar, M. L. Majewski: Optical properties of metallic films for vertical-cavity optoelectronic devices, Appl. Opt. 37 (22) 5271-5283 (1998).

[7] W. L. Barnes, A. Dereux, T. W. Ebbesen: Surface plasmon subwavelength optics, Nature 424, 824-830 (2003).

[8] A. Vial, A. S. Grimault, D. Macias, D. Barchiesi, M. L. de la Chapelle: Improved analytical fit of gold dispersion: application to the modeling of extinction spectra with a finite-difference time-

domain method, Phys. Rev. B 71 (8), 85416 (2005).

[9] J. C. Weeber, A. Dereux, C. Girard, J. R. Krenn, J. P. Goudonnet: Plasmon polaritons of metallic nanowires for controlling submicron propagation of light, Phys. Rev. B 60 (12), 9061-9068 (1999).

[10] J. A. Kong: *Electromagnetic Wave Theory*(Wiley, New York, 1990).

[11] A. D. Yaghjian: Electric dyadic Green's functions in the source region. Proc. IEEE 68 (2), 248-263(1980).

[12] J. P. Kottmann, O. J. F. Martin: Accurate solution of the volume integral equation for high-permittivity scatterers, IEEE Trans. Antennas Propagation 48 (11), 1719-1726 (2000).

[13] E. M. Purcell, C. R. Pennypacker: Scattering and absorption of light by nonspherical dielectric grains, Astrophys. J. 186 (2), 705-714 (1973).

[14] B. T. Draine, P. J. Flatau: Discrete-dipole approximation for scattering calculations, J. Opt. Soc. Am. A11 (4), 1491-1499 (1994).

[15] J. D. Jackson: *Classical Electrodynamics*(Wiley, New York, 1999).

[16] J. Jin: *The Finite Element Method in Electromagnetics*(Wiley, New York, 2002).

[17] G. Veronis, R. W. Dutton, S. Fan: Method for sensitivity analysis of photonic crystal devices, Opt. Lett. 29 (19), 2288-2290 (2004).

[18] J. P. Berenger: A perfectly matched layer for the absorption of electromagnetic waves, J. Comput. Phys. 114 (2), 185-200 (1994).

[19] J. A. Pereda, A. Vegas, A. Prieto: An improved compact 2D fullwave FDFD method for general guided wave structures, Microwave Opt. Technol. Lett. 38 (4), 331-335 (2003).

[20] D. A. Genov, A. K. Sarychev, V. M. Shalaev: Plasmon localization and local field distribution in metal-dielectric films, Phys. Rev. E 67 (5), 56611 (2003).

[21] J. L. Young, R. O. Nelson: A summary and systematic analysis of FDTD algorithms for linearly dispersive media. IEEE Antennas Propagation Mag. 43 (1), 61-77 (2001).

[22] M. N. O. Sadiku: *Numerical Techniques in Electromagnetics*(CRC Press, Boca Raton, 2001).

[23] P. Berini, K. Wu: Modeling lossy anisotropic dielectric waveguides with the method of lines, IEEE Trans. Microwave Theory Tech. 44 (5), 749-759 (1996).

[24] C. Rockstuhl, M. G. Salt, H. P. Herzig: Application of the boundary-element method to the interaction of light with single and coupled metallic nanoparticles, J. Opt. Soc. Am. A 20 (10), 1969-1973 (2003).

[25] E. Moreno, D. Erni, C. Hafner, R. Vahldieck: Multiple multipole method with automatic multipole setting applied to the simulation of surface plasmons in metallic nanostructures, J. Opt. Soc. Am. A 19 (1), 101-111 (2002).

[26] D. M. Pozar: *Microwave Engineering*(Wiley, New York, 1998).

第 13 章　复杂纳米结构中的等离激元杂化

J. M. STEELE,[1] N. K. GRADY,[2] P. NORDLANDER[3] AND N. J. HALAS[2,4]

[1]Department of Physics, Trinity University, San Antonio, Texas USA

[2]Department of Electrical and Computer Engineering, Rice University, Houston, Texas, USA

[3]Department of Physics and Astronomy, Rice University, Houston Texas, USA

[4]Department of Chemistry, Rice University, Houston, Texas, USA

13.1　引言

　　众多不同的基于金属的纳米颗粒和纳米结构在光谱学[1,2]、生物医学[3,4]及光子学[5]领域的广泛应用推动其在近期的加速发展。这些应用包括生物传感应用中的表面等离子（SPR）共振传感[6,7]、拉曼光谱学[8-10]、全血免疫检测[11]、活体光造影剂[12]。除了传感,医学领域的应用还包括药物输送材料[4]和光热癌症治疗[13]。新的合成工艺制备出的纳米颗粒形状包括棒状[14]、球状[15,16]、杯状[17,18,10]、环状[19]和立方体状[20]。作为纳米颗粒化学的补充,利用新的平面制备方法已制备出了多种图案化的金属纳米薄膜,这些薄膜可同时支持传播的等离激元和局域的等离激元[1,21,22]。这些金属纳米结构的应用充分利用了与其等离子共振相关的局域电磁场增强。一般而言,其等离子共振的频率由纳米颗粒材料的介电特性和其几何形状所共同决定。

　　这些纳米结构的有效性主要依赖于纳米科学研究者制备出等离子共振波长在特定电磁波段(对应于特定的应用)的金属纳米颗粒和纳米结构的能力。为预测纳米颗粒等离子共振的光谱位置,早期的理论研究注重于针对高度对称的纳米颗粒求解麦克斯韦方程组[23-25]。等离子共振在频率相关的极化性方面表现出一个或多个奇点。然而,即使是简单颗粒的吸收截面也可能变得非常复杂。离散偶极近似法[26]和时域有限差分法[27,28]已可用于计算复杂纳米颗粒和纳米结构的等离激元特性。

　　虽然这些强大的计算方法可得到任意形状纳米颗粒的光学响应,但不能反映出等离子共振的本质。更重要的是,这些方法不能使研究者直接预测新的纳米结构的等离子共振。等离激元杂化理论从概念上为计算复杂纳米结构的等离子共振提供了一种具有启发性的新方法[29-33]。该方法是针对电子结构理论中原子轨道如何相互作用形成分子轨道这一理论在介观尺度下的电磁场的类比。等离激元杂化理论把纳米颗粒或者复合结构解构为多个基本的形状,再计算这些复合颗粒间的等离子共振是如何相互作用或杂化的。这一理论可使科学家根据分子轨道理论画出直观的能级图来研究复杂纳米结构的等离子共振。本章将列出等离激元杂化的一般形式,并将其应用于多种复杂纳米结构,例如,多层同心 Au 纳米壳和多颗粒的几何结构。

13.2　纳米壳的等离激元杂化

空心金属球的等离子共振波长对壳的内外半径变化很敏感[23]。实验上可实现的纳米壳是由一个修饰过的硅核,以及在其表面生长出的薄贵金属壳层共同构成的[15,34]。几何形状可调的纳米壳的等离子共振具有很宽的光谱范围,远大于实心的纳米颗粒的光谱范围(见图 13.1)。另外,纳米壳等离子共振对嵌入的电介质很敏感[35]。基于等离激元杂化理论可很直观地理解纳米壳的等离子共振频率的可调谐性。在这套理论体系中,可调谐的纳米壳等离激元被认为是纳米球和纳米腔的本质上频率固定的等离子共振的杂化。

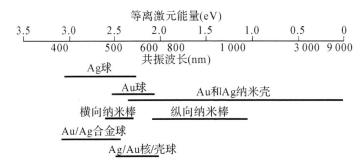

图 13.1　多种颗粒结构的等离子共振的范围。

13.2.1　不可压缩的流体模型

等离激元可被认为是金属结构中传导电子气的一种不可压缩的无旋变形[31]。为了简化,我们假设电子在离子核周围形成了均匀电子密度流,从而形成一个严格均匀的背景电荷 ρ_0。假设该系统为电中性。电流 j 和电荷密度 ρ 必须满足通用方程

$$\frac{\partial \rho}{\partial t} + \nabla \cdot j = 0$$
$$\nabla \times j = 0 \tag{13.1}$$

设流体中的恒定电荷密度为 $n_0 e$,电流与电荷密度有关 $j = \rho v$,其中 v 是给定位置的流体速度。定义一个标势 η 满足拉普拉斯方程 $\nabla^2 \eta = 0$,然后流体速度即可写成 $v = \nabla \eta$、$j = n_0 e \nabla \eta$,其中 n_0 为传导电子的电子密度,e 为单位电荷。由于流体微小变形,$\rho - \rho_0$ 净电荷分布会出现在金属表面。对于极小的变形,溢出电荷 σ 可认为是表面电荷分布

$$\sigma = \lim_{\delta S \to 0} \frac{1}{\delta S} \int_{\delta V} (\rho - \rho_0) \mathrm{d}V \tag{13.2}$$

其中 δV 是中心在表面上的一个体积，S 如图 13.2 所示。通过连续性方程可得出 η 与体积 δV 的表面电荷之间的关系。连续性方程如下：

$$\frac{\mathrm{d}}{\mathrm{d}t}\int \rho \mathrm{d}V + \int \boldsymbol{j} \cdot \mathrm{d}\boldsymbol{S} = 0 \tag{13.3}$$

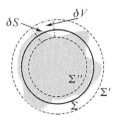

图 13.2　传导电子流体的构造。表面的 $\boldsymbol{\Sigma}'$ 和 $\boldsymbol{\Sigma}''$ 分别是流体的最大边界和最小边界，$\boldsymbol{\Sigma}$ 表示纳米颗粒的边界。在变形极小值时，表面的 $\boldsymbol{\Sigma}'$ 和 $\boldsymbol{\Sigma}''$ 与 $\boldsymbol{\Sigma}$ 合并，电荷波动可视为表面电荷的变化。

当没有电流流经 δV 的边界，且 δS 变为 0 时，上面的方程可归纳为

$$\frac{\partial \sigma}{\partial t} - \boldsymbol{n} \cdot \boldsymbol{j} = 0 \Longleftrightarrow \partial_t \sigma = n_0 e \frac{\partial \eta}{\partial \boldsymbol{n}} \tag{13.4}$$

其中，$\boldsymbol{n}$ 为表面法向矢量。该流体微小变形的动力学将由该系统的拉格朗日方程（Lagrangian）决定[31]

$$L = \frac{n_0 m_e}{2}\int \eta \dot{\sigma} \mathrm{d}S - \frac{1}{2}\int \frac{\sigma(\boldsymbol{r})\sigma(\boldsymbol{r}')}{|\boldsymbol{r}-\boldsymbol{r}'|}\mathrm{d}S_r \mathrm{d}S_{r'} \tag{13.5}$$

其中，m_e 为电子质量，$\sigma(\boldsymbol{r})$ 为在 $\boldsymbol{r}$ 处的表面电荷密度。

13.2.2　腔体和实心球的等离激元

为了利用该理论体系计算纳米壳的等离子共振频率，必须先计算出其组成部分的颗粒：一个实心金属球和嵌入金属体内部的球形腔的等离子共振频率。金属采用均匀密度电子流 n_0 建模，这将产生一个德鲁特介电函数 $\varepsilon(\omega) = 1 - \omega_B^2/\omega^2$，其中 ω_B 为体材料等离激元频率。

$$\omega_B = \sqrt{\frac{4\pi e^2 n_0}{m_e}} \tag{13.6}$$

为了简化，忽略了金属（由离子核引起）和内嵌介质的电介质极化的影响。考虑这些影响时所得到的结果与实验测试以及其他理论结果吻合得很好[31]。

对于半径为 a 的腔体，拉普拉斯方程（Laplace equation）的解可表示为球谐函数 $Y_{lm}(\Omega)$ 之和。

$$\eta(r, \Omega) = \sum_{l,m} \sqrt{\frac{a^{2l+1}}{l+1}} \dot{C}_{lm}(t) r^{-l-1} Y_{lm}(\Omega) \tag{13.7}$$

式中，C_{lm} 为归一化常数，l 是角量子数，m 为角向指数。电流与腔体表面电荷 σ_c 为[31]

$$j(t, r, \Omega) = \sum_{l,m} n_0 e \sqrt{\frac{a^{2l+1}}{l+1}} \dot{C}_{lm}(t) \nabla (r^{-l-1} Y_{lm}(\Omega))$$

$$\sigma_c(t,\Omega) = n_0 e \sum \sqrt{\frac{l+1}{a^3}} C_{lm}(t) Y_{lm}(\Omega) \tag{13.8}$$

对空心的动能和静电能的计算可得到电子气的拉格朗日方程[31]。

$$L_C = \frac{n_0 m_e}{2} \sum_{l,m} [\dot{C}_{lm}^2 - \omega_{C,l}^2 C_{lm}^2] \tag{13.9}$$

该方程可归纳为一组频率为 $\omega_{C,l}$ 的去耦的谐振子,$\omega_{C,l}$ 即利用经典米氏散射理论得到的等离激元频率。

$$\omega_{C,l} = \omega_B \sqrt{\frac{l+1}{2l+1}} \tag{13.10}$$

同理,对于半径为 b 的实心金属球[31],其拉普拉斯方程的解变为

$$\eta(r,\Omega) = \sum_{l,m} \sqrt{\frac{1}{lb^{2l+1}}} \dot{S}_{lm}(t) r^l Y_{lm}(\Omega) \tag{13.11}$$

式中,S_{lm} 为实心球的归一化常数。电流和表面电荷 σ_s 可表示为

$$j(t,r,\Omega) = n_0 e \sum_{l,m} \sqrt{\frac{1}{lb^{2l+1}}} \nabla(\dot{S}_{lm}(t) r^l Y_{lm}(\Omega))$$

$$\sigma_c(t,\Omega) = n_0 e \sum_{l,m} \sqrt{\frac{1}{b^3}} S_{lm}(t) Y_{lm}(\Omega) \tag{13.12}$$

球的拉格朗日方程为[31]

$$L_S = \frac{n_0 m_e}{2} \sum_{l,m} [\dot{S}_{lm}^2 - \omega_{S,l}^2 S_{lm}^2] \tag{13.13}$$

和腔体一样,该拉格朗日方程可归结为一组谐振子,振荡频率等于利用经典米氏散射理论得到的实心球的等离激元频率

$$\omega_{S,l} = \omega_B \sqrt{\frac{l}{2l+1}} \tag{13.14}$$

13.2.3　金属纳米壳的杂化

一个纳米壳的几何结构如图 13.3 所示。我们定义纳米壳的长径比 x 为内半径与外半径的比值,即 $x = a/b$。对于一个壳结构,η 的通解为[31]

$$\eta(r,\Omega) = \sum_{l,m} \left(\sqrt{\frac{a^{2l+1}}{l+1}} \dot{C}_{lm}(t) r^{-l-1} + \sqrt{\frac{1}{lb^{2l+1}}} \dot{S}_{lm}(t) r^l \right) Y_{lm}(\Omega) \tag{13.15}$$

则内腔的表面电荷为

$$\sigma_C(t,\Omega) = n_0 e \sum_{l,m} \left[\sqrt{\frac{l+1}{a^3}} C_{lm} - x^{l-1} \sqrt{\frac{1}{b^3}} S_{lm}(t) \right] Y_{lm}(\Omega) \tag{13.16}$$

外表面电荷为

$$\sigma_S(t,\Omega) = n_0 e \sum_{l,m} \left[-x^{l+2} \sqrt{\frac{l+1}{a^3}} C_{lm}(t) - \sqrt{\frac{1}{b^3}} S_{lm}(t) \right] Y_{lm}(\Omega) \tag{13.17}$$

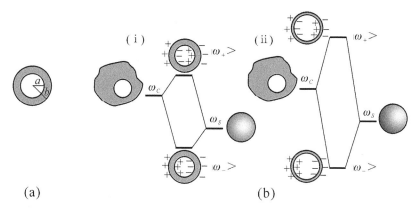

图 13.3　(a)纳米壳结构图,壳核心的半径为 a、总半径为 b。(b)给出了纳米壳杂化模式的能量图,(i)为弱等离激元相互作用的纳米壳;(ii)为强等离激元相互作用的纳米壳。

按照上一节所描述的步骤,系统的拉格朗日方程可写为[31]

$$L_{NS} = (1 - x^{2l+1})[L_C + L_S + n_0 m_e \omega_{C,1} \omega_{S,1} x^{l+(1/2)} C_{lm} S_{lm}] \tag{13.18}$$

对于每一个角标 l,系统都有两个基频

$$\omega_{l\pm}^2 = \frac{\omega_B^2}{2}\Big[1 \pm \frac{1}{2l+1}\sqrt{1 + 4l(l+1)x^{2l+1}}\Big] \tag{13.19}$$

通过式(13.19)得到的等离子共振频率与利用经典米氏散射理论以及量子机制的从头算含时局域密度近似(time-dependent local density approximation, TDLDA)[36]计算得到的结果相一致。纳米壳的等离子共振可被理解为纳米球与纳米腔之间的相互作用。这种相互作用或杂化结果将等离子共振劈裂分为低能级的对称(成键)等离激元和高能级的反对称(反键)等离激元,如图 13.3(b)所示的(i)弱的和(ii)强的相互作用。成键的等离激元比反键的等离激元具有更大的偶极距,因此,更容易与入射电磁辐射耦合,因此在实验获得的消光光谱中,成键等离激元是更普遍的特征。

由方程(13.19)可看到,相互作用的强度取决于壳的长径比 x 的 $2l+1$ 次方。因此,纳米壳等离子共振的能量除了取决于球及腔体的等离子共振的能量,还取决于纳米壳的长径比或壳的厚度。这解释了为什么与实心纳米颗粒相比,纳米壳具有独特的可调谐性。若金属壳很薄,则相互作用强,等离子共振的劈裂很大,如图 13.3(b)所示。对于厚壳,相互作用弱,等离子共振的劈裂小。

13.3　更复杂结构中的杂化

根据上述的理论体系和基本单元结构的等离子共振的计算结果,我们现在可通过研究其基本的组成单元来理解复杂纳米结构的等离激元响应。本节中我们将利用等离激元杂化理论来计算同心金属壳和金属颗粒二聚体的等离子共振。

13.3.1　多层同心金属壳

最近,通过制备多层 Au 纳米壳,Au 纳米壳的等离子共振波长的调谐范围已扩展到红外波段[32,33]。这些"纳米套娃"(nano-matryushkas)由一个 SiO_2 核、一层 Au 壳、一层 SiO_2 间隔层以及第二层 Au 壳构成。"纳米套娃"的等离子共振是由两个独立金属壳的等离子共振杂化引起的,其相互作用的强度在一定程度上取决于 SiO_2 间隔层的厚度。

为了计算 N 层同心壳的等离激元响应,我们定义第 j 层壳在 $j+1$ 层壳的内部,第 j 层纳米壳的内径为 a_j,外径为 b_j,每个壳的表面电荷表达式与 13.2.3 节一样,同时,系统动能简单地认为是各壳动能的总和。系统静电能为不同纳米壳之间相互作用的总和,可表示为[31]

$$V_{lm}^{ij} = 2\pi e n_j \frac{1-x_j^{2l+1}}{2l+1} \begin{cases} \sqrt{l+1}\, a_j^{-l-(1/2)} \left[a_i^{l+2}\sigma_{C,lm}^i + b_i^{l+2}\sigma_{S,lm}^i \right] C_{lm}^i & \text{对 } i<j \\ \sqrt{(l+1)a_i^3}\,\sigma_{C,lm}^i C_{lm}^i + \sqrt{lb_i^3}\,\sigma_{S,lm}^i S_{lm}^i & \text{对 } i=j \\ \sqrt{l}\, b_j^{l+(1/2)} \left[a_i^{-l+1}\sigma_{C,lm}^i + b_i^{-l+1}\sigma_{S,lm}^i \right] S_{lm}^i & \text{对 } i>j \end{cases}$$

(13.20)

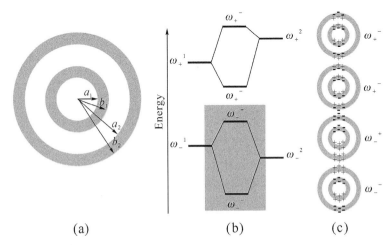

图 13.4　(a) 同心纳米壳简图,灰色区域为金属相,白色区域为介质相。**(b)** 在同心纳米壳中激发的等离激元模式的能量图。**(c)** 每个等离激元模式的感应表面电荷。

对于多层同心纳米壳,其拉格朗日方程为

$$L_{CS} = \sum_i L_{NS}^i - \sum_{i \neq i'} V^{ii'}$$

(13.21)

对于由同种金属组成的两个同心壳,如图 13.4(a) 所示的结构,其拉格朗日方程简化为[31]

$$L_{CS} = L_{NS}^1 + L_{NS}^2 - n_0 m_e (1-x_1^{2l+1})(1-x_2^{2l+1})\omega_{C,l}^2 \omega_{S,l}^1 \left(\frac{b_1}{a_2}\right)^{l+(1/2)} S_{ml}^1 C_{lm}^2$$

(13.22)

该系统现在可表示为 4 个线性独立的电荷变形(或等离激元)的相互作用。相互作用的强度取决于介质间隔层的厚度 $|a_2-b_1|$。虽然对于一个给定壳上的对称与反对称等离激元与另外壳上的两个等离激元都可发生相互作用,但 ω_+ 等离激元与 ω_- 等离激元之间较大的能量差会使两个具有相同对称性的等离激元之间发生的杂化占主导。各组成部分的等离子共振能量图如图 13.4(b) 所示,每个模式的感应表面电荷如图 13.4(c) 所示。实验中可获得的模式由灰色突出。两个对称模的杂化产生了一个反对称模(或成键),ω_-^- 和一个对称模(或反键),$\omega_\pm^-$。反对称模的偶极距较小,具有较低的能量。对称模由于金属壳内部交界面之间的静电斥力,具有较高的能量。对于反对称模的相互作用,与对称的情况相比由于两个 ω_+ 模之间的相互作用具有一个相反的符号,以对称的排列

为主。

最近,同心纳米壳已被制备出,并且对其等离子共振进行了实验测试,其结果与理论吻合得很好[32,33]。图 13.5 给出了具有一个 SiO$_2$ 核,以及对应强(a)、弱(b)耦合情况的间隔层时相应的光学响应。图中,标记为(1)的是单独的内壳 ω_{-NS1} 的实验和理论的消光光谱。单独的外壳 ω_{-NS2} 的理论谱标记为(2),组合同心纳米壳的理论及实验光谱则标记为(3)。在谱线(3)中,ω^{+}_{CS} 和 ω^{-}_{CS} 等离激元都非常明显。在这些曲线中,理论的消光光谱是利用米氏散射理论计算得到的。

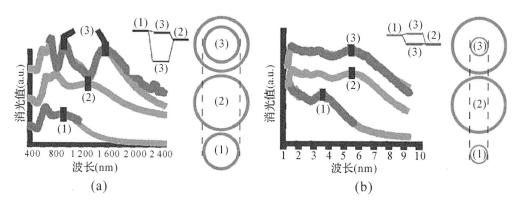

图 13.5　同心纳米壳(3)及其组成部分:单独的内部的(1)和外部的(2)纳米壳的实验及理论消光光谱。同心纳米壳尺寸 $a_1/b_1/a_2/b_2$ 分别是(a) **80/107/135/157 nm** 导致强耦合,(b) **396/418/654/693 nm**显示的弱耦合情况。

图 13.5(a)给出的同心纳米壳显示出强耦合,是因为内壳间隔小(28 nm),以及内外纳米壳等离子共振彼此接近。分裂的不对称性可归因于延迟效应以及与更高的 l 模之间的相互作用。图 13.5(b)给出了等离激元模式完全去耦的情况,因为内壳间隔大(236 nm)。这种情况下,外壳几乎不受内壳的影响。

13.3.2　纳米颗粒二聚体

本节中,等离激元杂化方法将被应用到纳米颗粒二聚体系统中。在两个纳米颗粒的结点处产生的巨大的场增强使纳米颗粒二聚体具有重要的应用价值,如表面增强拉曼光谱(Surface Enhanced Raman Spectroscopy,SERS)[37][38]。虽然这已引发了大量的理论及实验研究[27,39-41],但是颗粒间距对于二聚体的等离子共振的影响还没有达成共识。在两项针对具有高长宽比的纳米颗粒二聚体的研究中,一项发现二聚体等离子共振的能量偏移可描述为简单的偶极子相互作用[40],另一项报道了二聚体等离子共振的能量偏移与颗粒间距呈指数依赖关系[41]。

为阐明等离激元杂化方法,我们将两个单独的球的等离激元混合来计算其对应的二聚体等离激元能量。对于半径为 b,具有大颗粒间距 D 的纳米球,等离激元能量的偏移遵循经典偶极子之间的相互作用($1/D^3$)。但是,当 D 变小时,单个颗粒的等离激元开始与另一个颗粒的 l 高阶等离激元相混合,导致二聚体等离激元能量的偏移更强,远快于 $1/D^3$。为计算二聚体的等离激元能量,可利用 13.2.2 节中推导的表面电荷表达式和拉格朗日方程。为阐明二聚体等离子共振的本质,电介质的影响将再次被忽略。当然,若想得到实验中的精确结果,就需要考虑介质的影响[31]。

如果纳米颗粒二聚体的整体尺寸远小于等离激元波长($D+2b<\lambda/4$),延迟效应则可忽略。在此极限下,表面电荷之间的瞬间库仑作用决定了系统的势能[29]。

$$V(D) = \int b_1^2 \,\mathrm{d}\Omega_1 \int b_2^2 \,\mathrm{d}\Omega_2 \, \frac{\sigma^1(\Omega_1)\sigma^2(\Omega_2)}{|\boldsymbol{r}_1 - \boldsymbol{r}_2|} \tag{13.23}$$

如果极化的轴向沿着二聚体轴向,则该相互作用与角量子数 m 呈线性关系,这表明不同 m 值的等离激元模式去耦。为了简化符号,以下方程中,用 i 表示无相互作用的等离激元模式,球 N_i(半径 b_i)的能量为 ω_i、角动量为 l_i。对于每一个 m,其拉格朗日方程为[29]

$$L^{(m)} = \frac{n_0 m_e}{2} \sum_{i,j} \left[(\dot{S}_i^2 - \omega_i^2 S_i^2)\delta_{ij} - \frac{\omega_B^2}{4\pi} V_{ij}^{(m)}(D) S_i S_j \right] \tag{13.24}$$

如果 i 和 j 指的是同一个球,则 $V_{ij}^{(m)}$ 为 0。否则相互作用为[29]

$$V_{ij}^{(m)}(D) = 4\pi \sqrt{l_i l_j b_i^{2l_i+1} b_j} \int \mathrm{d}\theta_j \sin\theta_j \, \frac{P_{l_i}^m(\cos\Theta_i(\theta_j))}{(2l_i+1)X_i(\theta_j)^{l_i+1}} P_{l_j}^m(\cos\theta_j) \tag{13.25}$$

对于以上方程,积分是沿颗粒 N_i 的表面提取的,且相互作用矩阵是对称的。图 13.6(a)给出了该问题的几何结构。此处有必要说明的是:两个球的不同角动量(l 和 l')的等离激元模式之间的相互作用将按 $D^{-(l+l'+1)}$ 的规律消失,也可能消失得更快。欧拉—拉格朗日方程(Euler-Lagrange equation)导致下面的本征值问题

$$\det[A_{ij}^{(m)} - \omega^2] = 0 \tag{13.26}$$

其中矩阵 A 定义为

$$A_{ij}^{(m)} = \omega_i^2 \delta_{ij} + \frac{\omega_B^2}{8\pi}(V_{ij}^{(m)} - V_{ji}^{(m)}) \tag{13.27}$$

图 13.6(b)给出了由半径为 15 nm,$\omega_B = 9$ eV 和电子密度 $r_s = 3.0$ 的球组成的二聚体的计算结果。上图给出了等离激元极化方向沿二聚体轴向时($m=0$),二聚体等离激元能量与球间距之间的函数关系。此处只关心角动量最低阶($l=1$)的两个等离激元模式,成键结构对应于两个偶极子同相位谐振(对称电场或偶极矩正宇称)。反键结构对应于偶极矩负宇称(反对称电场)。由于成键结构的净偶极距很大,它们可有效地与光耦合,并因此被称为亮等离激元。反键等离激元的净偶极矩为零,因此不容易被光激发,这些等离激元模式被称为暗等离激元。对于大的颗粒间距,共振峰的劈裂随着相互作用的增强而增加,即 $1/D^3$。当间距减小时,高阶多偶极子逐渐起作用,导致共振峰的不对称劈裂。成键等离激元能量的下降速度远快于反键等离激元能量的上升速度。图 13.6 底部的图给出了极化方向垂直于二聚体轴向时 $m = \pm 1$ 的等离激元。总的二聚体等离激元能量与间距的变化关系与 $m=0$ 时的情况类似。但由于这种情况下偶极子耦合具有相反的符号,所以亮等离激元与暗等离激元的分配发生反转:暗等离激元是成键模式(反对称的),亮等离激元是反键模式(对称的)。

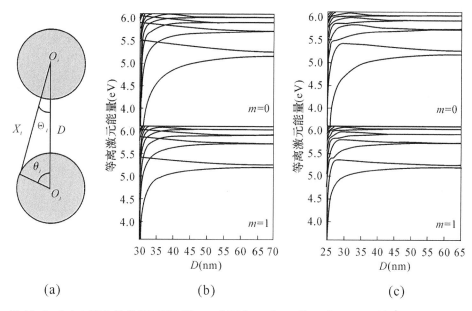

(a)　　　　　　　　(b)　　　　　　　　(c)

图 13.6　(a) 二聚体结构简图及颗粒 i、j 分别在 O_i 和 O_j 的区域。(b) 计算的两个 15 nm 半径的纳米球组成的纳米球二聚体的等离激元能量与球间距的关系图。(c) 由 10 nm 与 15 nm 半径的球组成的异质二聚体的等离激元能量与纳米颗粒间距的关系图。图(b)和(c)中，上图显示 $m=0$ 状态，下图显示 $m=1$ 状态。最底部的两条能量曲线是 $l=1$ 的等离激元。

图 13.6(c)中，计算了半径为 10 nm 和 15 nm 的两个纳米球组成的二聚体的等离激元能量。对于异质二聚体，宇称守恒被打破，二聚体能量因此出现回避交叉，即，二聚体等离激元模式相互排斥。这就导致球间距减小时，相互作用剧烈增强。当 $|m|<1$ 时，所有等离激元模式都具有一个净偶极矩，光吸收谱中将出现多个峰，或者各共振重叠而呈现出宽带吸收谱线。

13.4　结论

本章我们回顾了利用等离激元杂化方法计算复杂纳米结构的等离激元响应。通过将电子视为不可压缩的流体，一个复杂的纳米结构的光学响应可建模为每个组成部分表面上的等离激元相互作用的一个系统，可直接类比于分子轨道理论。这种类比为理解复杂系统中等离子共振提供了简单直观的方法。目前该方法的应用正在不断发展，最近的研究主要集中于非常接近于金属表面的纳米颗粒以及更大的多聚体颗粒系统[30]。该方法为研究者将纳米颗粒和纳米结构应用到各个领域提供了一种通用且功能强大的工具。

参考文献

［1］S. Ekgasit, C. Thammacharoen, F. Yu, W. Knoll: Evanescent field in surface plasmon resonance and surface plasmon field-enhanced fluorescence spectroscopies, Anal. Chem. 76 (8), 2210-2219 (2004).

［2］R. P. Van Duyne: Molecular plasmonics, Science 306 (5698), 985-986 (2004).

［3］A. J. Haes, L. Chang, W. L. Klein, R. P. Van Duyne: Detection of a biomarker for Alzheimer's disease from synthetic and clinical samples using a nanoscale optical biosensor, J. Am. Chem. Soc.

127 (7), 2264-2271 (2005).

[4] S. R. Sershen, S. L. Westcott, N. J. Halas, J. L. West: Temperature-sensitive polymer-nanoshell composites for photothermally modulated drug delivery, J. Biomed. Mater. Res. 51 (3), 293-298 (2000).

[5] S. A. Maier, M. L. Brongersma, P. G. Kik, S. Meltzer, A. A. G. Requicha, B. E. Koel, H. A. Atwater: Plasmonics—A route to nanoscale optical devices, Adv. Mater. 15 (7-8), 562-562 (2003).

[6] Y. G. Sun, Y. N. Xia,: Increased sensitivity of surface plasmon resonance of gold nanoshells compared to that of gold solid colloids in response to environmental changes, Anal. Chem. 74 (20), 5297-5305 (2002).

[7] F. Tam, C. Moran, N. Halas: Geometrical parameters controlling sensitivity of nanoshell plasmon resonances to changes in dielectric environment, J. Phys. Chem. B 108 (45), 17290-17294 (2004).

[8] J. B. Jackson, N. J. Halas: Surface-enhanced Raman scattering on tunable plasmonic nanoparticle substrates, Proc. Natl. Acad. Sci. U S A 101 (52), 17930-17935 (2004).

[9] K. Kneipp, H. Kneipp, I. Itzkan, R. R. Dasari, M. S. Feld: Ultrasensitive chemical analysis by Raman spectroscopy, Chem. Rev. 99 (10), 2957-+(1999).

[10] Y. Lu, G. L. Liu, J. Kim, Y. X. Mejia, L. P. Lee: Nanophotonic crescent moon structures with sharp edge for ultrasensitive biomolecular detection by local electromagnetic field enhancement effect, Nano Lett. 5 (1), 119-124 (2005).

[11] L. R. Hirsch, J. B. Jackson, A. Lee, N. J. Halas, J. West: A whole blood immunoassay using gold nanoshells, Anal. Chem. 75 (10), 2377-2381 (2003).

[12] C. Loo, A. Lin, L. Hirsch, M. H. Lee, J. Barton, N. Halas, J. West, R. Drezek: Nanoshell-enabled photonics-based imaging and therapy of cancer, Technol. Cancer Res. Treat. 3 (1), 33-40 (2004).

[13] D. P. O'Neal, L. R. Hirsch, N. J. Halas, J. D. Payne, J. L. West: Photo-thermal tumor ablation in mice using near infrared-absorbing nanoparticles, Cancer Lett. 209 (2), 171-176 (2004).

[14] B. Nikoobakht, M. A. El-Sayed: Preparation and growth mechanism of gold nanorods (NRs) using seed-mediated growth method, Chem Mater. 15 (10), 1957-1962 (2003).

[15] S. J. Oldenburg, R. D. Averitt, S. L. Westcott, N. J. Halas: Nanoengineering of optical resonances, Chem. Phys. Lett. 288 (2-4), 243-247 (1998).

[16] Y. G. Sun, Y. N. Xia: Gold and silver nanoparticles: A class of chromophores with colors tunable in the range from 400 to 750 nm, Analyst 128 (6), 686-691 (2003).

[17] C. Charnay, A. Lee, S. Q. Man, C. E. Moran, C. Radloff, R. K. Bradley, N. J. Halas: Reduced symmetry metallodielectric nanoparticles: Chemical synthesis and plasmonic properties, J. Phys. Chem. B 107 (30), 7327-7333 (2003).

[18] J. C. Love, B. D. Gates, D. B. Wolfe, K. E. Paul, G. M. Whitesides: Fabrication and wetting properties of metallic half-shells with submicron diameters, Nano Lett. 2 (8), 891-894 (2002).

[19] J. Aizpurua, P. Hanarp, D. S. Sutherland, M. Kall, G. W. Bryant, F. J. G. de Abajo: Optical properties of gold nanorings, Phys. Rev. Lett. 90 (5), (2003).

[20] Y. Sun, Y. Xia: Shape-controlled synthesis of gold and silver Nanoparticles, Science 5601, 2176-2179 (2002).

[21] C. L. Haynes, R. P. Van Duyne: Nanosphere lithography: A versatile nanofabrication tool for studies of size-dependent nanoparticle optics, J. Phys. Chem. B 105 (24), 5599-5611 (2001).

[22] C. E. Moran, J. M. Steele, N. J. Halas: Chemical and dielectric manipulation of the plasmonic band gap of metallodielectric arrays, Nano Lett. 4 (8), 1497-1500 (2004).

[23] A. L. Aden, M. Kerker: Scattering of electromagnetic waves from 2 concentric spheres, J. Appl. Phys. 22 (10), 1242-1246 (1951).

[24] K. L. Kelly, C. Eduardo, L. L. Zhao, G. C. Schatz: The optical properties of metal nanoparticles: the influence of size, shape, and dielectric environment, J. Phys. Chem. B 107 (3), 668-677 (2003).

[25] G. Mie: Articles on the optical characteristics of turbid tubes, especially colloidal metal solutions, Annalen Der Physik 25 (3), 377-445 (1908).

[26] B. T. Draine, P. J. Flatau: Discrete-dipole approximation for scattering calculations, J. Opt. Soc. Am. A 11 (4), 1491-1499 (1994).

[27] M. Futamata, Y. Maruyama, M. Ishikawa: Local electric field and scattering cross section of Ag nanoparticles under surface plasmon resonance by finite difference time domain method, J. Phys. Chem. B 10 7(31), 7607-7617 (2003).

[28] C. Oubre, P. Nordlander: Optical properties of metallodielectric nanostructures calculated using the finite difference time domain method, J. Phys. Chem. B 108 (46), 17740-17747 (2004).

[29] P. Nordlander, C. Oubre, E. Prodan, K. Li, M. I. Stockman: Plasmon hybridizaton in nanoparticle dimers, Nano Lett. 4 (5), 899-903 (2004).

[30] P. Nordlander, E. Prodan: Plasmon hybridization in nanoparticles near metallic surfaces, Nano Lett. 4 (11), 2209-2213 (2004).

[31] E. Prodan, P. Nordlander: Plasmon hybridization in spherical nanoparticles, J. Chem. Phys. 120 (11), 5444-5454 (2004).

[32] E. Prodan, C. Radloff, N. J. Halas, P. Nordlander: A hybridization model for the plasmon response of complex nanostructures, Science 302 (5644), 419-422 (2003).

[33] C. Radloff, N. J. Halas: Plasmonic properties of concentric nanoshells, Nano Lett. 4 (7), 1323-1327 (2004).

[34] S. J. Oldenburg, J. B. Jackson, S. L. Westcott, N. J. Halas: Infrared extinction properties of gold nanoshells, Appl. Phys. Lett. 75 (19), 2897-2899 (1999).

[35] E. Prodan, A. Lee, P. Nordlander: The effect of a dielectric core and embedding medium on the polarizability of metallic nanoshells, Chem. Phys. Lett. 360 (3-4), 325-332 (2002).

[36] E. Prodan, P. Nordlander: Electronic structure and polarizability of metallic nanoshells, Chem. Phys. Lett. 352 (3-4), 140-146 (2002).

[37] K. Kneipp, H. Kneipp, I. Itzkan, R. R. Dasari, M. S. Feld: Ultrasensitive chemical analysis by Raman spectroscopy, Chem. Rev. 99 (10), 2957-2975 (1999).

[38] H. X. Xu, E. J. Bjerneld, M. Kall, L. Borjesson: Spectroscopy of single hemoglobin molecules by surface enhanced Raman scattering, Phys. Rev. Lett. 83 (21), 4357-4360 (1999).

[39] J. Prikulis, F. Svedberg, M. Kall, J. Enger, K. Ramser, M. Goksor, D. Hanstorp: Optical spectroscopy of single trapped metal nanoparticles in solution, Nano Lett. 4 (1), 115-118 (2004).

[40] W. Rechberger, A. Hohenau, A. Leitner, J. R. Krenn, B. Lamprecht, F. R. Aussenegg: Optical properties of two interacting gold nanoparticles, Opt. Commun. 220 (1-3), 137-141 (2003).

[41] K. H. Su, Q. H. Wei, X. Zhang, J. J. Mock, D. R. Smith, S. Schultz: Interparticle coupling effects on plasmon resonances of nanogold particles, Nano Lett. 3 (8), 1087-1090 (2003).

第14章 自适应金属纳米结构用于蛋白质传感

VLADIMIR P. DRACHEV, MARK D. THORESON AND
VLADIMIR M. SHALAEV
School of Electrical and Computer Engineering and Birck
Nanotechnology Center, Purdue
University, West Lafayette, IN 47907, USA

14.1 引言

拉曼散射光谱使分子具有"指纹",在分子传感和生物领域引起了特别的研究兴趣。与传统拉曼光谱相比,表面增强拉曼散射光谱(surface enhanced Raman scattering, SERS)具有更高的探测灵敏度[1-3],它在关于吸附在金属表面的生物分子研究方面已迅速得到关注[4-12]。SERS 光谱可实现对微量分析物的检测与分析,这是因其可在亚波长分子范围内实现很大的散射增强以获得高质量的 SERS 光谱。此外,我们也发现 SERS对分子取向及与金属表面之间的距离非常敏感[13]。

SERS 的增强机制部分可归因于共振的表面等离激元所产生的巨大局域电磁场,该共振可由特定波长的光在不同形状的金属颗粒或者紧密排列的颗粒群上激发[14-21]。相互作用的颗粒组成的聚集体通常可被看做是不规则碎片形状,等离子共振可在非常宽的光谱波段被激发[22]。除了电磁场增强之外,金属纳米结构和分子可形成电荷转移复合物,进一步增强 SERS[23-29]。由此产生的整体增强的关键取决于颗粒或聚集的纳米结构的形貌[22,30-36]。对于平均面积宏观信号,增强因子可高达 10^5 至 10^9,在局部的共振纳米结构中,增强因子可达 10^{10} 至 10^{15}。

目前已发现大量的结构适用于 SERS,包括粗糙金属电极[1-3]、聚合的薄膜[15]、不同形貌的金属岛[14,15,17-20]、临近渗流阈值(percolation threshold)的半连续金属薄膜[37-39]。在 SERS 活性基底中,真空蒸镀的纳米结构化的金属薄膜非常适用于 SERS 的研究,并有很高的应用潜力[14-20,24,39-43]。沉积速率、堆积的厚度和热退火对金属膜的影响已被详细地研究[18,40-43]。

目前最先进的 SERS 基底制备趋势就是优化设计颗粒形貌可控的纳米结构,例如三角板[35,44],纳米壳[36,45],或者利用纳米球光刻[35]、电子束光刻[46]或在介质球上涂覆金属层得到的规则排列[4,42]。事实已证明一对合适形状的颗粒,如利用电子束光刻或纳米球刻蚀制备的蝶形结构[47,48],具有最大的局域场。特别有报道称,利用三角板颗粒阵列可在单位面积覆盖有金属层的衬底上获得最大的宏观增强因子[35]。利用周期性的金属纳米颗粒阵列也可产生强烈的 SERS 增强[80]。

我们最近发现在特定蒸镀参数范围内所制备得到的真空蒸镀 Ag 薄膜,在蛋白质沉积下的局部结构能够实现较好的重新排列[49-53]。这样的衬底,被称为自适应(adaptive)基底,可实现蛋白质吸附而其构象状态不会发生显著改变,并具有大的 SERS 增强,从而在单层蛋白质表面密度下实现蛋白质传感。这种自适应特性对于尺寸与金属薄膜纳米结构的典型尺寸(颗粒大小及颗粒之间的间距)相比拟的大分子的传感特别重要。对于纳米尺寸范围的蛋白质,实现与具有特殊尺寸和形状的分子相匹配的优化设计的纳米结构仍是一个问题。这一问题可利用自适应纳米结构解决。在这些纳米结构中,通过蛋白质作为媒介重构形成金属颗粒群,并自然地覆盖或匹配所感兴趣的分子。

本章中,我们讨论自适应 Ag 薄膜(Adaptive Silver Films, ASF)的具体特性,并给出几个用于蛋白质传感和在蛋白质微阵列中的潜在应用的例子。以胰岛素为例介绍了 SERS 对于蛋白质构象状态的光谱灵敏度。我们还描述了这种基底的进一步发展,通过在基底上添加一层体金属进一步提高 SERS 信号。

14.2　SERS 增强因子的基本公式

20 世纪 80 年代,聚合颗粒薄膜中基于麦克斯韦-加内特法(Maxwell-Garnett approach)的局域场增强概念被运用于 SERS 领域[14-15,17-19]。这些理论解释了颗粒形状,并以非常简化的方式解释了颗粒的相互作用。早期的理论也强调了强局域场仅能由大的场波动所引起[16]。

很多情况下,金属颗粒聚集体形成的碎片化结构具有尺度不变(scale-invariant)的分布特点,以致它们在不同尺度下看上去都相同。该碎片化的结构的一种特殊代表类型就是渗流薄膜(也称为半连续金属薄膜)。渗流薄膜由不同尺寸的碎片化的金属团簇组成,从一个或几个颗粒组成的单个团簇一直大到"无穷"的碎片化团簇,覆盖整个薄膜并为薄膜提供一条导电(渗流)路径。当小于渗流阈值时,金属-介质薄膜是绝缘体,而大于渗流阈值时其变成导体。虽然渗流薄膜宏观上是均匀的,但金属团簇仍以尺度不变分布为特征。

对于碎片化系统,可采用功能强大的缩放理论。Shalaev 和 Stockman 提出了一个用于描述碎片化聚集体的光学特性的理论[22,39],Sarychev 和 Shalaev 提出了一个针对渗流复合材料的光学理论[38,39]。碎片化聚集体与渗流薄膜之间有很多的相同点,两者的电磁激发都局限在一个被称为"热点"(hot spot)的很小的纳米尺寸区域内。热点处的局域场强度可超过入射光强幅度的 3 至 5 个数量级,导致在最佳条件下拉曼散射增强的幅度可高达 12 个数量级。

这种电磁场增强来源于金属纳米颗粒聚集体(团簇)中局部的等离激元模式的激发。由于尺度不变特性,碎片化聚集体和渗流薄膜中的金属团簇具有大量不同的形状和尺寸。由金属颗粒构成的不同的局部结构在不同的频率下共振,因此所有的这些合起来,为其提供了一个宽波段的拉曼散射增强。由于不同金属团簇发生共振的频率不同,所以不同频率下的热点空间上是完全独立的。热点的典型尺寸是 10 nm～100 nm。不同频率的光在一个碎片化的或渗流的系统中激励起不同的热点分布。在这些系统中的共振等离激元模式覆盖的光谱范围很宽,从近紫外波段至中红外波段。

在很多情况下,随机的颗粒聚集体不能形成碎片化或渗流系统(例如远低于渗流阈值的岛状薄膜)。但是,在大量的金属颗粒的小群体之中仍可激励起热点,而且这种随机系统的光学特性与碎片化或渗流系统的光学特性相似。事实也证明了应用于渗流系统的光学缩放理论也同样适于金属浓度在渗流阈值附近(包括远低于或高于逾渗阈值)条件[38,39]。对于光频段,沙拉耶夫-萨雷切夫理论(Shalaev-Sarychev theory)的缩放公式在较宽的金属填充因子范围内,大约从 0.3 至 0.7,仍然有效。碎片化理论同样非常可靠能用于描述颗粒的随机聚集体(即使它们不是碎片化的),只要具有频率-空间选择性,不同频率的热点就位于不同的位置,这导致了等离激元模式呈非均匀展宽分布(见 3.6.1 节参考文献[39])。

下面我们将通过公式介绍随机金属-电介质复合材料(包括金属-电介质薄膜这种重要例子)的 SERS 增强。

14.2.1　拉曼散射增强因子

假设拉曼活性分子被放置在金属-介质薄膜上,在薄膜上可激发等离激元模式,从而产生局域场增强。频率为 ω 的入射波的拉曼散射(Raman scattering, RS)在频率移动到 ω_s 时产生散射场。频移 $\omega - \omega_s$ 等于一个分子的振动频率,这些振动频率的组合代表分子的“指纹”。自发拉曼散射是线性不连续的光学过程。由于等离激元模式覆盖了很宽的光谱范围,频率为 ω 和 ω_s 的场都因共振的等离激元模式而增强[16]。因此,表面增强拉曼散射的增强因子 G_{RS} 为频率 ω 和 ω_s 时的两个场的增强因子的乘积[39]。

$$G_{RS} \sim \left\langle \left| \frac{E_\omega}{E_\omega^0} \right|^2 \left| \frac{E_{\omega_s}}{E_{\omega_s}^0} \right|^2 \right\rangle \tag{14.1}$$

其中,尖括号表示整个随机薄膜的空间平均值。等式(14.1)中,E_ω 和 E_{ω_s} 分别是频率 ω 和 ω_s 下的局域增强场,E_ω^0 和 $E_{\omega_s}^0$ 是这些频率下的探测,非增强电场。下面为了简化,我们设这些非增强振幅均等于一,则 $|E_\omega|^2$ 和 $|E_{\omega_s}|^2$ 分别为频率 ω 和 ω_s 下场强度的局域增强。此时,方程(14.1)中 RS 的增强因子可重写为

$$G_{RS} \sim \left\langle \left| E_\omega E_{\omega_s} \right|^2 \right\rangle \tag{14.2}$$

方程(14.2)有两个重要的极限情况,我们将在下文考虑。如果斯托克斯频移(Stokes frequency shift)比等离子共振的谱宽 Γ 小,那么两个频率处的热点就会在同一个空间位置产生,因此增强因子可写为

$$G_{RS} \sim \left\langle \left| E \right|^4 \right\rangle \tag{14.3}$$

其中频率为 ω 和 ω_s 的场被设为相等的,因为这两个场的增强是完全相关的。因此在这些最优化条件下,SERS 增强因子是薄膜上平均的增强局域场的 4 次方。这种增强的非线性依赖性不应与拉曼信号本身混淆,拉曼散射是一个线性过程,仍与场强成正比。

然而,一种更普遍的情况是频移 $\omega - \omega_s$ 大于等离子共振线宽 Γ。对于大的频移,两个频率下的热点的位置可近似为统计独立的。那么,我们可分离方程(14.2)中两个电场的平均值,此时,增强因子可表示为

$$G_{RS} \sim \left\langle \left| E_\omega \right|^2 \right\rangle \left\langle \left| E_{\omega_s} \right|^2 \right\rangle \tag{14.4}$$

方程(14.4)与实验[15,18]和理论[17-18]一致,表明增强的拉曼强度正比于激光和散射光频率下的吸收的乘积,即正比于 $A(\omega)A(\omega_s)$[15,17-19](注意吸收 A 与 $\langle|E|^2\rangle$ 成正比)。这一事实帮助我们评价各种基底用作 SERS 基底的可能性。

对于贵金属和货币金属,介电常数 ε 可用德鲁特公式表示为

$$\varepsilon = \varepsilon_0 - \frac{\omega_p^2}{\omega(\omega + \mathrm{i}\tau^{-1})} \tag{14.5}$$

式中,$\tau = \Gamma^{-1}$ 是等离激元振荡的弛豫时间,ε_0 是带间对介电常数的贡献,ω_p 是体等离激元频率。对于有效的 SERS 金属,以上参数的数量级如下[54,55]:Ag($\omega_p = 9.1$ eV,$\tau_{\mathrm{eff}}^{-1} = 0.021$ eV),Au($\omega_p = 9.0$ eV,$\tau_{\mathrm{eff}}^{-1} = 0.066$ eV),Cu($\omega_p = 8.8$ eV,$\tau_{\mathrm{eff}}^{-1} = 0.09$ eV)。

14.2.2　电磁增强因子与有效光学性质的关系

下面利用由碎片化和渗流系统得到的公式[22,38,39]估算 SERS 增强因子。如前所述,这些结果对于绝大部分金属-介质复合材料和薄膜也近似适用。

对于碎片,拉曼增强是一个非线性过程,与局域场的 n 次方成正比[39],约为

$$\langle|E|^n\rangle_{\mathrm{frac}} \sim \left(\frac{|\varepsilon'|^2}{\varepsilon''\varepsilon_h}\right)^{n-1} \sim \left(\frac{\omega_p^2}{\omega}\tau\right)^{n-1} \tag{14.6}$$

对于上式中第二个估算量,我们利用了方程(14.5)给出的德鲁特公式,主体材料的介电常数估算为 $\varepsilon_h \sim 1$。方程(14.6)中还有一个与频率无关的前置因子与系统的具体结构有关,为了简化,这里将其忽略。

对于一个渗流系统,增强因子为

$$\langle|E|^n\rangle_{\mathrm{perc}} \sim \left[\left(\frac{|\varepsilon'|}{\varepsilon_h}\right)^{\frac{v(n-2)+s}{t+s}}\right]\left(\frac{|\varepsilon'|}{\varepsilon''}\right)^{(n-1)(1-2\gamma)+\gamma} \tag{14.7}$$

式中 v,t,s 和 γ 是渗流理论的关键指数。为了简化,我们利用 $v = t = s = 3/4$ 的二维系统,并设 $\gamma = 0$(γ 考虑了非局域模式的存在[56])。此时,应用德鲁特公式(方程(14.6)),取 $\varepsilon_h \sim 1$,得到

$$\langle|E|^n\rangle_{\mathrm{perc}} \sim \left[\frac{|\varepsilon'|^{3/2}}{\varepsilon_h\varepsilon''}\right]^{n-1} \sim (\omega_p\tau)^{n-1} \tag{14.8}$$

利用方程(14.3)~(14.6),可得到碎片化系统中,对应大、小斯托克斯频移两种极限情况时的 SERS 增强,

$$G_{\mathrm{RS}}^{\mathrm{frac}}(\omega - \omega_s \lesssim \Gamma) \sim c\left(\frac{|\varepsilon'|^2}{\varepsilon''\varepsilon_h}\right)^3 \sim c\left(\frac{\omega_p^2}{\omega}\tau\right)^3 \tag{14.9}$$

和

$$G_{\mathrm{RS}}^{(\mathrm{frac})}(\omega - \omega_s \gg \Gamma) \sim c\left(\frac{|\varepsilon'|^2}{\varepsilon''\varepsilon_h}\right)^2 \sim c\left(\frac{\omega_p^2}{\omega}\tau\right)^2 \tag{14.10}$$

其中,我们增加了与几何结构有关的前置因子 c,估计在 10^{-1} 到 10^{-2} 之间(在方程(14.9)和(14.10)中可为不同的值)。

对于渗流结构,根据方程(14.3)~(14.5)和(14.8),也可获得对应大、小斯托克斯频移的 SERS 增强因子,如下:

$$G_{RS}^{(perc)}(\omega - \omega_s \lesssim \Gamma) \sim c\left(\frac{|\varepsilon'|^{3/2}}{\varepsilon_h \varepsilon''}\right)^3 \sim c(\omega_p \tau)^3 \tag{14.11}$$

和

$$G_{RS}^{(perc)}(\omega - \omega_s \gg \Gamma) \sim c\left(\frac{|\varepsilon'|^{3/2}}{\varepsilon_h \varepsilon''}\right)^2 \sim c(\omega_p \tau)^2 \tag{14.12}$$

式中已包括了几何结构因子 c [39]。虽然在方程(14.9)～(14.12)中的 c 值各不相同,但所有情况下它都与频率无关,且估算值在 $1 \sim 10^{-3}$ 范围之间。

碎片化系统与渗流系统的拉曼增强因子相似,只差一个 ω_p/ω 因子,在可见光波段约为 4。虽然这些估算值是从尺度不变的系统的特例下获得的,如碎片化系统与渗流系统,但它们也同样近似适用于很多随机分布的金属颗粒团簇,如岛状薄膜或者胶体的聚集体等。在所有的这些系统中,增强的局域场都集中于随机分布的热点中,热点的空间位置取决于激励场的频率。

另外重要的一点就是,根据上述的公式和这些金属的光学参数,Ag 的拉曼散射宏观平均电磁增强比 Au 或 Cu 的大。根据方程(14.9)～(14.12)和以上给出的光学常数,宏观 SERS 增强的范围在 $10^4 \sim 10^9$ 之间,热点处的局域增强的幅度比该范围还要大 1～3 个数量级,因此最优化条件下,SERS 增强可达 10^{10} 甚至 10^{12}。当化学增强机制也存在时,SERS 增强因子比上述的数量级还大,为总的 SERS 增强提供了一个额外的"助推器"。化学增强因子通常在 $10 \sim 10^3$ 范围内。因此,在最优化条件下,当电磁的和化学的机制同时贡献时,SERS 增强因子可高达 10^{15}。

14.3　Ag 薄膜的自适应特性

如上所述,在某一特定蒸发参数范围内由真空蒸镀制备的 Ag 薄膜,放在缓冲液中进行蛋白质沉积时,薄膜上的纳米结构将能够很好地重新排列。虽然实现结构重组的物理或化学过程还没有全部被证实,但是我们已利用几种方法研究了结构重组的机制。包括紫外-可见光分光光度测定法和拉曼光谱在内的光学方法已被用于检测薄膜纳米结构、颜色及其他性质的变化。此外,我们还利用了场发射扫描电子显微镜(field emission scanning electron microscopy, FE SEM)、粘合测试、原子力显微镜、X 射线光电子发射光谱和 X 射线衍射等方法进行了分析。

自适应 Ag 薄膜大多由真空电子束蒸镀在电介质衬底上制备得到,蒸镀系统内的初始压强大约在 10^{-7} Torr [49]。首先在电介质(玻璃)载玻片上覆盖一层 10 nm 的 SiO_2,然后以 0.05 nms^{-1} 的速率沉积一层 8 nm～13 nm 的 Ag 层。在 Ag 沉积过程中,微小的独立的金属小颗粒首先在衬底上生成。然后随着 Ag 覆盖面积的增大,小颗粒合并,最终导致各种尺寸的 Ag 颗粒和聚集体。利用常用的胶带测试定性地估计其粘附力,表明 Ag/SiO_2/玻璃基底结构具有很好的粘附力。胶带测试前后的吸收光谱与反射光谱测试可反映出薄膜与玻璃衬底粘附力的相对水平。胶带测试后发现 Ag/SiO_2/玻璃基底的吸收/反射光谱的变化小于 5%。通过 Ag 衬底上有 SiO_2 和没有 SiO_2 层的测试对比发现 Ag 在玻璃上的粘附力比较差。在粘附力很强的情况下(如包含促进粘合的 Ti 粘合层时),蛋白质溶液沉积不能够产生斑点的颜色变化或结构修饰,几乎很少甚至不能观察到 SERS 增强。

金属纳米结构中的集体电子振荡(等离激元)的激发可使光与金属颗粒产生强烈的

相互作用,与厚金属薄膜相比,最终具有更多的吸收。通常 ASF 基底的吸收光谱与反射光谱的谱线的形状相似,并且最大值都在 500 nm 附近,谱线有很宽的翼形抬高,延伸进入更长的波段(见图 14.1 中实线)。反射光谱通常与吸收光谱相当或者略微大于吸收光谱 $1\sim1.4$ 倍(二者的光谱都用百分数表示)。如图 14.1 对于一个胰岛素斑点的光谱(虚线)所示,Ag 膜的颜色和消光光谱在蛋白质沉积后都发生了变化。很明显,在分析物斑点之中的光谱显示出最大蓝移,长波段翼的斜率减小,以及消光度在 300 nm～1 000 nm 波长范围内整体降低。同一个胰岛素斑点的 FE SEM 图像(图 14.2(b))清晰地展示了纳米尺度的重构,在这一区域形成了很多靠得很近的金属纳米颗粒群。这与胰岛素斑点外的薄膜形成鲜明对比,其中绝大多数是分裂的颗粒(图 14.2(a))。

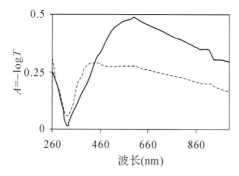

图 14.1　ASF 基底的典型吸收(消光)光谱。实线表示裸露的 ASF 基底的光谱,虚线表示 ASF 基底上的胰岛素斑点的光谱。

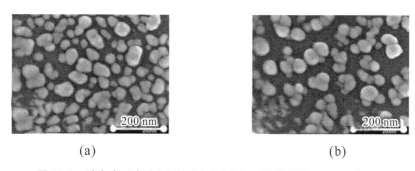

图 14.2　胰岛素斑点外(a)和斑点内(b)的 ASF 基底的 FE SEM 图像。

图 14.3(a)给出了 ASF 基底上蛋白质沉积并干燥后的典型视图。注意到用含有 0.5％Tween - 20 的三羟甲基氨基甲烷缓冲生理盐水(tris-buffered saline, TBS)溶液清洗后,除了分析物斑点下方的区域,如图 14.3(b)清晰所示,其他所有的 Ag 膜涂层都被清除掉。由此推断,蛋白质稳定了 Ag 膜,使其即使经过清洗步骤依然处于原来的位置。这表明生物分子本身在与 Ag 颗粒形成稳定的复合物的过程中,起到了关键的作用。通过改变生物分子和缓冲液浓度,我们发现这两个因素对于形成均匀稳定的分析物斑点都非常重要。当沉积溶液中蛋白质的浓度较低时(大约 10％～20％),就会产生几乎透明的斑点而没有金属颗粒。溶剂可能通过氧化还原反应腐蚀金属颗粒,最终只在基底上留下 Ag 盐。X 射线衍射测试表明,用含有 0.1 mM～1 mM 的 NaCl、KCl 或 HCl 的 TBS 溶液处理 Ag 膜后,在透明区域有 AgCl 晶体生成[53]。该氧化还原过程可能使 Ag 颗粒与 SiO_2 的交界面的吸附力减小,甚至使颗粒在溶液中脱落。当沉积不含缓冲液的某些蛋白

质溶液时,比如胰岛素,薄膜表面并没有什么变化。而用其他蛋白质时,如 M2 单克隆抗体,则会导致蛋白质的重构。但这种现象和蛋白质特性之间的具体关系还没有建立起来。利用 X 射线光电子能谱仪的元素分析[52]表明基底上的 Ag 在制备后的 2~3 周都处于金属态,没有被氧化(Ag 的 3d 5/2 的峰位在 368.5 eV),而在制备后 8 周左右 Ag 膜将会被氧化(峰位移动到367.0 eV~367.4 eV)。由于很多成功的实验用的是制备完成了几个月的 ASF 基底,因此我们推断 Ag 颗粒最初就被覆盖了一层氧化物,然后在缓冲液中的蛋白质分子沉积时发生还原反应。

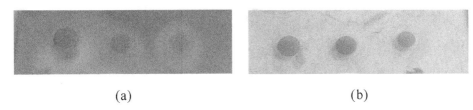

(a)　　　　　　　　　　　　　　　(b)

图 14.3　含有胰岛素的 ASF 基底在用三羟甲基氨基甲烷缓冲盐溶液清洗前后的照片。

另外一个在 TBS 缓冲液中以 M2 分子抗体促成的重构实验如图 14.4(b)所示,以抗原促成的重构实验的如图 14.4(c)所示。当蛋白质浓度较低时,金属覆盖率就比较低(FE SEM 图像中白色区域占整个区域的比例)。图 14.4(b)和(c)显示光吸收的减少与金属覆盖区域的减少有关(图 14.4(b)中透射率 $T=0.25$,图 14.4(c)中 $T=0.4$)。

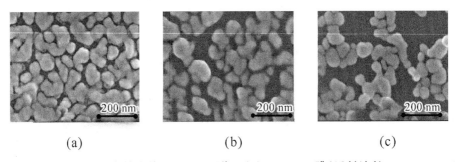

(a)　　　　　　　　　　(b)　　　　　　　　　　(c)

图 14.4　同一批的两个基底的 FE SEM 图像。(a) 12 nmAg 膜(透射波长 568 nm, $T=0.27$);(b) 抗体斑点中的 12 nmAg 膜($T=0.23\sim0.27$);(c) 抗原(FLAG‐BAP)斑点中的 12 nmAg 膜($T=0.4$)。所有图像都是基底制备 8 周后拍摄的图像,蛋白质是在基底制备 1 周后沉积上去的。

通常,蛋白质溶液中都含有缓冲液。蛋白质浓度对 Ag 膜稳定性的影响可通过图 14.5 说明。蛋白质浓度较低时,金属颗粒表面密度就较低。Ag 膜的吸光度主要由金属态的 Ag 颗粒决定。其吸光度随蛋白质浓度的增加而增大,并在某一浓度时达到饱和,该浓度可认为是蛋白质浓度的最佳值。吸光度的浓度依赖性表明:Ag 薄膜在 TBS/Tween-20 溶液中清洗 30 分钟后几乎没有变化(图 14.5 的圆圈),证实了蛋白质对 Ag 膜的稳定作用。

14.4　SERS 增强

根据膜的初始质量厚度,可形成或大或小的碎片化的聚集体。在我们所检测的小的(图 14.3(b))和大(图 14.4(b)~(c))的两种聚集体中,针对单位金属覆盖面归一化的分析物的 SERS 信号是可比拟的。SERS 增强足够高,可用于检测单层分析物[49]。需要注意的是,这种聚集体的结构为电磁和化学 SERS 增强都提供了条件。即使是小的聚集体,

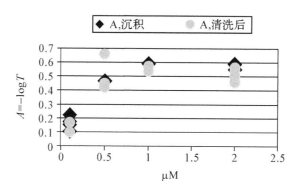

图 14.5 波长为 568 nm 时蛋白质(抗体白细胞 10)斑点中的吸光度与蛋白质浓度之间的关系。

在可见光和近红外光也具有很强的电磁增强,这已被偏振非线性度[58]和 SERS[31]所证明。大的聚集体通常具有碎片化的形貌,众所周知,可产生极强的 SERS 信号[22,39]。此外,第一个分子层可能通过两颗粒间最近的分子[59],或通过一个作为颗粒间的分子隧道连接点穿过振动分子桥的系统[60],为产生光隧道电流提供条件。因此,薄膜的自适应特性可形成由两个或多个颗粒围成的封闭腔体,这对拉曼增强是非常理想的。更重要的是,重构可导致蛋白质自然地填充在腔体中。

相对于石英基底上胰岛素标准拉曼信号,在我们的 ASF 基底[49]上测得胰岛素的宏观增强因子约为 3×10^6。这是在金属-介质薄膜中随机观察到的最大值:对于硝基苯甲酸盐[19]为 10^5,对于反式 1,2 -双(4 -吡啶)乙烯[42]为 5.3×10^5。

位于镜面化的金属表面附近,且中间隔着一层电介质层的金属纳米结构化的薄膜能够用于进一步增强基于 ASF 的生物传感器所产生的 SERS 信号[52]。这种三明治结构可显著改变薄膜的光学特性[61-63]。图 14.6(b)所示的三明治结构包括:沉积在玻璃上的 80 nm 的体材料 Ag 膜、10 nm 的 SiO_2 层和 12 nm 的纳米结构化的 Ag 膜。因此,相对于通常的 ASF 结构(图 14.6(a)),三明治结构多了一层体材料金属层。体材料 Ag 层提供了附加的局域场增强,这种增强是由颗粒与其在体材料金属层中的像之间的相互作用,以及颗粒之间的远场相互作用引起的。三种分析物(人体胰岛素、人体白介素 10 抗体和含有 1 nM R6G 的人体白介素 10 抗体)的测试实验表明,多层三明治结构的拉曼信号强度是通常的 ASF 的 4～5 倍。

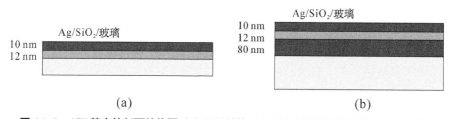

图 14.6 ASF 基底的剖面结构图:(a) 双层结构,(b) 添加厚的金属亚层的三明治结构。

综上所述,自适应 Ag 膜以蛋白质/缓冲液作为媒质促使金属纳米颗粒的重组,这有可能解决 3 个问题。具体来说就是,吸附在金属表面的蛋白质没有重大的结构变化(软吸收(soft-adsorption));Ag 膜更稳定,使分析物/金属混合物抗清洗;并且给定的颗粒的SERS 信号得到提高。

14.5　胰岛素和抗体-抗原联合体 SERS 检测

我们首先讨论利用 ASF 实验检测胰岛素类似物。随后介绍利用 ASF 基底检测抗体-抗原绑定的过程。

一般来说，采用拉曼光谱的蛋白质传感提供了关于蛋白质构象改变的重要结构信息。固态形式的自然胰岛素与变性胰岛素之间的转化，以及胰岛素原和胰岛素纤维的光谱特征早已得到研究[64-66]。胰岛素六聚体中的结构变化特性已利用拉曼差谱法进行了研究[67]。

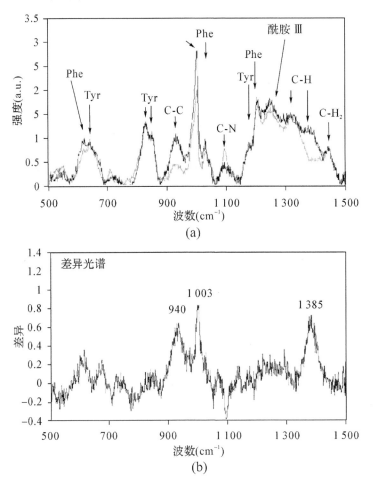

图 14.7　在 ASF 基底上的人体胰岛素（human insulin）（黑色）和赖脯胰岛素（insulin lispro）（灰色）在波长为 568 nm 入射激光下的 SERS 光谱。下图中的 SERS 差异光谱（赖脯胰岛素）清晰地显现了两个胰岛素之间的光谱差异。

胰岛素是一种由分裂成两个链状（称为 A 和 B）的 51 氨基酸组成的蛋白质，可调节血液中的葡萄糖含量。利用自适应基底实验检测两种胰岛素异构体——人体胰岛素和与其类似的赖脯胰岛素——的拉曼光谱的差异。两种胰岛素的唯一不同点就是两个相邻氨基酸的互换。具体的就是，赖脯胰岛素中 B 链 C 端的丙基-赖氨酰序列与人体胰岛素相反。该丙基-赖氨酰的互换导致了 C 点和 N 点的结构变化，这对糖尿病治疗具有很好的临床效果。两种胰岛素的 SERS 光谱的差异可在亚单层密度为 80 fmol/mm² 被检测到，且在检测区域胰岛素只有 25 amol。

　　与石英基底上的胰岛素[50]和溶液中的锌胰岛素[67]的普通拉曼光谱相比,我们的 SERS 光谱可显示胰岛素所有已知的拉曼指纹谱峰。胰岛素的拉曼峰主要对应于氨基化合物 Ⅰ 和氨基化合物 Ⅲ 及苯丙氨酸(位于 B 链的 B1,B24 和 B25)和络氨酸(A14,A19,B16 和 B26)的振动[64]。

　　两种胰岛素的 SERS 差异可部分归因于:1) Phe(B1)的位移;2) 人体胰岛素中 B-链 N-端的 α 螺旋,这就是 R-态构造的特点。正如前面提到的,胰岛素首先通过 N-端被吸附在薄膜表面。由于过量的负电荷,金属颗粒吸引 B-链带正电荷的 N-端,因此使 Phe (B1)更加靠近薄膜表面。根据偏移的 Phe(B1)的构象状态,不同的 Phe(B1)相对金属表面的距离和方向不同,这使我们能够观察到人体胰岛素的 Phe 拉曼峰值强度是赖脯胰岛素的 1.4 倍。人体胰岛素中 1 385 cm^{-1} 下的 CH 变形带与 940 cm^{-1} 下的 C-C 骨架带比赖脯胰岛素强。890~945 cm^{-1} 带是 α 螺旋结构的特征谱线,对结构变化很敏感[68-71]。该谱线的中心通常位于 940 cm^{-1},一旦转换成 β-片层或无规则卷曲结构这条谱线就会消失或者显示很弱的强度。同样,1 371 cm^{-1} 下的 C-H 变形带代表胰岛素六聚体的 R6 结构,具有很长的 α 螺旋序列(B1-B19)[67]。我们注意到,该带在 R6-T6 拉曼差异光谱中出现,在 $T_3 R_3^f - T_6$ 光谱中消失[67]。这是 R6 六聚体 N 端的 α 螺旋结构 Phe(B1)、Val(2) 和 Ala(B3)位于 1 370 nm~1 385 nm 下的 C-H 变形带中的重要原因。可观察到的 SERS 光谱差异表明人体胰岛素和赖脯胰岛素在表面具有不同的结构形态。Ag 膜表面分子共价键的特殊取向表明了两种胰岛素 SERS 光谱差异,并且该差异比传统拉曼要强得多。获得的 SERS 光谱差异与人体胰岛素六聚体和赖脯胰岛素的 X 射线晶体研究一致[72]。

　　由于人体胰岛素及其类似物具有相同的侧链,仅构象状态不同。利用 ASF 基底观察到的差异揭示了构象状态的拉曼光谱特点。在该研究中,我们利用了拉曼差异光谱,它是一种探测蛋白质结构的通用方法,用于密切联系的蛋白质之间的比较[73]。在这里我们把它拓展到了 SERS 中用来研究胰岛素构象的光谱特征。在我们的实验中,所有胰岛素振荡模式的增强因子几乎都相同。这使 SERS 光谱与液体和固体形式的传统拉曼光谱相类似,简化了分析。

　　我们还进行了 ASF 基底用于抗体/抗原绑定的研究。利用光学方法检测蛋白质绑定对当前的蛋白质分析非常重要,有可能在未来引起在生物医学诊断、研究与发现中的许多应用。研究结果表明基于 ASF 的基底可实现直接的、免标记的和单层水平上的抗体—抗原绑定的 SERS 检测。实验中,我们采用以下的方案:抗体(anti-FLAG M2 单克隆抗体)被固定在 ASF 基底上形成单层阵列,然后将基底在浓度为 1 nM 的抗原溶液孵化(C 端点 FLAG-BAP(细菌碱性磷酸酶))。在每个实验中,在抗体被固定,与抗原作用 (incubation)后,用 TBS/Tween-20 清洗薄膜 20 分钟,然后用去离子水冲洗 5 次。清洗后,观察抗体与抗原作用后的拉曼光谱变化。如图 14.8 所示抗原—抗体绑定后引起明显的 SERS 光谱变化,(黑色表示作用之前,灰色代表之后)。对照实验中,抗体在一个不含 FLAG 的 BAP 溶液孵化后,拉曼光谱没有出现变化(图 14.8 底图,灰色)。需要注意的是,ASF 基底可利用传统化学发光法和荧光法独立的对绑定活动进行原位 (in situ) 验证。这种验证已得到运用,也证实抗原与抗体在 SERS 活性衬底上保持绑定特性。与胰岛素一样,我们发现沉积的生物分子(在本例中为抗体或抗原)重构并稳定了 ASF 基底,不仅使蛋白质绑定活性得到维持,也使 SERS 得到增强。

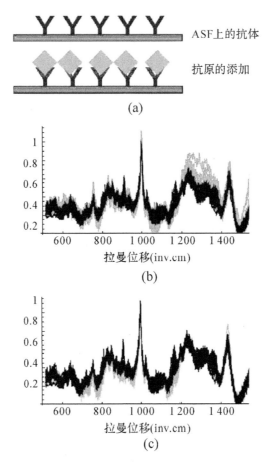

ASF上的抗体

抗原的添加

(a)

(b)

(c)

图 14.8 (a) 抗体(anti-FLAG M2 分子)和抗原(C 端点 FLAG-BAP)的绑定。(b) 抗原作用前的光谱(黑色)、抗原作用后的光谱(灰色)。(c) 作为一个对照试验,没有 FLAG 的未绑定 BAP 在抗体列阵上形成,产生的 SERS 光谱(灰色)没有产生光谱变化。

基于 ASF 基底法的无标记检测与之前的光学检测法(通常基于不同类型的标记)具有独特的优点,例如闪烁计数法[74],电化学法[75],酶催化法[76],荧光法[76-78]和化学发光法[79]等。ASF 的另一个特点是针对同一基底可使用多种检测方法,例如无标记 SERS 法,化学发光法和荧光法等。

应用于蛋白质微阵列的 ASF 基底为同时探测 SERS 光谱和荧光信号提供了一个很有前景的方法。利用羽毛型检测仪制备的微阵列显示:ASF 基底可使荧光(在 633 nm 激发)和无荧光 SERS(在 568 nm 激发)适用于检测 Cy5 链霉亲和素的荧光报告载体[52]。Cy5 链霉亲和素 SERS 谱可用于区分需要的和不需要的绑定事件。由于生物素与链霉亲和素的相互作用形成了生物列阵技术中几种普遍应用检测方法的基础,SERS 检测的这项应用可能非常重要。

14.6 总结

自适应 Ag 薄膜适用于单分子层表面密度下的蛋白质传感。这些基底的自适应特性使得蛋白质吸附的同时其构象状态没有重大的变化。在人体胰岛素和赖脯胰岛素的例子中,由于二者不同的构象状态,SERS 光谱结果显示出独有的特征,与 X 射线晶体研究结果一致。在蛋白质阵列的应用实验中,利用直接免标记的探测方法,发现一旦抗原抗体绑定,SERS 光谱就会发生显著地变化。独立的免疫化学分析验证证实 ASF 基底上的抗体维持着绑定特性。实验证明在 ASF 基底下增加厚金属层组成的三明治结构为提高基于 SERS 的生物传感的灵敏度提供了一个有前途的方法。

参考文献

[1] M. Fleischmann, P. J. Hendra, A. J. McQuillan: Raman spectra of pyridine adsorbed at a silver electrode, Chem. Phys. Lett. 26, 163-166 (1974).

[2] D. J. Jeanmaire, R. P. Van Duyne: Surface Raman spectroelectrochemistry Part I. Heterocyclic, aromatic, and aliphatic amines adsorbed on the anodized silver electrode, J. Electroanal. Chem. 84, 1-20 (1977).

[3] M. G. Albrecht, J. A. Creighton: Anomalously intense Raman spectra of pyridine at a silver electrode, J. Am. Chem. Soc. 99, 5215-5217 (1977).

[4] T. Vo-Dinh: Surface-enhanced Raman spectroscopy using metallic nanostructures, Trends Anal. Chem. 17, 557-582 (1998).

[5] G. Bauer, N. Stich, T. G. M. Schalkhammer. In: Methods and Tools in Biosciences and Medicine: Analytical Biotechnology, ed by T. G. M. Schalkhammer (Birkhauser Verlag Basel, Switzerland, 2002).

[6] M. S. Sibbald, G. Chumanov, T. M. Cotton: Reductive properties of iodide-modified silver nanoparticles, J. Electroanal. Chem. 438, 179-185 (1997).

[7] T. Vo-Dinh, D. L. Stokes, G. D. Griffin, M. Volkan, U. J. Kim, M. I. Simon: Surface-enhanced Raman scattering (SERS) method and instrumentation for genomics and biomedical analysis, J. Raman Spec. 30, 785-793 (1999).

[8] K. R. Brown, A. P. Fox, M. J. Natan: Morphology-dependent electrochemistry of cytochrome c at Au colloid-modified SnO_2 electrodes, J. Am. Chem. Soc. 118, 1154-1157 (1996).

[9] K. E. Shafer-Peltier, C. L. Haynes, M. R. Glucksberg, R. P. Van Duyne: Toward a glucose biosensor based on surface-enhanced Raman scattering, J. Am. Chem. Soc. 125, 588-593 (2003).

[10] Y. W. C. Cao, R. Jin, C. A. Mirkin: Nanoparticles with Raman spectroscopic fingerprints for DNA and RNA detection, Science 297, 1536-1540 (2002).

[11] Y. C. Cao, R. Jin, J. M. Nam, C. S. Thaxton, C. A. Mirkin: Raman dye-labeled nanoparticle probes for proteins, J. Am. Chem. Soc. 125, 14676-14677 (2003).

[12] D. S. Grubisha, R. J. Lipert, H. Y. Park, J. Driskell, M. D. Porter: Femtomolar detection of prostate-specific antigen: An immunoassay based on surface-enhanced Raman scattering and immunogold labels, Anal. Chem. 75, 5936-5943 (2003).

[13] M. Moskovits: Surface-enhanced spectroscopy, Rev. Mod. Phys. 57, 783-826 (1985).

[14] M. Moskovits: Surface roughness and the enhanced intensity of Raman scattering by molecules adsorbed on metals, J. Chem. Phys. 69, 4159-4161 (1978).

[15] C. Y. Chen, E. Burstein, S. Lundquist: Giant Raman scattering by pyridine and Cn-adsorbed on silver, Solid State Commun. 32, 63-66 (1979).

[16] S. L. McCall, P. M. Platzman, P. A. Wolff: Surface enhanced Raman scattering, Phys. Lett. 77A, 381-383 (1980).

[17] C. Y. Chen, E. Burstein: Giant Raman scattering by molecules at metal island films, Phys. Rev.

Lett. 45, 1287-1291 (1980).

[18] J. G. Bergman, D. S. Chemla, P. F. Liao, A. M. Glass, A. Pinczuk, R. M. Hart, D. H. Olson: Relationship between surface-enhanced Raman scattering and the dielectric properties of aggregated silver films, Opt. Lett. 6, 33-35 (1981).

[19] D. A. Weitz, S. Garoff, T. J. Gramila: Excitation spectra of surface-enhanced Raman scattering on silver island films, Opt. Lett. 7, 168-170 (1982).

[20] G. Ritchie, C. Y. Chen. In: Surface Enhanced Raman Scattering, ed by P. K. Chang, T. E. Furtak (Plenum, New York, 1982), p. 361.

[21] G. C. Schatz. In: Fundamentals and Applications of Surface Raman Spectroscopy, ed by R. L. Garrell, J. E. Pemberton, T. M. Cotton (VCH Publishers, Deerfield Beach, FL, 1993).

[22] M. I. Stockman, V. M. Shalaev, M. Moskovits, R. Botet, T. F. George: Enahnced Raman scattering by fractal clusters—scale invariant theory, Phys. Rev. B 46, 2821-2830 (1992).

[23] A. Otto: Raman-spectra of (CN)-adsorbed at a silver surface, Surf. Sci. 75, L392-L396 (1978).

[24] I. Pockrand, A. Otto: Coverage dependence of Raman scattering from pyridine adsorbed to silver vacuum interfaces, Solid State Commun. 35, 861-865 (1980).

[25] B. N. J. Persson: On the theory of surface-enhanced Raman scattering, Chem. Phys. Lett. 82, 561-565 (1981).

[26] F. J. Adrian: Charge transfer effects in surface-enhanced Raman scattering, J. Chem. Phys. 77, 5302-5314 (1982).

[27] P. K. K. Pandey, G. C. Schatz: A detailed analysis of the Raman enhancement mechanisms associated with the interaction of a Raman scatterer with a resonant metal cluster: results for Li_n-H_2, J. Chem. Phys. 80, 2959-2972 (1984).

[28] J. R. Lombardi, R. L. Birke, T. Lu, J. Xu: Charge-transfer theory of surface enhanced Raman spectroscopy: Herzberg-Teller contributions, J. Chem. Phys. 84, 4174-4180 (1986).

[29] A. Campion, P. Kambhampati: Surface-enhanced Raman scattering, Chem. Soc. Rev. 27, 241-250 (1998).

[30] S. Nie, S. R. Emory: Probing single molecules and single nanoparticles by surface-enhanced Raman scattering, Science 275, 1102-1106 (1997); Screening and enrichment of metal nanoparticles with novel optical properties, J. Phys. Chem. B 102, 493-497 (1998).

[31] K. Kneipp, Y. Wang, H. Kneipp, L. T. Perelman, I. Itzkan, R. R. Dasari, M. Feld: Single molecule detection using surface-enhanced Raman scattering (SERS), Phys. Rev. Lett. 78, 1667-1670 (1997).

[32] G. C. Schatz, R. P. Van Duyne. In: Handbook of Vibrational Spectroscopy, ed by J. M. Chalmers, R. P. Griffiths (Wiley, New York, 2002), pp. 759-744.

[33] M. D. Musick, C. D. Keating, M. H. Keefe, M. J. Natan: Stepwise construction of conductive Au colloid multilayers from solution, Chem. Mater. 9, 1499-1501 (1997).

[34] A. M. Michaels, M. Nirmal, L. E. Brus: Surface enhanced Raman spectroscopy of individual rhodamine 6G molecules on large Ag nanocrystals, J. Am. Chem. Soc. 121, 9932-9939 (1999).

[35] C. L. Haynes, R. P. Van Duyne: Plasmon-sampled surface-enhanced Raman excitation spectroscopy, J. Phys. Chem. B 107, 7426-7433 (2003).

[36] E. Prodan, C. Radloff, N. J. Halas, P. Nordlander: A hybridization model for the plasmon response of complex nanostructures, Science 302, 419-422 (2003).

[37] P. Gadenne, D. Gagnot, M. Masson: Surface enhanced resonant Raman scattering induced by silver thin films close to the percolation threshold, Physica A 241, 161-165 (1997).

[38] A. K. Sarychev, V. M. Shalaev: Electromagnetic field fluctuations and optical nonlinearities in metal dielectric composites, Phys. Rep. 335, 275-371 (2000).

[39] V. M. Shalaev: Nonlinear Optics of Random Media: Fractal Composites and Metal-Dielectric Films, STMP v. 158 (Springer, Heidelberg, 2000).

[40] J. P. Davies, S. J. Pachuta, R. G. Cooks, M. Weaver: Surface-enhanced Raman-scattering from sputter deposited silver surface, J. Anal. Chem. 58, 1290 (1986).

[41] V. L. Schlegel, T. M. Cotton: Silver island films as substrates for enhanced Raman-scattering—effect of deposition rate on intensity, Anal. Chem. 63, 241-247 (1991).

[42] R. P. Van Duyne, J. C. Hulteen, D. A. Treichel: Atomic force microscopy and surface-enhanced Raman spectroscopy. I. Ag island films and Ag film over polymer nanosphere surfaces supported on glass, J. Chem. Phys. 99, 2101-2115 (1993).

[43] E. Vogel, W. Kiefer, V. Deckert, D. Zeisel: Laser-deposited silver island films: an investigation of their structure, optical properties and SERS activity, J. Raman Spec. 29, 693-702 (1998).

[44] J. J. Mock, M. Barbic, D. R. Smith, D. A. Schultz, S. Schultz, Shape effects in plasmon resonance of individual colloidal silver nanoparticles, J. Chem. Phys. 116, 6755-6759 (2002).

[45] M. Kerker: Electromagnetic model for surface-enhanced Raman scattering (SERS) on metal colloids, Acc. Chem. Res. 17, 271-277 (1984).

[46] J. R. Krenn, A. Dereux, J. C. Weeber, E. Bourillot, Y lacroute, J. P. Goudonnet, G. Schider, W. Gotschy, A. Leitner, F. R. Aussenegg, C. Girard: Squeezing the optical near-field zone by plasmon coupling of metallic nanoparticles, Phys. Rev. Lett. 82, 2590-2593 (1999).

[47] E. Hao, G. C. Schatz: Electromagnetic fields around silver nanoparticles and dimmers, J. Chem. Phys. 120, 357-366 (2004).

[48] D. P. Fromm, A. Sundaramurthy, P. J. Schuck, G. Kino, W. E. Moerner: Gap-dependent optical coupling of single "bowtie" nanoantennas resonant in the visible, Nano Lett. , 4, 957-961 (2004).

[49] V. P. Drachev, M. D. Thoreson, E. N. Khaliullin, V. J. Davisson, V. M. Shalaev: Surface-enhanced Raman difference between human insulin and insulin lispro detected with adaptive nanostructures, J. Phys. Chem. A, 108, 18046-18052 (2004).

[50] V. P. Drachev, M. D. Thoreson, E. N. Khaliullin, A. K. Sarychev, D. Zhang, D. Ben-Amotz, V. M. Shalaev: Semicontinuous silver films for protein sensing with SERS, SPIE Proc. , 5221, 76-81 (2003).

[51] V. P. Drachev, V. C. Nashine, M. D. Thoreson, D. Ben-Amotz, V. J. Davisson, V. M. Shalaev: Adaptive silver films for detection of antibody-antigen binding, Langmuir, 21(18), 8368-8373 (2005).

[52] V. P. Drachev, M. D. Thoreson, V. C. Nashine, E. N. Khaliullin, D. Ben-Amotz, V. J. Davisson, V. M. Shalaev: Adaptive silver films for surface-enhanced Raman spectroscopy of biomolecules, J. Raman Spectrose, 36(6-7), 648-656 (2005).

[53] V. P. Drachev, M. L. Narasimhan, H. -K. Yuan, M. D. Thoreson, Y. Xie, V. J. Davisson, V. M. Shalaev: Adaptive silver films towards bio-array applications, SPIE Proc. , 5703, 13 (2005).

[54] P. B. Johnson, R. W. Christy: Optical constants of the noble metals, Phys. Rev. B 6, 4370-4379 (1972).

[55] C. Kittel: Introduction to Solid State Physics (Wiley, New York, 1995).

[56] D. A. Genov, A. K. Sarychev, V. M. Shalaev: Surface plasmons excitation in semicontinuous

metal films. In: Progress in Condensed Matter Physics, ed by F. Columbus (Nova Science Publishers, Hauppauge, New York, 2005).

[57] L. Eckertova: Physics of Thin Films (Plenum Press, New York and London, 1977).

[58] V. P. Drachev, S. V. Perminov, S. G. Rautian, V. P. Safonov. In: Optical Properties of Nanostructured Random Media, Topics in Applied Physics v. 82, ed by V. M. Shalaev (Springer Verlag, Berlin, 2001), pp. 113-148.

[59] A. M. Michaels, J. J. Jiang, L. E. Brus: Ag nanocrystal junctions as the site for surface-enhanced Raman scattering of single Rhodamine 6G molecules, J. Phys. Chem. B 104, 11965-11971 (2000).

[60] S. Holzapfel, W. Akemann, D. Schummacher, A. Otto: Variations of dc-resistance and SERS intensity during exposure of cold-deposited silver films, Surf Sci. 227, 123-128 (1990).

[61] W. R. Holland, D. G. Hall: Frequency shifts of an electric dipole resonance near a conducting surface, Phys. Rev. Lett. 52, 1041-1044 (1984).

[62] A. Leitner, Z. Zhao, H. Brunner, F. R. Aussenegg, A. Wokaun: Optical properties of a metal island film close to a smooth metal surface, Appl. Opt. 32, 102-110 (1993).

[63] H. R. Stuart, D. G. Hall: Enhanced dipole-dipole interaction between elementary radiators near a surface, Phys. Rev. Lett. 80, 5663-5666 (1998).

[64] N.-T. Yu, C. S. Liu: Laser Raman spectra of native and denatured insulin in the solid state, J. Am. Chem. Soc. 94, 3250-3251 (1972.).

[65] N.-T. Yu, C. S. Liu, D. C O'Shea: Laser Raman spectroscopy and the conformation of insulin and proinsulin, J. Mol. Biol. 70, 117-132 (1972).

[66] N.-T. Yu, B. H. Jo, R. C. C. Chang, J. D. Huber: Single-crystal Raman spectra of native insulin: structures of insulin fibrils, glucagon fibrils, and intact calf lens, Arch. Biochem. Biophys. 160, 614-622 (1974).

[67] D. Ferrari, J. R. Diers, D. F. Bocian, N. C. Kaarsholm, M. F. Dunn: Raman signature of ligand binding and allosteric conformation change in hexameric insulin, Biopolymers (Biospectroscopy), 62, 249-260 (2001).

[68] T.-J. Yu, J. L. Lippert, W. L. Peticolas: Laser Raman studies of conformational variations of poly-l-lysine, Biopolymers 12, 2161-2176 (1973).

[69] M. C. Chen, R. C. Lord, R. Mendelson: Laser-excited Raman spectroscopy of biomolecules 4: thermal denaturation of aqueous lysozyme, Biochem. Biophys. Acta 328, 252-260 (1973).

[70] B. G. Frushour, J. L. Koenig: Raman spectroscopy study of tropomyosin denaturation, Biopolymers 13, 1809-1819 (1974).

[71] M. C. Chen, R. C. Lord, R. Mendelson: Laser-excited Raman spectroscopy of biomolecules 5: conformational changes associated with chemical denaturation of lysozyme, J. Am. Chem. Soc. 96, 3038-3042 (1976).

[72] E. Ciszak, J. M. Beals, B. H. Frank, J. C. Baker, N. D. Carter, G. D. Smith: Role of C-terminal B-chain residues in insulin assembly: the structure of hexameric Lys[B28] Pro[B29]-human insulin, Structure 3, 615-622 (1995).

[73] R. Callender, H. Deng, R. Gilmanshin: Raman difference studies of protein structure and folding, enzymatic catalysis and ligand binding, J. Raman Spec. 29, 15-21 (1998).

[74] S. Gutcho, L. Mansbach: Simultaneous radioassay of serum vitamin-B12 and folic acid, Clin. Chem. 23, 1609-1614 (1977).

[75] F. J. Hayes, H. B. Halsall, W. R. Heineman: Simultaneous immunoassay using electrochemical

detection of metal-ion labels, Anal. Chem. 66, 1860-1865 (1994).

[76] J. E. Butler: Enzyme-linked immunosorbent assay, J. Immunoassay 21, 165-209 (2000).

[77] J. Vuori, S. Rasi, T. Takala, K. Vaananen: Dual-label time-resolved fluoroimmunoassay for simultaneous detection of myoglobin and carbonic acnhydrase-III in serum, Clin. Chem. 37, 2087-2092 (1991).

[78] Y. Y. Xu, K. Pettersson, K. Blomberg, I. Hemmila, H. Mikola, T. Lovgren: Simultaneous quadruplelabel fluorometric immunoassay of thyroid-stimulating hormone, 17-alpha-hydroxyprogresterone, immunoreactive trypsin, and creatine-kinaseMMisoenzyme in dried blood spots, Clin. Chem. 38, 2038-2043 (1992).

[79] C. R. Brown, K. W. Higgins, K. Frazer, L. K. Schoelz, J. W. Dyminski, V. A. Marinkovich, S. P. Miller, J. F. Burd: Simultaneous determination of total IgE and allergen-specific IgE in serum by the MAST chemi-luminescent assay system, Clin. Chem. 31, 1500-1505 (1985).

[80] D. A. Genov, A. K. Sarychev, V. M. Shalaev, A. Wei: Resonant field enhancement from metal nanoparticle arrays, Nano Lett. , 4, NL-0343710 (2004).

第 15 章　基于长程表面等离极化激元的集成光学

PIERRE BERINI

School of Information Technology and Engineering，Universtiy of Ottawa，161 Louis Pasteur，Ottawa，ON，K1N 6N5，Canada，and Spectalis Corporation，610 Bronson，Ottawa，Canada

15.1　引言

　　最近,研究人员已经计算并讨论了沿着厚度为 t、宽度为 w 的金属膜传输的束缚光模式,其中金属膜嵌入在光学上无限大的均匀背景介质中,结构剖面如图 15.1 的插图所示[1,2]。正如参考文献[2]指出的,由于这种结构融合了一些令人满意的特性,能够用来作为新型集成光学技术领域的基础波导。其中当然包括的一点特性就是,这种结构的波导在垂直于传播方向的两个方向上都具有局域特性。本章的主题就是这种波导以及与其应用相关的无源集成光学技术。

　　在随后的章节中,我们总结并讨论了关于利用这种波导构建的无源器件的实验和理论工作,这些无源器件包括直波导、弯曲波导、s 形弯曲波导、四端口耦合器、y 型连接器、马赫—曾德尔干涉仪和布拉格光栅。目前绝大多数报道的实验工作波长都是在 1550 nm 附近,这反映了研究界当前研究的兴趣在应用方向上,而很少去探讨这个领域内自由空间波长的限制。

15.2　直波导

15.2.1　一般直波导的模式

　　很显然,我们首先应该总结在这种对称直波导结构中(如图 15.1 的内嵌图所示)支持模式的显著特性,并阐述它在集成光学中应用的基本原理。由于这种波导特性的详细说明可以很容易从文献中得到,这里我们只对其最显著的特性进行总结[2]。

　　只要简单地限制(无限宽的)金属平板[3-6]的宽度,就能得到上图所示的结构。限制金属平板的宽度会导致一些变化,包括:出现新的模式谱图;与平板波导相比,产生了横向的约束且一些模式的损耗明显减小[3-6]。另一个显著的变化是关于对麦克斯韦方程组的模式解的求解方式发生了改变:平板的模式可用一种更加直接的方式来解析推导得到,而有限宽结构的模式是通过数值求解得到的,这大大地增加了分析工作量。然而,如下文讨论的,如果采取适当的处理,有限宽结构可用已充分验证的数值技术来处理。

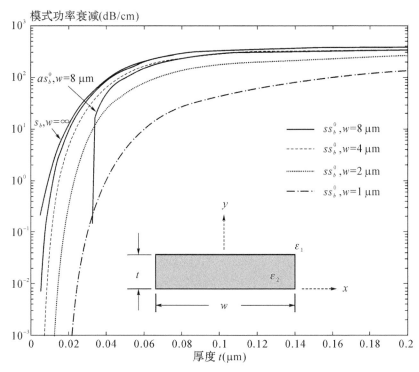

图 15.1　不同尺寸的 **Au** 膜中支持的 ss_b^0 模式的衰减情况,其中 **Au** 膜嵌入在 **SiO₂** 中,波长 $\lambda_0 =$ 1 550 nm。插图为波导横截面示意图。

在图 15.1 内嵌图所示的一般结构中,可传输 4 种基模,分别标记为 aa_b^0、as_b^0、sa_b^0 和 ss_b^0。① 有限宽的波导也能够传输更高阶的模式,这些高阶模式在沿 x 方向的场分布上取极值。当膜的宽高比 w/t 大于 1 的时候,E_y 场分量在所有模式中占主导地位,因此尽管 H_z 总是不为 0 的,模式不是纯 TM 模,但本质上模式主要为 TM 模。

随着金属尺寸(w, t)、材料参数(ε_1, ε_2)以及自由空间工作波长(λ_0)的变化,模式的演变会很复杂,并且对于非对称结构(衬底与上包层材料不同),这种变化趋势难以一概而论[7,8]。复杂的原因在于,所有的模式实际上都是由"界面"模式与"边角"模式耦合形成的超模式。②在一个超模式中包含哪些模式是根据这些模式的相位常数的相似度来决定的。

然而,这里考虑的对称结构的光模式与参数的某些变化趋势是可归纳的。举例来说,当 $t \to 0$ 时模式的变化规律与平板结构中 s_b 和 a_b 模式的变化规律相似,因为随着 t 逐渐减小,所有的模式最终被划分为损耗较低的模式(ss_b^m 和 as_b^m 模式是类 s_b 模式)和损耗较高的模式(aa_b^m 和 sa_b^m 是类 a_b 模式),这由 E_y 沿 y 方向是对称还是非对称的决定。

---

①　这些模式的命名方式描述了模式的 E_y 场分量,并可拓展[1]用来定义平板波导中的模式[5],前一位字母,a 和 s 分别代表非对称和对称。第一个字母与水平维度相关联,而第二个字母与垂直维度相关联,b 代表束缚特性,而上标定义了 E_y 在水平方向分布上不包括边角峰值的极值数。

②　不仅仅是界面可传输表面等离激元,边角和边缘(边缘可理解为:一个带边角具有有限宽度的界面)也同样能够传输表面等离激元。

ss_b^0 模式,作为基模的一种,平滑地发生变化,可预见其随着 Au 膜厚度的减小($t, w \rightarrow$ 0)变为在周围介质中传输的 TEM 波。它的 E_y 和 H_x 场分布会发生变化,从在金属边角附近的高度局域化,变化为在波导横截面呈类高斯分布。与此同时,由于光场在金属中的渗透减少,其模式的衰减往往会急剧地以好几个数量级的程度减小。最后产生的类高斯分布场可很好地与像单模光纤之类的介质波导中的光波模式相匹配,这样可通过对接耦合(端面耦合)来对波导进行有效的激励。这样,ss_b^0 模式就变为对称结构中的长程基模,按照惯例称之为长程表面等离极化激元(long-range surface plasmon-polariton, LRSPP)。结构的对称性(在允许的误差范围内)很重要,这样才能使 ss_b^0 模式保持完全束缚和长程传输[8]。

另一种基模 as_b^0 模式,会随着金属厚度减小以一种与 ss_b^0 模式类似的方式变化。有所不同的是,模式的 E_y 场会沿 x 方向形成两个极值,而且它在小于截止维度(w_c, t_c)的波导内无法传导。这种模式对于较大金属横截面的波导是基模,随着 $t \rightarrow 0$ 会逐渐变为第一个长程传输的更高阶的模式。可能也会产生比 as_b^0 模式的阶数更高的长程模式,它们源自 ss_b^m 模式($m > 0$,为奇数)和 as_b^m 模式($m > 0$,为偶数)。它们的截止尺寸会随着模式阶数 m 增大而增大。

所有的 aa_b^m 模式和 sa_b^m 模式都会随着 $t \rightarrow 0$ 而损耗增加,并且它们都不能与高斯场进行有效地对接耦合。这是由于所有这些模式的 E_y 场沿 y 方向的分布都是非对称的。

综上所述,可设计 Au 膜的尺寸,使得:(i)ss_b^0 模式传输损耗低;(ii)ss_b^0 模式能够与在单模介质波导中传输的 TM 模式有效地对接耦合;(iii)能够对光波模式提供横向和纵向的约束;(iv)所有长程、高阶模式都被截止;(v)任何其他的模式都不会被激励,或者被激励的效率很低并且会被迅速吸收。上述情形与我们之前所提及的"一些所需要的属性的融合"相符,从而导致了一种新的集成光学技术的产生,它是基于长程 ss_b^0 模式沿有限宽度金属薄膜的传输,其中金属薄膜周围是均匀的电介质。在接下来的小节里,我们以一种波导结构为例,介绍了这种模式的一些性能指标。

15.2.2　ss_b^0 模式的性能特征

图 15.1 给出了当波长 $\lambda_0 = 1\,550$ nm 时,在 SiO_2($\varepsilon_{r,1} = 1.444^2$)[9] 中不同尺寸的 Au 膜($\varepsilon_{r,2} = -131.95 - i12.65$)[9] 中传输的 ss_b^0 模式的模式功率衰减曲线。我们注意到,通过适当设计 Au 膜的尺寸,有可能使得这种结构的模式衰减与平板波导结构相比减小两个数量级以上,并且人们很容易得到损耗值范围为 0.1~1 dB/mm 的波导,此时波导尺寸参数 w 约为 4 μm,t 约为 20 nm。当 $w = 8$ μm 时 as_b^0 模式的曲线显示它在 $t = 33$ nm 处截止,因此对于 Au 膜为 8 μm 宽的波导,当 Au 膜厚度小于 33 nm 时它才能够传输单模长程模式。当宽度变窄时,as_b^0 模式的截止厚度值会变大。

图 15.2 的(a),(b),(c)给出了当结构尺寸为 $w = 4$ μm、$t = 20$ nm 时,波导中 ss_b^0 模式的坡印亭矢量的三个分量 S_x,S_y 和 S_z 的实部的轮廓曲线,所有其他的波导参数都与图 15.1 中的波导一样。这些轮廓曲线都进行了归一化处理,使得 $|\mathrm{Re}[S_z]| = 1$,并且 S_x,S_y 和 S_z 的相对幅度是守恒的。我们注意到,由于波导具有吸收性质,即使 $\mathrm{Re}[S_x]$ 和 $\mathrm{Re}[S_y]$ 的值远远小于 $\mathrm{Re}[S_z]$,它们的值也不为零。实际上,从(a)图可观察到在 $x = 0$ 轴的左侧 $\mathrm{Re}[S_x] > 0$,右侧 $\mathrm{Re}[S_x] < 0$,同时从(b)图可观察到在金属层下方 $\mathrm{Re}[S_y] > 0$,金属层上方 $\mathrm{Re}[S_y] < 0$,这说明了从所有方向流入到金属中的功率弥补了在其中耗散的功率。

(d)和(e)图分别给出了 S_y 分量与 S_z 分量、S_x 分量与 S_z 分量的夹角,它们表明了坡印廷矢量朝着金属层的方向轻微地倾斜了 $0.04°$。

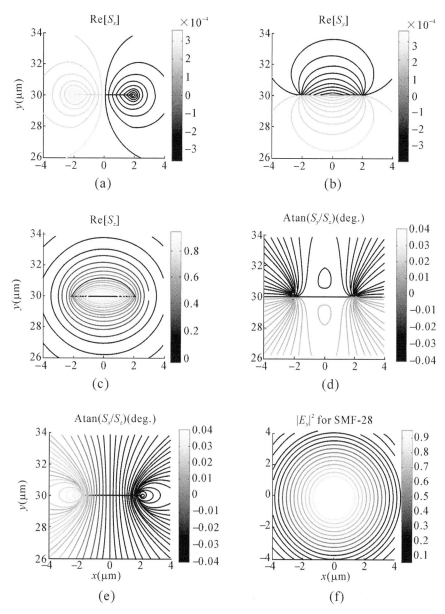

图 15.2　(a)到(e)给出了与 ss_b^0 模式的坡印廷矢量相关参数的轮廓曲线。(f)给出了标准单模光纤的归一化强度轮廓曲线。

尽管不能从(c)图中看出,但是由 $Re[\varepsilon_{r,2}]<0$ 可知,金属中 z 方向的功率流实际上与介质中 z 方向的功率流方向相反。然而,总的模式功率流方向与介质中的功率流方向相同,都是沿着一个恒定的相位平面的方向。

为进行对比,图(f)给出了相同波长下标准单模光纤(芯层半径为 $4.1\ \mu m$,数值孔径为 0.12)的归一化强度轮廓曲线。通过将(f)与(c)进行对比,可观察到这两个轮廓曲线非常相似。这种情况下,计算得到的功率耦合效率约为 90%。

　　模式的变化趋势如下：对于相同的金属尺寸参数，减小 λ_0 或者增大 $\varepsilon_{r,1}$ 会具有更强的约束和更大的衰减特性，如果将金属由 Au 变为 Al，为了得到相同的约束特性，会使衰减因子增加大约两倍，而如果是将金属变为 Ag，得到相同的约束时衰减反而减小。

　　图 15.1 和图 15.2 中给出的都是理论上的结果，是通过运用在直角坐标系中的直线法(method of lines, MoL)对波导建模得到的[2]。MoL 是一种非常准确和有效的频域数值方法[10]，它是矢量方法，并能够很完美地匹配这种波导结构在不同维度尺寸下的情形 (t 为 nm 量级，w 为 μm 量级)。开放式结构的建模使用了一种吸收边界条件，它适用于模拟弱波导(w,t→0)，同时也需要它来决定高阶长程模式的截止尺寸。

　　矢量有限元法(finite element methods, FEMs)也已用于模拟这些波导[11,12]，然而，为了达到 MoL 的精确度，FEM 显然需要更大的数值计算量[11]。之所以 FEM 需要更多的计算量，在于波导结构中的各个维度的尺度不同，且 FEM 中两个维度都是离散化的，而在 MoL 中只有一个维度是离散化的。与此种情况类似，矢量有限差分法也是由于相同的原因，需要更多的数值计算量[13]。研究人员还提出了一种等效电介质波导来模拟这种结构，与已发表的模式计算方法相比，这种等效电介质波导法是较有优势的[14]。

　　实验上采用 Au 嵌入到 SiO_2 中的结构[15]产生 ss_b^0 模式，并用截断法测得了模式衰减和模式耦合损耗[16]。Au 嵌入到聚合物中的结构所对应的模式衰减和耦合损耗测试工作也已有报道[17]。目前，报道的在 Ag 膜和 Au 膜中的 ss_b^0 模式的最小损耗分别是 0.3 dB/mm 和 0.4 dB/mm，其波导结构为金属直接蒸发在下包层 SiO_2 上，上包层是一种折射率相匹配的聚合物[18]。从单模光纤模式进入到 ss_b^0 模式的功率耦合效率也已超过 95%[18]。在参考文献[18]中报道的实验结果与用 MoL 法(基于确定的材料的光学参数)计算得到的结果定量上是吻合的[9]。所有的实验[15-18]都是在 $\lambda_0 = 1\,550$ nm 附近进行的。

　　如前所述，为了使 ss_b^0 模式能够有效地传输，波导结构的对称性很重要[8]。随着结构非对称性的增加(通过使衬底和上包层折射率不同)，模式会随着场逐渐延伸进入高折射率一侧而发生畸变，剩下的模式在折射率低的一侧局域，最终模式会截止并变成辐射模式。人们还提出了一种基于模态分解的模型，这种模型能够描述模式转换通过和超越截止的过程[19,20]，模型中的 ss_b^0 模式已通过实验得到验证，实验采用的波导结构芯层为 Au，下包层为 SiO_2，上包层为一种热可调谐聚合物。同时有报道预测了在非对称有限宽结构中也存在泄漏模式[21]。

　　已经有人提出用方形截面的金属膜($w=t$)代替矩形截面结构($w \gg t$)，从而构造一个不具有偏振敏感性的波导[22]。实际上，人们发现对称结构能够传输类 TE 的 LRSPP 基模(记作 $ss_{b,x}^0$ 模)，这种模式与类 TM 的 LRSPP 基模(记作 $ss_{b,y}^0$ 模)相简并[22]。最近人们在实验中观察到 $\lambda_0 = 1\,550$ nm 时，在方形横截面的 Au 膜嵌入到聚合物的波导结构中，存在这些长程模式[23]。

15.3　弯曲波导

　　在集成光学领域弯曲波导的设计是至关重要的，尤其是在这项技术中。由于随着金属薄膜厚度的减小，波导中所支持的 ss_b^0 模式在其损耗变小的同时，束缚能力也会变弱，由于过度的辐射使得模式在圆角弯曲处传输的能力可能变得折中。

图 15.3 中的(a)图给出了弯曲波导的横截面图,(b)为俯视图,采用圆柱坐标系来对结构进行分析。在这种结构中,弯曲模式沿着 ϕ 方向传输,并且当曲率半径 r_0 很小时,将在弯曲处的外侧(图(b)的右边)产生辐射。

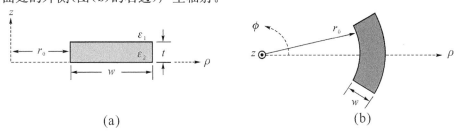

(a)　　　　　　　　　　　　　　　(b)

图 15.3　弯曲波导的横截面图(a)和俯视图(b)。

图 15.4 的(a)图给出了一个 90°弯曲波导的总插入损耗与曲率半径 r_0 之间的函数关系[24],其中波长 $\lambda_0 = 633$ nm,波导结构为在 Si_3N_4($\varepsilon_{r,1} = 4$)中嵌入宽为 1 μm,厚度为 15 nm 的 Ag 膜($\varepsilon_{r,2} = -19 - i0.53$)[1]。总插入损耗由传输损耗和辐射损耗组成。

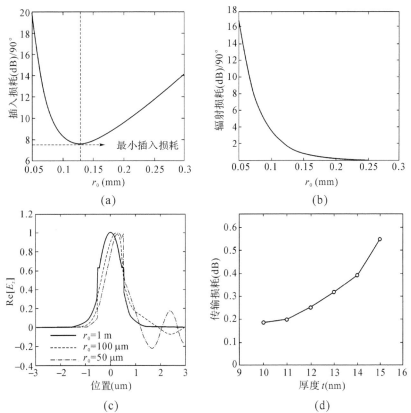

(a)　　　　　　　　　　　　　　　(b)

(c)　　　　　　　　　　　　　　　(d)

图 15.4　(a)和(b)分别给出了 90°弯曲波导的总损耗和辐射损耗;(c)水平场分布;(d)传输损耗。
(来源于参考文献[24])

我们很快就发现存在一个最佳的曲率半径 $r_{0,opt}$,在这个曲率半径下的插入损耗最小,此时 $r_{0,opt}$ 约为 130 μm。之所以存在最佳曲率半径是因为波导中包含了吸收介质(金属)。当 $r_0 > r_{0,opt}$ 时,插入损耗中占主导地位的是传输损耗,并且在一个固定的弯曲角度下(比如说 90°),随着弧长的增加,导致 r_0 变大,从而传输损耗也增加,而 $r_0 < r_{0,opt}$ 时,辐

射损耗占主导地位,并且辐射损耗随着 r_0 的减小而增大。

图 15.4 的 (b) 图给出了辐射损耗分量,可通过设定 $Im[\varepsilon_{r,2}]=0$ 而得到。我们注意到,在最佳半径 $r_{0,opt}$(约为 130 μm)下仍然会有一些辐射损耗产生。

图 15.4 的 (c) 图给出了对于 3 个不同的曲率半径(分别为 $r_0=1$ m,100 μm 和 50 μm),$Re[E_z]$(在柱坐标系下 E_z 垂直于金属膜,并平行于直角坐标系下的直波导的 E_y 场分量。可将图 15.1 的插图与图 15.3(a) 作比较看出来)在金属上直接沿水平切面的归一化分布,这里最大的半径(1 m)是用来模拟直波导的情况 $(r_0\to\infty)$。随着 r_0 的减小,主要有两个影响:(ⅰ)沿弯曲外侧的场变为振荡场,说明产生了辐射;(ⅱ)模式的峰值位置从波导中心向弯曲部分外侧移动。第二个影响使得光波模式在弯曲波导部分与直波导部分之间的耦合(转换)产生损耗,这可通过定性地比较 $r_0=1$ m 和 $r_0=50$ μm 两种情况下的场分布来验证。图 (d) 给出了曲率半径设计为 $r_{0,opt}$ 时,弯曲波导连接处的转换损耗与金属厚度之间的函数关系。

图 15.4 中给出的都是理论上的结果,是在圆柱坐标系下用 MoL 法来模拟弯曲波导得到的[24,25]。在位于弯曲波导的辐射一侧(图 15.3 的右侧)需要并使用一种吸收边界条件。MoL 法用于处理弯曲波导问题与它在用于处理直波导问题时都具有同样的计算优势,并且都是矢量方法。人们也实验证实了当 $\lambda_0=1\ 550$ nm 时,在 Au 嵌入到 SiO_2 的波导结构中,ss_b^0 模式能够在弯曲波导中传输[26]。

15.4　无源器件

15.4.1　实验论证

直波导和弯曲波导是主要用来构建其他更加复杂器件的基础元件,比如它们可构建 s 弯曲波导、四端口耦合器、y 型连接器和马赫—曾德尔干涉仪。实验已经证明了在 $\lambda_0=1\ 550$ nm 时,由 Au 嵌入到 SiO_2 的结构器件可正常工作[16]。特别是最近,研究人员使用了新型结构,同样在 $\lambda_0=1\ 550$ nm 下,Au 在 SiO_2 层上方,上包层为折射率匹配的聚合物组成的器件也能正常工作[27]。图 15.5 给出了测得的与这些无源元件有关的一组输出光场图,以及一个布拉格光栅的输出光场(在图的最右边,我们将会在下面的内容中进行讨论)。在图的最左侧给出了一系列四端口耦合器的输出拼接图,这些耦合器的唯一不同是波导中直的平行部分之间的间距不同。它们的间距以 1 μm 为步长从 8 μm(对应图中最顶端的输出光斑)减小到 2 μm(对应图中最底端的输出光斑),并且光总是从波导的左端入射。也有研究人员实验研究了 λ_0 约为 1 550 nm 时 Au 嵌入到聚合物中的波导结构构建的无源元件,并发表了与上述结果类似的实验结果。其中作者也使传统集成光学中所用到的简单模型与他们的一些实验结果相对应[28]。最近,在 λ_0 约为 1 550 nm 处的一对多层波导之间的宽边(垂直)耦合已经被验证,所用的波导结构为 Au 嵌入聚合物中[29]。从定性的角度来看,这些实验结果[16,27-29]基本互相吻合。

15.4.2　热光器件

把金属薄膜同时用作波导条带和欧姆加热元件的热光器件已被报道,其中欧姆加热元件是通过在金属薄膜中传导电流实现加热[30-32]。由于加热区域与光波模式分布区域完美重叠,因此这些器件具有很高的工作效率。通过图形化加工工艺,在金属波导薄膜同一平面内沿其垂直方向延伸出几个平板,即可典型化地实现相对于金属波导薄膜为光

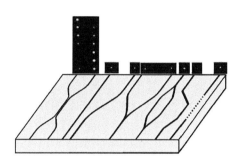

图 15.5　测得的一系列无源元器件的输出光场。（来源于参考文献[27]）

学上无损伤的电接触点。为了让薄膜不发生热烧穿，必须知道该金属中迁移电流的电流密度上限，并很好地将其控制在该上限以内，这是非常必要的。

人们在波长 $\lambda_0 = 1\,550$ nm 下用芯层为 Au，下包层为 SiO_2，上包层为折射率匹配的聚合物的波导结构实现了热光可调光衰减器（variable optical attenuators，VOAs）[30]，它的工作原理是直波导段折射率不对称导致模式截止[8,20]。通过测量这些器件中金属膜的电阻率，金属膜也可被用作温度监测器。人们采用 Au 嵌入到聚合物中的结构，在相同的波长附近，实现了基于热光开关的四端口耦合器[31]，基于热光 VOA 的马赫-曾德尔干涉仪[31]以及利用热光 VOA 作为直波导部分[32]。人们也通过监测金属膜的电阻率实现了光功率监控器，这是由于金属吸收引起热效应，金属膜电阻率会随着 ss_b^0 模式的功率变化而变化[33]。

15.4.3　模拟和设计注意事项

目前已发表的器件设计通常都不是最优化的，这里所谓的最优化设计，例如，使得光纤对光纤之间的总的插入损耗达到最小的波导结构。实现一个最优化的器件需要在设计方案上使得波导的束缚能力和衰减之间达到一个折中的整体水平。

通过光刻图形的方法可很容易改变金属条带的宽度，这为平衡模式束缚能力和衰减提供了简单的方法。使用理想绝热锥形结构来改变金属条带宽度可能会有利于设计的优化。（应当牢记的是：锥形尖端会增加传输长度，进而增加损耗。实际上宽度成阶梯分布的结构可能会比锥形结构引入更小的损耗，因而在不考虑杂散辐射时，宽度成阶梯分布的结构会是很好的方案。）人们很难去改变穿过整个表面的金属厚度，因为这需要多次的光刻和沉积步骤，所以通常需要合理地选择一个固定的值作为金属膜的厚度。

改变金属膜的宽度会同时影响沿两个横向维度的模式尺寸[27]，也就是：模式在水平和垂直方向的延伸程度都会改变。使用绝热锥形结构，可修改模式轮廓，因此可针对所选用的输入、输出方式，实现高效率的耦合。举例来说，绝热锥形结构也可用在 y 型连接器上，使得输入模式展宽，以更好地在输出分支的分叉处与波导模式相匹配。

在传导模式进入弯曲部分之前将其展宽，有可能提高其在波导中的约束能力，使其以更低的损耗传输到曲率半径更小的弯曲处。可通过入射和出射端直波导部分的端面耦合对弯曲损耗进行补偿，以实现更好的模式对准，从而减少转换损耗。弯曲部分也可设计为与传统集成光学中相同的，具有可变的曲率半径。

很显然，为获得最优化的设计，必须有基于电磁场理论的精确和高效的设计工具。对于三维结构，其建模的难点包括：各个维度上的长度尺度不同（t 为 nm 量级，w 为 μm 量级，L 为 mm 量级），金属与周围电介质的介电常数差别很大，具有强的频率色散且其介电常数的实部为负数。

由于人们感兴趣的结构一般都是绝热的(或者接近绝热的),可使用一种基于分解成局部模式的框架建模[34]。在这种方法中,三维结构被划分为直波导部分或弯曲波导部分,每个部分支持一个局部的模式,由重叠积分决定各部分之间的前向耦合。这种方法依赖于精确的模式求解器,用于对直波导和弯曲波导等各个构成部分求解,从而得到模式的复传播常数和二维场分布。所使用的模式求解器主要是针对直波导和弯曲波导的MoL法,它能够准确地描述横截面上任意位置的模场分布,包括在金属内部和进入弯曲模式尾端的部分。

图 15.6 展示了一个由两个相同的 y 型连接器连接而成的马赫-曾德尔干涉仪。利用前面介绍的建模框架构建了这种结构的模型,包括各个分段,以及它们相应的损耗(图中已突出显示)。C_1 是输入/输出装置与输入/输出直波导之间的耦合损耗,C_2 是锥形部分的输出端和形成弯曲分支部分的输入端之间的耦合损耗,C_3 是曲率半径方向相反的两个弯曲部分之间的耦合损耗。如图所示,两个反向的弯曲部分重叠形成了锥形区域,建模时锥形结构被大致地构建为一个直波导部分,其宽度等于输入和输出部分宽度的平均值。

在 $\lambda_0 = 1\,525$ nm 到 $\lambda_0 = 1\,620$ nm 的波长范围内,对所制备的马赫-曾德尔干涉仪(芯层为 Au,包层为 SiO_2)进行了测试,并将结果与在相同的波长下用上述理论模型计算得到的结果(如图 15.6 所示)进行了对比,发现它们的结果高度吻合,仅相差百分之几。用类似的方式构建了 s 弯曲波导、y 型连接器和四端口耦合器的模型,并进行了同样的验证工作,发现实验测得的结果与理论结果的也仅相差百分之几[34]。很显然,这里描述的建模框架足够精确,能够可靠地设计和优化无源的元器件。

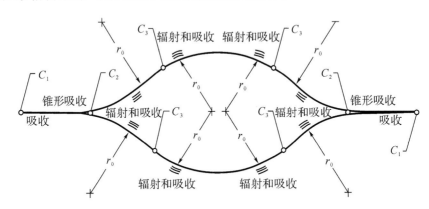

图 15.6 马赫-曾德尔干涉仪的模型,其中所有的损耗都突出标记了。(来源于参考文献[34])

15.5 布拉格光栅

图 15.7 底部内嵌图给出了一个具有均一周期的布拉格光栅的例子,该光栅是通过在一段规定的长度内对金属薄膜的宽度进行阶梯化得到的[35]。这种结构的光栅可利用简单的光刻工艺对金属薄膜进行图形化来实现,光栅结构尺寸设计的唯一限制在于所选用的光刻工艺的分辨率。实验证明芯层为 Au,下包层为 SiO_2,上包层为折射率匹配的聚合物光栅结构在波长 $\lambda_0 = 1\,550$ nm 下可以工作[36]。

这些光栅传输长程 ss_b^0 模式的工作方式与传统集成光学中的光栅类似,即反射波源自于与阶梯宽度相关的有效折射率中的微扰的多重性。基于以上这点,研究人员提出了一种简单的光栅模型,它由相互级联的介质平板组成,每个平板中携带有相关分段波导所支持的具有复有效折射率的 ss_b^0 模式[37]。在各段中的 ss_b^0 模式的复有效折射率可由精确的模式求解器来确定,如之前讨论过的求解直波导的 MoL 法。如果要产生准确的响应,模型必须包含各个分段部分的损耗。

图 15.7 比较了实验测得的和理论计算得到的三阶均匀周期的布拉格光栅的波长响应,该结构由 Au 芯层、SiO_2 下包层和折射率匹配的聚合物上包层制备得到,所设计的Au 膜长为 3 mm,厚为 22 nm,宽度在 8 μm 到 2 μm 之间以固定步长周期性变化[37]。Au膜结构图形是利用接触式光刻工艺得到的。这一设计在中心(布拉格)波长 $\lambda_B =$1 544. 22 nm 下的反射强度约为 40%。它的半高宽约为 0.3 nm。用上述模型计算得到的理论响应与实验测得的响应能够很好地吻合。(需要对理论中心(布拉格)波长进行微调以匹配响应光谱。)

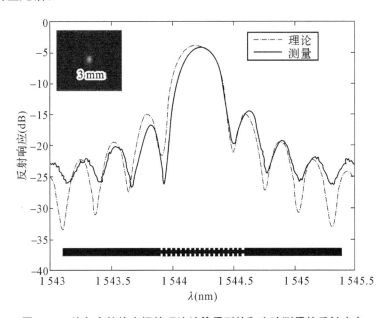

图 15.7　均匀布拉格光栅的理论计算得到的和实验测得的反射响应。

图 15.7 中左上位置的插图为测得的布拉格结构的输出光斑。从图中可观察到背景辐射水平很低,图片是在整个测量波长范围内(包括共振波长)抓拍的。这说明了散射强度水平很低。实际上,这里测得的光栅的输出光斑效果,与 8 μm 宽的直波导中观察得到的光斑效果一样好。

与均匀光栅图形一样,各种样式的光栅图形都可很容易地实现,包括变迹的、采样的和交错的图形。这些样式的光栅的模型构建方法与上述相同[37],其产生的响应以在$\lambda_0 = 1\,550$ nm 附近,Au 嵌入在 SiO_2 的结构为例来说明[38]。利用一阶设计,可实现大于90% 的反射峰值。

研究人员还提出了一种在规定长度内将金属膜厚度阶梯化的布拉格光栅,并在 $\lambda_0 =$1 550 nm 附近,对其(芯层为 Au,埋在聚合物中)进行了实验验证[39],并将其用作分光器/合光器[39,40]。

15.6　结束语

目前,在集成光学技术中所需要的基于有限宽度金属薄膜且可工作在长程 ss_b^0 模式下的所有的基本的无源元器件都已被实验演示。可靠的理论模型也已经被构建起来,并通过实验验证了其有效性。迄今为止绝大多数器件的实施,都是由 Au 和低折射率包层材料构成,且目标工作波长在 $\lambda_0 = 1\,550$ nm 附近。通过使用其他金属和折射率更高的包层材料(包括半导体),也有可能使器件在不同的波长下工作。

根据选用包层材料的不同,制备过程也会不同。当选用沉积型包层材料时,制备相对简单直接一些,当某些情况下需要非沉积型包层材料时,制备过程会复杂一些。人们希望获得高质量的材料并具有特殊的制备要求,包括实现高质量的交界面和匹配的包层。最近人们总结了一些关于制备的问题挑战和解决方法,并给出了一些在 SiO_2 和 $LiNbO_3$ 中使用晶圆键合方法制备的结构案例[41]。

从迄今为止的工作中我们可总结出 3 个重要的结论:(ⅰ)嵌入在均匀介质中的有限宽度的金属薄膜,可作为一种工作在 ss_b^0 模式下的实用集成光学技术的基础元器件;(ⅱ)可实现高质量器件的制备;(ⅲ)基于模式描述的简单而严谨的模型,可用于研究必要的无源元件,并可有效地用于设计和优化光路。

该集成光学技术非常适合应用于需要利用等离激元波的独特特性,或者在金属与光波模式中心的位置交叠具有显著优势的场合。利用材料的非线性效应就是前者的一个实例。而后者的例子包括把金属用作:热光器件中的加热元件,电光器件中的电极,或者电荷载流子器件中的接触线。对于所有的案例,这种集成光学技术的主要优势来源于实现了光波模式与这里所利用的效应之间的良好重叠。

对器件应用有意义的材料效应通常都很微弱。例如,对于显著的相位变化,必须使用主流的热光聚合物或电光晶体,使其传输距离达到约 1 mm～10 mm 才能累积得到。因此,利用材料效应通常需要长程波,这可通过选择合适的金属几何结构来获得。同时,如果最终实现了增益,比如说利用光泵浦稀土掺杂的包层,那么长程(低损耗)模式的传输也是必不可少的。

在亚波长等离激元光学领域[42],我们可设想通过合理设计的集成结构,利用 ss_b^0 模式将远场辐射转变为近场辐射。这样的结构能够将 ss_b^0 模式从长程形式(可与大的入射场分布之间很好地耦合)转变为收缩形式,这样它就提供了一种潜在的方法,可高效方便地与纳米颗粒和纳米颗粒阵列[43,44]或者 SPP 光子晶体[45]发生相互作用。ss_b^0 模式在收缩形式下,表现出与单一界面上的表面等离激元相同的性质特征,通常它被称为短程模式,高度的束缚在金属介质界面处,正如同近场技术[46]中研究的典型模式一样。

致谢

作者对以前和现在对这个课题做出贡献的工作伙伴表示感谢:Robert Charbonneau, St'ephanie Jett'e-Charbonneau, Ian Breukelaar, Christine Scales, Junjie Lu, Guy Gagnon, Nancy Lahoud 和 Greg Mattiussi。

参考文献

［ 1 ］ P. Berini：Plasmon-polariton modes guided by a metal lm of nite width，Opt. Lett. 24，1011-1013 (1999).

［ 2 ］ P. Berini：Plasmon-polariton waves guided by thin lossy metal lms of nite width：bound modes of symmetric structures，Phys. Rev. B 61，10484-10503 (2000).

［ 3 ］ M. Fukui, V. C. Y. So, R. Normandin：Lifetimes of surface plasmons in thin silver lms, Phys. Status Solidi B 91，K61-64 (1979).

［ 4 ］ D. Sarid：Long-range surface-plasma waves on very thin metal lms, Phys. Rev. Lett. 47，1927-1930(1981)；Phys. Rev. Lett. 48，446 (1982).

［ 5 ］ J. J. Burke, G. I. Stegeman, T. Tamir：Surface-polariton-like waves guided by thin, lossy metal lms, Phys. Rev. B 33, 5186-5201 (1986).

［ 6 ］ F. Yang, J. R. Sambles, G. W. Bradberry：Long-range surface modes supported by thin lms, Phys. Rev. B 44, 5855-5872 (1991).

［ 7 ］ P. Berini：Plasmon-polariton modes guided by a metal lm of nite width bounded by different dielectrics, Opt. Express 7, 329-335 (2000).

［ 8 ］ P. Berini：Plasmon-polariton waves guided by thin lossy metal lms of nite width：bound modes of asymmetric structures, Phys. Rev. B 63, 125417 (2001).

［ 9 ］ E. D. Palik ed：Electronic Handbook of Optical Constants of Solids (HOC), version 1. 0, (SciVision—Academic Press 1999)

［10］ R. Pregla, W. Pascher：The Method of Lines. In：Numerical techniques for microwave and millimeter-wave passive structures, ed by T. Itoh (Wiley, New York, 1989).

［11］ I. Breukelaar：Surface plasmon-polariton waveguiding and mode cutoff. MASc Thesis, University of Ottawa, Ottawa (2004).

［12］ M. P. Nerzhad, K. Tetz, Y. Fainman：Gain assisted propagation of surface plasmon polaritons on planar metallic waveguides, Opt. Express 12, 4072-4079 (2004).

［13］ S. J. Al-Bader：Optical transmission on metallic wires—fundamental modes, IEEE J. Quant. Electr. 40,325-329 (2004).

［14］ R. Zia, A. Chandran, M. L. Brongersma：Dielectric waveguide model for guided surface polaritons, Opt. Lett. 30, 1473-1475 (2005).

［15］ R. Charbonneau, P. Berini, E. Berolo, E. Lisicka-Shrzek：Experimental observation of plasmon-polariton waves supported by a thin metal lm of nite width, Opt. Lett. 25, 844-846 (2000).

［16］ R. Charbonneau：Demonstration of a passive integrated optics technology based on plasmons. MASc Thesis, University of Ottawa, Ottawa (2001).

［17］ R. Nikolajsen, K. Leosson, I. Salakhutdinov, S. I. Bozhevolnyi：Polymer-based surface plasmon-polariton stripe waveguides at telecommunication wavelengths, Appl. Phys. Lett. 82, 668-670 (2003).

［18］ P. Berini, R. Charbonneau, N. Lahoud, G. Mattiussi：Characterization of long-range surface plasmon-polariton waveguides, J. Appl. Phys. 98, 043109 (2005).

［19］ I. Breukelaar, P. Berini：Long-range surface plasmon-polariton mode cutoff and radiation in slab waveguides, J. Opt. Soc. Am. A 23 (8), 1971-1977 (2006).

［20］ I. Breukelaar, R. Charbonneau, P. Berini：Long range surface plasmon-polariton mode cutoff and radiation, Appl. Phys. Lett. 88, 051119 (2006).

[21] R. Zia, M. D. Selker, M. L. Brongersma: Leaky and bound modes of surface plasmon waveguides, Phys. Rev. B 71, 165431 (2005).

[22] P. Berini: Optical waveguide structures, US Patent 6741782.

[23] K. Leosson, T. Nikolajsen, A. Boltasseva, S. I. Bozhevolnyi: Long-range surface plasmon polariton nanowire waveguides for device applications, Opt. Express 14, 314-319 (2006).

[24] J. Lu: Modelling optical waveguide bends and application to plasmon-polariton waveguides. MASc Thesis, University of Ottawa, Ottawa (2003).

[25] R. Pregla: The method of lines for the analysis of dielectric waveguide bends, J. Light Technol. 14, 634-638 (1996).

[26] R. Charbonneau, P. Berini, E. Berolo, E. Lisicka-Shrzek: Long-range plasmon-polariton wave propa-gation in thinmetal lms of nite-width excited using an end-re technique, Proc. SPIE 4087, 534-540(2000).

[27] R. Charbonneau, N. Lahoud, G. Mattiussi, P. Berini: Demonstration of integrated optics elements based on long-ranging surface plasmon polaritons, Opt. Express 13, 977-984 (2005).

[28] A. Boltasseva, T. Nikolajsen, K. Leosson, K. Kjaer, M. S. Larsen, S. I. Bozhevolnyi: Integrated Optical Components Utilizing Long-Range Surface Plasmon Polaritons, J. Light Technol. 23, 413-422(2005).

[29] H. S. Won, K. C. Kim, S. H. Song, C.-H. Oh, P. S. Kim, S. Park, S. I. Kim: Vertical coupling of long-range surface plasmon polaritons, Appl. Phys. Lett. 88, 011110 (2006).

[30] G. Gagnon: Thermo-optic variable optical attenuators using plasmon-polariton waveguides. MASc Thesis, University of Ottawa, Ottawa (2004).

[31] T. Nikolajsen, K. Leosson, S. I. Bozhevolnyi: Surface plasmon polariton basedmodulators and switches operating at telecom wavelengths, Appl. Phys. Lett. 85, 5833-5836 (2004).

[32] T. Nikolajsen, K. Leosson, S. I. Bozhevolnyi: In-line extinction modulator based on long-range surface plasmon polaritons, Opt. Commun. 244, 455-459 (2004).

[33] S. I. Bozhevolnyi, T. Nikolajsen, K. Leosson: Integrated power monitor for long-range surface plasmon polaritons, Opt. Commun. 255, 51-56 (2005).

[34] R. Charbonneau, C. Scales, I. Breukelaar, S. Fafard, N. Lahoud, G. Mattiussi, P. Berini: Passive integrated optics elements based on long-range surface plasmon-polaritons, J Light Technol. 24(1), 477-494 (2006).

[35] S. Jett'e: A study of Bragg gratings based on plasmon-polariton waveguides. MASc Thesis, University of Ottawa, Ottawa (2003).

[36] S. Jett'e-Charbonneau, R. Charbonneau, N. Lahoud, G. Mattiusi, P. Berini: Demonstration of Bragg gratings based on long-ranging surface plasmon polariton waveguides, Opt. Express 13, 4674-4682(2005).

[37] S. Jett'e-Charbonneau, R. Charbonneau, N. Lahoud, G. Mattiusi, P. Berini: Bragg Gratings based on long-range surface plasmon-polariton waveguides: comparison of theory and experiment, IEEE J Quant. Electr. 41, 1480-1491 (2005).

[38] S. Jett'e-Charbonneau, P. Berini: Theoretical performance ofBragg gratings based on long-range surface plasmon-polariton waveguides, J. Opt. Soc. Am. A 23(7), 1757-1767 (2006).

[39] S. I. Bozhevolnyi, A. Boltasseva, T. Søndergaard, T. Nikolajsen, K. Leosson: Photonic bandgap structures for long-range surface plasmon polaritons, Opt. Commun. 250, 328-333 (2005).

[40] A. Boltasseva, S. I. Bozhevolnyi, T. Søndergaard, T. Nikolajsen, K. Leosson: Compact Z-add-

drop wavelength lters for long-range surface plasmon polaritons, Opt. Express 13, 4237-4243 (2005).

[41] G. Mattiussi, N. Lahoud, R. Charbonneau, P. Berini: Integrated optics devices for long-ranging surface plasmons: fabrication challenges and solutions, Proc. SPIE 5720, 173-186 (2005).

[42] W. L. Barnes, A. Dereux, T. W. Ebbesen: Surface plasmon subwavelength optics, Nature 424, 824-830(2003).

[43] J. R. Krenn, A. Dereux, J. C. Weeber, E. Bourillot, Y. Lacroute, J. P Goudonnet, G. Schider, W. Gotschy, A. Leitner, F. R. Aussenegg, C. Girard: Squeezing the optical near-eld zone by plasmon coupling of metallic nanoparticles, Phys. Rev. Lett. 82, 2590-2593 (1999).

[44] S. A. Maier, P. G. Kik, H. A. Atwater, S. Meltzer, E. Harel, B. E. Koel, A. A. G. Requicha: Local detection of electromagnetic energy transport belowthe diffraction limit inmetal nanoparticle plasmonwaveguides, Nat. Mater. 2, 229-232 (2003).

[45] A. Boltasseva, T. Søndergaard, T. Nikolajsen, K. Leosson, S. I. Bozhevolnyi, J. M. Hvam: Propagation of long-range surface plasmon polaritons in photonic crystals, J. Opt. Soc. Am. B 22, 2027-2038 (2005).

[46] J. R. Krenn, J. -C. Weeber: Surface plasmon polaritons in metal stripes and wires, Phil. Trans. Roy. Soc. Lond. A 362, 739-756 (2004).

第 16 章　突破衍射极限的局域表面等离激元光学数据存储

JUNJI TOMINAGA

Center for Applied Near-Field Optics Research (CAN-FOR) National Institute for Advanced Industrial Science and Technology (AIST) Tsukuba Central 4，1-1-1 Higashi，Tsukuba 305-8562，Japan j-tominaga@aist.go.jp

16.1　引言：高密度光学数据存储

在过去的 20 年里，由于更短波长的半导体激光器和高精度光刻技术的发展，光学数据存储技术和存储容量已逐步得到提升。目前，尺寸为 12 cm 的 DVD 光盘，可用存储容量超过 5 GB；采用 405 nm 蓝光激光器的被称为蓝光光盘或 HD-DVD 的驱动系统光盘的存储容量为 25 GB。然而，由于光的远场衍射，光盘的存储容量几乎已达到光学存储极限。目前没有替代方法可利用远场光学使激光光斑尺寸小于 300 nm，即使是使用最先进的光盘技术：波长为 405 nm 的激光和数值孔径为 0.85 的透镜。

为突破这一问题，在过去的 10 年里近场光学已引起了人们的广泛关注[1-4]。在早期，人们设计并用计算机模拟了数种近场光纤探针或带小孔的浮动头部（flying heads）[4]。这种纳米孔可将光局域在纳米尺度的面积内，实现亚衍射极限的数据读取。然而，由于光纤和孔的光通量太低（小于 0.01%），所以它们很难用于光学数据存储。

因此，人们发明了一种使用固体浸没透镜（solid immersion lens，SIL）的近场系统作为代替，并且最近的实验验证了当该近场系统的有效数值孔径大于 1.0 时，一个尺寸为 12 cm 的光盘的存储容量接近 100 GB[5,6]。然而，SIL 和存储介质的间距小于 50 nm，在光盘高速旋转的情况下，系统需专门设计一个浮动高度调节系统。

最新的解决近场数据记录中浮动高度问题的候选方案是在 1998 年提出的超分辨率近场结构（super-resolution near-field structure，super-RENS）[7]。该方法是在紧邻记录层的位置放置一个非线性光学掩膜层。掩膜层的光学特性受到激光焦点处的局部高强度激光影响，导致在纳米尺度的面积内产生了被修饰的场分布，该场分布进而又影响临近的记录层的场分布。在早期的 super-RENS 的设计中，使用的是锑（Sb）掩膜层。然而，在小孔周围产生的近场干涉对记录层中特殊标记尺寸的信号会产生不利影响。这种现象表明 super-RENS 不可能用于当前采用的游程长度限制（run limit-length，RLL）编码的光数据存储技术中。为了保持 RLL 编码中的来自于短的和长的记录标记的高信号强度(例如,在一个 CD 中的 9 个不同标记长度),一种采用单光散射中心(light-scattering center)的新型 super-RENS(LSC-super-RENS)随后被提出。最近在全球范围内,基于近场光学的超高密度光存储器的研究重心,已迅速转向 LSC-super-RENS 光盘[8]。利用这种先进的 super-RENS,日本东京电气化学公司、三星电子以及本课题组,实现了分辨率为 50 nm 的光数据存储,其分辨率为远场光学系统分辨率的三分之一(光斑尺寸的六分之一),其中光学系统的波长为 405 nm,数值孔径为 0.65 或 0.85[9]。令人惊讶的是,在重复读取时该系统仍能稳定地获得载噪比(carrier-to-noise ratio,CNR)超过 40 dB 的信号,这与商业化的 DVDs 具有相同的信号强度水平。为了产生单一的散射中心,在 LSC-super-RENS 光盘中,我们采用纳米扩散的氧化铂(PtO_x)薄层(约 4 nm)代替氧化银(AgO_x)层(约 20 nm)。到 2004 年底,尺寸为 12 cm 的 super-RENS 光盘表现出存储容量超过 200 GB 的潜力。

16.2　超分辨率近场结构

Super-RENS 最初设计成近场的光学记录系统,但没有任何针状的探针或浮动透镜[7]。这一概念可追溯到在磁性光盘实现超分辨率之后的 20 世纪 90 年代初。然而当时没有人知道这项技术会与未来的温度分布快速响应的非线性光学薄膜的近场记录有关。在 1997 年,我们发现:当以 1.0 m/s 以上的速度快速移动或扫描时,沉积在透明衬底上的锑薄膜表现出一种奇异的与温度相关的,并且可逆的光学非线性特征。温度在 400℃ 附近时,薄膜可由不透明转变为透明,或正相反。根据这一发现,我们证实激光光束可形成一个能够进行尺寸操控的光学窗口。在 1998 年,我们设计了一个由 SiN(1)/Sb/SiN(2)/$Ge_2Sb_2Te_5$/SiN(3)组成的多层系统,它可产生具有高空间频率的超分辨率效应,即光学近场。图 16.1 展示了当 SiN(2)间隔层的厚度变化时,从突破衍射极限尺寸的小标记中得到的信号强度。

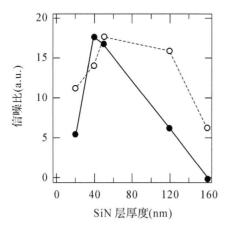

图 16.1　利用 Sb 薄膜的 super-RENS 光盘的超分辨率信号强度。其中实心圆圈代表尺寸为 100 nm的标记,空心圆圈代表尺寸为 300 nm的标记。用波长为 635 nm 和透镜数值孔径为 0.60 的标准 DVD 驱动器进行信号记录和读取,该操作在标准线速度为 6.0 m/s 下进行。衍射极限为 540 nm,即分辨率上限为 270 nm。

随着薄膜厚度的减小,得到了突破远场光学分辨率极限的高强度信号。当薄膜厚度为 50 nm 或更小时,记录在相变薄膜($Ge_2Sb_2Te_5$)上的大、小尺寸标记中获得的信号强度,就不能再进一步提高了。此外,随着激光功率的增加,某个固定大小标记(例如:100 nm的相变标记)的信号强度先变大后变小。这些观察结果可由图16.2所示的热孔模型来解释。激光焦点处的高强度激光在Sb层中产生一个小的透明窗口。随着孔径尺寸的增加,该信号强度逐渐上升。当孔的尺寸变得和标记尺寸相近时能得到最大的响应信号。进一步通过提高入射激光功率增加孔的尺寸,孔逐渐大到开始包括相邻的标记,从而导致所观察到的信号强度下降。

最初,热孔看上去可应用于亚波长衍射极限的数据存储。然而,通过时域有限差分方法的计算机模拟,以及随后的super-RENS的实验研究,我们逐渐了解了一个与光学纳米孔有关的关键问题。根据傅立叶光学,需要突破衍射极限的高空间频率来重新构造边缘,所以锐利的边缘处的近场光学信号是最强的。但这种行为不是super-RENS所特有的。在一个二维几何结构中,在孔中会产生两个边界。由于这两个边界的存在,当super-RENS中激光功率为固定值时,从使用RLL编码中的一个特定标记长度的近场读出信号,其强度可能小于其他标记长度读出的信号强度。源于CD和DVD技术的光学记录系统分别利用不同长度的标记:例如,对于一个时钟时间(T),在CD系统中使用了九种不同长度的标记,分别为3T、4T、5T、6T、7T、8T、9T、10T和11T[10]。在这些系统中,所有的信号强度应在同一水平。因此单孔将无法被应用到使用与CD或DVD相同的数据序列的近场光学数据存储系统中。在不久的将来,几乎所有的使用单孔的近场记录方法,都将会遇到同样的问题。

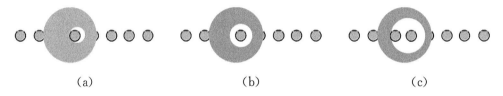

(a)　　　　　　　　　　　(b)　　　　　　　　　　　(c)

图16.2　在单孔类型的super-RENS光盘中,聚焦的激光光斑产生一个透明的光学子窗口。随着激光功率的增加,Sb掩膜层的温度上升从而产生一个融化的Sb区域。在低功率情况下,如(a)所示,窗口很小,小标记的信号也很小。当功率增加时,窗口的大小包含一个标记:此时信号达到最大值。当功率进一步增加时,该窗口逐渐开始包括相邻的标记:信号逐渐下降。

在我们理解这一问题之后,super-RENS的研究迅速转向利用一个孤立的光散射中心。幸运的是,我们找到了一种替代材料——氧化银(AgO_x),可达到此目的。AgO_x并不是一种新的材料,它可以胶体的形式由湿化学方法制备。然而很薄的AgO_x膜也可通过真空沉积法制备,例如溅射法。实际上,具有不同成分比的AgO_x薄膜很容易通过使用纯的Ag靶和氩气与氧气的混合气体来制备得到。在2000年,用AgO_x层代替Sb层的一种新型super-RENS光盘被设计出来并进行了测试[8]。在2003年,我们用氧化铂(PtO_x)膜代替AgO_x膜,进一步提升了超分辨率特性。从那时起,新设计的基于4 nm厚的PtO_x薄膜的super-RENS光盘的分辨率已达到50 nm,且载噪比超过40 dB[9]。我们将这种光盘称为第三代super-RENS光盘,因为这代光盘在几个技术点上与第一代和第二代有所不同:首先,第三代光盘的一个数据位被存储为一个由PtO_x膜热分解产生的纳米尺寸的气泡。其次,相变薄膜反过来在超分辨率数据读出中起到了重要的作用!由于相变薄膜令人惊奇的作用,第三代super-RENS光盘可使一个微小凹孔中微弱的近场信号增强和放大100倍以上。

16.3　光学相变薄膜在超分辨率中的作用

读者可能会疑问为什么由硫族化合物组成的光学相变薄膜能够表现出如此巨大的超分辨率效果。事实上,在过去的两年中,这一机制都没有得到解释。到目前为止,我们已逐渐开始了解了相变薄膜在超分辨率系统之中,以及在未来的等离激元学的应用之中的重要作用。

为解释所观察到的现象,与周边的掩膜区域相比,活性区的折射率值必须非常大,否则散射信号光子将几乎完全被从掩膜区域反射回来的光子(导致噪声)掩盖。克尔效应(Kerr effect)是一种可引起折射率变化的物理现象。它是由光学三阶非线性效应引起的,在这一效应中折射率与激光强度呈线性变化关系。然而这种效应通常没有在 super-RENS 光盘中所观察到的那么大,通常在超分辨率(super resolution,SR)效应中所观察到的低阈值的能量也不能以这一过程解释。另外,二阶非线性可能引起二次谐波(second harmonic generation,SHG)的产生。然而,Kim 等人实验采用波长为 635 nm,数值孔径为 0.60 的磁盘驱动器系统,观察到一个 CNR 为 40 dB 的 80 nm 凹孔图案,实验结果排除了该种解释机制的可能性:在该系统中,可通过二次谐波产生获得的理论分辨率的极限是 132 nm[9]。因此我们得出结论,二阶和三阶光学非线性不是 super-RENS 光盘运行的必要因素。为理解相变材料的折射率发生了多大变化,我们首先了解折射率的经典描述方法。在经典物理学中,折射率 n 与电极化率 α 之间的关系通过克劳修斯-莫索蒂方程(以高斯为单位)表示:

$$\alpha_\infty = \frac{3}{4\pi N_A} \frac{n_\infty^2 - 1}{n_\infty^2 + 2} V \tag{16.1}$$

其中 α_∞ 和 β_∞ 和分别是在波长 $\lambda \to \infty$ 时的电极化率(electronic polarizability)和折射率; N_A 和 V 分别是阿伏伽德罗常数(Avogadro's number)和材料的摩尔体积(molar volume)。在量子物理学中,该公式进一步由对振子多级跃迁的强度求和修正得到:

$$\alpha_m = \sum_k \frac{2e^2 \omega_{mk} \langle m | \hat{r} | k \rangle \langle k | \hat{r} | m \rangle E_0 \cos(\omega t)}{(\omega_{mk}^2 - \omega^2) \hbar} \tag{16.2}$$

式(16.2)与式(16.1)不同之处在于,该公式包含对每一个频带 $m \leftrightarrow k$ 间跃迁的贡献求和。其中 ω、ω_{mk}、e、$\hat{r}$ 和 E_0 分别是所施加的激光频率,频带 m 和 k 之间的共振频率,电子电荷,电子位移(即 er 是偶极子算符 (dipole operator))和所施加的电场强度。在固体或液体中,(16.1)式中的 $3V/4\pi N_A$ 项可被一个常数 ρ 代替,进一步简化方程(16.1)可得到:

$$n^2 = \frac{2\alpha + \rho}{\rho - \alpha} \tag{16.3}$$

参数 ρ 可被认为是晶胞中每个原子的可用空间。当 $\rho \sim \alpha$ 时,n^2 的值可能会发散,并在奇点附近达到较大的值。众所周知,铁电材料(Ferroelectric materials)在居里温度时会表现出类似的行为。在 T_c 约为 352 ℃ 时,GeTe 表现为二阶相变的铁电体特性(ferroelectric characteristics)[11,12]。在频率约为 3.5 THz(110 cm⁻¹)时,实验观察到这种铁电效应伴随着拉曼软模声子产生。这些声子是由于晶胞中碲(Te)原子的位移而产生的。Yamada 等人根据温度讨论 $Ge_2Sb_2Te_5$（以下简称 GST）和 $Ag_{3.4}In_{3.7}Sb_{76.4}Te_{16.5}$（以下简称 AIST）系统的晶格形变。他们发现在 GeSbTe 的 NaCl 型面心立方晶格（fcc）中，与位置 4(a) 处的 Te 相比，Sb 和位于 4(b) 处的 Ge 晶格形变较大[13]。结果发现在温度大约在 260 ℃时该晶格转变成六方晶格。另一方面，AIST 保持六方晶格（$A-7$，属于 $R\bar{3}m$ 空间群），这类似于在温度高达 350 ℃时，原始 Sb 晶格的 c 轴从 11.2 埃（Å）扩大到 11.6 埃。在更高的温度下，晶格将转变为 $R\bar{3}m$ 的菱方晶系。尽管 AIST 系统比 GST 系统的各向异性更明显，但是这些实验结果表明 AIST 也可能会表现出二阶相变特性。到目前为止，许多研究已经发现了光学相变合金的转变温度，然而大多数研究都只集中在一阶相变，即沉积的非晶相、结晶相和熔融点之间的转换。这些转换都没有考虑二阶相变，这是因为在差示扫描量热法（differential scanning calorimetry，DSC）的测量中，二阶相变只在热流动中产生非常小的不连续性，同时在宏观尺度上光的反射率或透射率变化太小以至于观察不到。

早在 2004 年我们就提出一个 PtO_x super-RENS 光盘的读出模型，该模型涉及 AIST 和 GST 薄膜的铁电特性（发表在参考文献[14]中）。因此，在铁电突变（ferroelectric catastrophe）附近的很窄的温度范围内只有 SR 效应存在。在该文献中，我们通过实验测定了读出激光的功率和光盘温度之间的关系，并清楚地揭示了在 super-RENS 光盘中为得到超高分辨率所需的激光阈值功率与二阶相变所需的温度一致。

这里，我们用朗道理论（Landau theory）更加详细地讨论铁电材料和 SR 效应之间的关系[15]。假设材料的自由能 F_p 可展开成偶极子 P 的幂级数形式；因为在偶极子 P 中 F_p 必须具有最小能量，它仅包含 P 的偶次项：

$$F_p = \frac{1}{2}\alpha P^2 + \frac{1}{4}\beta P^4 + \frac{1}{6}\gamma P^6 + \cdots \tag{16.4}$$

系数 α 是随温度变化的，其变化关系为 $\alpha = \alpha_0(T - T_0)$，$(\alpha_0 > 0)$。此外我们假定 $\beta > 0$。要想得到 F_p 的能量极小值，要求一阶导数 $\dfrac{dF_p}{dP} = 0$。因此我们得到：

$$\frac{\partial F}{\partial P} = \alpha P + \beta P^3 + \gamma P^5 = E = 0$$

$$\frac{\partial^2 F}{\partial P^2} = \frac{\partial F}{\partial P} = \chi^{-1}$$

$$4\pi\varepsilon^{-1} = \frac{\partial F}{\partial P} = \alpha_0(T - T_0) + 3\beta P_s^2 = 2\alpha_0(T - T_0) \tag{16.5}$$

其中（16.5）中第二个方程中的 χ 是电介质极化率（dielectric susceptibility），同时 $P = \chi E$。在这里我们忽略二阶导数以外的高阶导数项。最终我们得到著名的居里温度的关系式：

$$\varepsilon \propto (T_0 - T)^{-1} \tag{16.6}$$

在光盘中，刻录之前必须使所沉积的非晶薄膜结晶。在这个过程中膜的体积将减少 5% 以上，结果导致相变膜周围的保护层产生较高的应力。因为结晶过程通常是沿固定的轨迹进行，而沟槽结构可能会修改或阻止穿过结晶轨迹的应力，所以该应力一般是各向异性的。从我们以前对 $ZnS\text{-}SiO_2/Sb/ZnS\text{-}SiO_2$ 系统进行的实验可知，该应力大小约为

20 MPa～40 MPa[16]。随着温度的增加,由于晶粒的生长,结晶程度进一步加快。在某一温度下产生的体积变化通过热膨胀进行补偿。随着温度进一步升高,热膨胀使应力从拉伸变为压缩。式(16.4)不适用于涉及压力和张力的情况,必须包含单向轴向应力(在一般情况下,我们也必须考虑双向轴向力)和偶极子耦合项以进行修正[15]:

$$F_p = \frac{1}{2}\alpha P^2 + \frac{1}{4}\beta' P^4 + \frac{1}{2}c(x-x_0)^2 + qxP^2 \tag{16.7}$$

第三项代表由于应力产生的自由能,第四项是由于与偶极子的耦合。其中项 c、x_0 和 q 分别代表杨氏模量(Young's modulus)、原子的初始位置和耦合常数。需要指出的是 $\Delta x = (x-x_0)$,等价于式(16.3)中的 $\sim \rho^{1/3}$。除了关于 P 的局部最小值 F_p,现在我们也得到了另一个关于位移 x 的最小值:

$$\frac{\partial F}{\partial x} = 0 \tag{16.8}$$

因此,我们可得到位移 $\Delta x_s = (x-x_0)$ 和 P_s 之间的一个简化的关系式:

$$\Delta x_s = -qP_s^2/c \tag{16.9}$$

现在这种自扭曲(self-distortion)可能产生一个偶极子。或者说,大的电偶极子可能会引起晶胞中非常大的超过屈服点(yield point)的位移,导致塑性形变、物质流或转变到一个能量更加稳定的结晶状态。在转变点处,理论上的折射率没有意义;这意味着由于对许多较高空间频率的累加,可能在相位边界出现大的折射率变化。这种铁电突变可能是 super-RENS 光盘中观察的超分辨率读取的机制。最近我们利用精细结构的 X 射线分析法(X-ray analysis of the structure, XAFS)进行观察,证实由于 Te 面心立方晶格的单元格有一小部分被 Ge 原子取代,使得 $Ge_2Sb_2Te_5$ 合金也具有铁电特性[17]。应该指出的是,没有 Ge 原子的硫族化合物也表现出很强的超分辨率效应。例如,典型的 Sb 基相变合金 AgInSbTe 就完全不包含 Ge 原子,但和 $Ge_2Sb_2Te_5$ 一样,也表现出非常高的超分辨率效应。那这是为什么呢? 是铁电模型不完整吗? 为补充完善模型,现在我们正在考虑利用内应力引起的佩尔斯畸变(Peierls distortion),这种畸变会在两种材料的分界产生。第Ⅴ主族元素,As、Sb 和 Bi 是我们熟知的用来生成佩尔斯相变(Peierls transitions)的元素[18]。通常情况在标准大气压下 As 和 Sb 的结晶结构是 $A-7$ 型结构。随着压力或压应力的增大,相变 $A-7$ 型结构转变为简单立方(sc)结构,且这种转变是可逆的。Seifert 等人报道了这种状态的电子结构和带隙[19]。这种 $A-7$ 型结构在金属特性中起到了重要作用,而简单立方型结构在介电特性中起到了重要作用。因此一种富含 Sb 的合金在铁电突变中可能会产生相同类型的相变。现在认为这些涉及铁电突变和佩尔斯相变的模型可用于 super-RENS 的读取,且该方法提供的信号强度是噪声强度的 100 倍。

16.4　表面和局域等离激元用于光学存储

到目前为止,我们通过一个伴随着大折射率变化的相变模型,讨论了相变层对 super-RENS 效应的影响。但是纳米颗粒对于 super-RENS 光盘的信号强度变化是如何起作用的呢? 最近,LSC-super-RENS 光盘的研究揭示了它的一些引人注目而且有趣的特性。

这些特性也可帮助我们了解表面的和局域的等离极化激元在数据存储方面所起的作用。为了单独地阐明等离元效应,需要观察由金属纳米颗粒导致的局域等离激元。为达到这个目的,可采用一种制备 Ag 纳米颗粒的新方法[10]。我们能够在几乎所有的材料表面制备纳米结构化的 Ag 膜,而不需要加热,或利用湿法化学工艺过程旋涂颗粒。通过改变制备条件,纳米结构可从颗粒转变成线。图 16.3 是在光纤上制备的纳米结构化的薄层的图像,图16.4 和 16.5 是在聚碳酸酯光盘基底上制备的其他纳米结构。

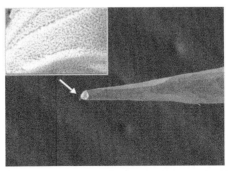

图 16.3　通过对 AgO$_x$ 膜的脱氧处理,在光纤表面上制备 Ag 纳米结构。AgO$_x$ 膜首先被沉积在光纤表面上,然后通过混有少量活化气体 CF$_4$ 的氢气和氧气来还原 AgO$_x$。所制得的 Ag 纳米颗粒的直径小于 50 nm。

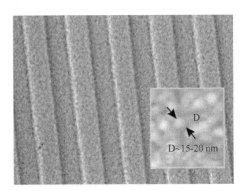

图 16.4　在可刻录 DVD 基底上制备的 Ag 纳米颗粒。图中的五条垂直线被称为"沟槽",用来引导激光来进行刻录。沟槽宽度为 600 nm,每个颗粒的大小约为 15～20 nm(见内嵌图)。

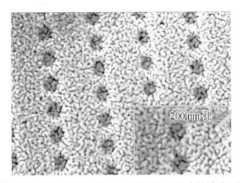

图 16.5　在预图形化的光盘表面上制备的 Ag 纳米线。凹孔的直径为 200 nm。纳米结构严格地在凹孔中产生(见内嵌图)。

由于密集的纳米颗粒的局域等离子共振导致纳米结构的光谱主要在 380 nm～420 nm 波长附近出现一个尖锐的吸收峰。在波长为 325 nm 处,可清楚地观察到另一个尖锐的吸收峰,这被认为是平面的 Ag 膜的表面等离子共振频率。用我们的方法制备得到的纳米结构所产生的局域等离子共振在工业中是非常有用的,这是因为其光吸收峰波长和固态蓝光激光器的波长相一致。众所周知,局域等离子共振对局部的几何形状非常敏感,因此一旦这种结构被均匀地制备在光盘表面上,就可利用脉冲激光束使其被干扰或变形,从而形成记录图案。由于局部结构被修改,将会由等离激元吸收增强导致一个大的光谱移动和一个大的光学非线性效应。图 16.6 给出了一个例子,是记录之后光盘上的凹槽型图案。先将一个厚度为 200 nm 的 AgO$_x$ 薄膜沉积在聚碳酸酯光盘上,然后将其转变成纳米结构化的薄膜。该光盘样品被放置在一个典型的数字化通用光盘(DVD)测试台上,并以 6.0 m/s 的线速度旋转。实验选用的激光波长为 635 nm,数值孔径为 0.60。可看到记录过的区域被热损坏或热缩聚,失去了在图 16.5 中所观察到的精细结构。图 16.7 展示了光盘的超分辨率效果。应该指出的是该结构没有使用相变层或 super-RENS 活性薄膜:仅在磁盘表面上制备了 Ag 纳米结构膜。因此,所观察到的超分辨率效应是真正地由于纳米结构本身的非线性效应作用的结果。

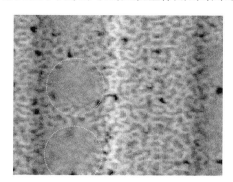

图 16.6　记录在 Ag 纳米结构化的光盘上的沟槽。热缩聚使得刻录区域的纳米结构图像变得模糊(如两个白色的圆圈所示)。

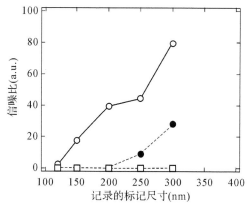

图 16.7　记录在 Ag 纳米结构光盘中的超分辨率标记的信号强度,其分辨率极限为 270 nm。图中空心圆圈代表厚度为 100 nm 的 AgO$_x$ 膜的信号,实心圆圈代表厚度为 50 nm 的 AgO$_x$ 膜的信号,空心正方形代表厚度为 50 nm 的 Ag 膜的信号。需要注意的是真正的 Ag 纳米结构的厚度是无法估计的,因为薄膜厚度总是随着还原反应的进行而减小。

看起来非线性不仅依赖于纳米薄膜的厚度,而且依赖于初始 AgO_x 层中的氧的含量。从图 16.7 可明显地看出,其中的超分辨率效应没有 super-RENS 光盘的大。这可能是因为纳米颗粒或纳米线是随机的取向,且部分的连接。特别是对于高分辨率,颗粒的大小以及最相邻的颗粒之间的间距可能是最关键的参数。如上所述,在 super-RENS 中最大的折射率变化应该会在两相之间的边界出现,那里的宽度必然小于 30 nm。因此我们可预计在不久的将来,即使是使用最先进的纳米制造工艺,将金属纳米颗粒应用于光数据存储也将是一项技术上的挑战。

16.5　总结

通过 super-RENS 光盘及其衍生技术,Ag 纳米颗粒结构,我们已经知道巨大的折射率变化对提高光学数据存储中信号的 CNR 起着重要的作用。在实验工作中我们发现,比起利用表面或局域等离激元,利用材料的非线性特性会更加有利于操纵局域光子。尽管我愿意相信在未来可能会有人发明出一种技术,能在广泛范围内,高速地操纵单个原子或分子,但是在未来的一二十年里,数据存储技术仍将主要基于操纵多个原子组成的原子群。到那时,我们将已经积累了大量的实验和计算数据。

参考文献

[1] E. Betzig, J. K. Trautman, R. Wolfe, E. M. Gyorgy, P. L. Finn, M. H. Kryder, C. H. Chang: Near-field magneto-optics and high density data storage, Appl. Phys. Lett. 61, 142 (1992).

[2] E. Betzig, S. G. Grubb, R. J. Chichester, D. J. DiGiovanni, J. S. Weiner: Fiber laser probe for near-field scanning optical microscopy, Appl. Phys. Lett. 63, 3550 (1993).

[3] B. D. Terris, H. J. Mamin, D. Rugar, W. R. Studenmund, G. S. Kino: Near-field optical data storage using a solid immersion lens, Appl. Phys. Lett. 65, (1994) 388.

[4] H. Ukita, Y. Katagiri, H. Nakada: Flying head read/write characteristics using a monolithically integrated laser diode/photodiode at a wavelength of 1.3 μm, SPIE 1499, 248 (1991).

[5] S. M. Mansfield, G. S. Kino: Solid immersion microscope, Appl. Phys. Lett. 57, 2615 (1990).

[6] I. Ichimura, S. Hayashi, G. S. Kino: High-density optical recording using a solid immersion lens, Appl. Opt. 36, 4339 (1997).

[7] J. Tominaga, T. Nakano, N. Atoda: An approach for recording and readout beyond the diffraction limit with an Sb thin film, Appl. Phys. Lett. 73, 2078 (1998).

[8] J. Tominaga, D. P. Tsai eds: Optical Nanotechnologies—The Nanipulation of Surface and Local Plasmons (Springer, Berlin, Heidelberg, 2003).

[9] J. H. Kim, I. Hwang, D. Yoon, I. Park, D. Shin, T. Kikukawa, T. Shima, J. Tominaga: Technical Digest of Optical Data Storage 2003 (Vancouver, Canada, May 11-14, 2003), p. 24.

[10] J. Tominaga, T. Nakano: Optical Near-Field Recording—Science and Technology (Springer, Berlin, Heidelberg, 2005).

[11] T. Chattopadhyay et al: Neutron diffraction study on the structural phase transition in GeTe, J. Phys. C: Solid State Phys. 20, 1431 (1987).

[12] M. E. Lines, A. M. Glass: Principles and Applications of Ferroelectrics and Related Materials (Oxford Univ. Press, Oxford, 1977).

[13] T. Matsunaga, Y. Umetani, N. Yamada: Structural study of a Ag3.4In3.7Sb76.4Te16.5

quadruple compound utilized for phase-change optical disks, Phy. Rev. B 64, 1184116 (2001).

[14] J. Tominaga et al: Ferroelectric catastrophe: beyond nanometre-scale optical resolution, Nanotechnology 15, 411 (2004).

[15] V. M. Fridkin: Photoferroelectrics (Springer, Berlin, Heidelberg, 1979).

[16] J. Tominaga et al. : The characteristics and the potential of super resolution near-field structure, Jpn. J. Appl. Phys. 39, 957 (2000).

[17] A. Kolobov, P. Fons, A. I. Frenkel, A. L. Ankudinov, J. Tominaga, T. Uruga: Understanding the phasechange mechanism of rewritable optical media, Nat. Mater. 3, 703 (2004).

[18] R. E. Peierls: Quantum Theory of Solids (Calarendon Press, Oxford, 1955).

[19] K. Seifert, J. Hafner, J. Furthmuller, G. Kresse: The influence of generalized gradient corrections to the LDA on predictions of structural phase stability: the Peierls distortion in As and Sb, J. Phys. Condens. Matter 7, 3683 (1995).

第 17 章 表面等离激元耦合的发射

ZYGMUNT GRYCZYNSKI[1]，EVGENIA G. MATVEEVA[1]，NILS CALANDER[2]，JIAN ZHANG[3]，JOSEPH R. LAKOWICZ[3] AND IGNACY GRYCZYNSKI[1]

[1]Department of Molecular Biology and Immunology, Department of Cell Biology and Genetics, University of North Texas, HSC, 3500 Camp Bowie Blvd. Fort Worth，TX 76107

[2]Department of Physics, Chalmers University of Technology, Goteborg，Sweden

[3]Center for Fluorescence Spectroscopy, University of Maryland at Baltimore，MD 21201

17.1 引言

  金属颗粒和金属表面显现出丰富的、复杂的光电特性,例如贵金属胶体的浓郁的色泽,强烈地依赖于金属和胶体的尺寸,这些特性在近几个世纪以来已经形成了一门研究学科。当光以一个非常精确的角度照射时,薄的金属表面就会显现出强烈的吸收特性,该角度在很大程度上取决于金属薄膜两边的电介质的物理化学性质。在过去的 20 年里,表面等离子共振(surface plasmon resonance，SPR)技术已被广泛用于生物化学和生物物理学的分析中,现在正被普遍地应用于研究表面的生物亲和性反应[1-5]。图 17.1 是一个典型的用于 SPR 分析的实验装置。一束入射角为 θ 的光透过玻璃棱镜照射到金属薄膜(通常是厚度约为 50 nm 的 Au 或 Ag 薄膜)上。电磁光波引起一个周期性振荡电场,从而促使金属膜中的自由电荷(表面等离激元)产生集体平面振荡。在一个非常精确的角度下,当入射光波矢 k 的横向分量与表面等离激元的波矢 k_{sp} 相匹配时,这些表面等离激元振荡与此频率的入射光产生共振。在这些条件下,电磁场有效地耦合到表面等离激元,这会导致高度衰减的光反

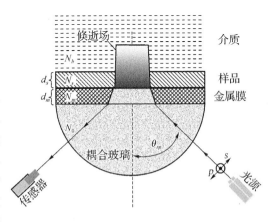

图 17.1　表面等离子共振结构。在 θ_{sp} 角度时反射率强烈衰减。

射。这种现象(SPR)对金属膜上方的介电常数的微小变化非常敏感,并且已被用于检测绑定在表面上的生物分子,正如在 Biacore 装置中实现的功能(http//www. biacore. com)。

金属膜中被激发的表面等离激元会产生高度增强的倏逝场,这种倏逝场穿透金属表面上的电介质,直到进入样品内的数百纳米处,如图 17.1 所示。相反地,在离表面这段距离内被激发的荧光基团,会产生一个与金属膜中自由电荷强烈作用的电磁场,导致表面等离激元。这些等离激元的频率与荧光基团的发射频率相一致。因此,我们观察到一个强烈的定向发射,我们称其为表面等离激元耦合的发射(surface plasmon coupled emission, SPCE)(图 17.2)。产生的 SPCE 呈现出与荧光发射相同的光谱线型,但与发射回玻璃基底的清晰的角度的偏振态高度相关。基于 SPCE 的技术利用一个非常简单的光学系统,可能提供 50% 的光收集效率和很高的本征波长的分辨率。这些所希望的特性能够用于广泛实现简单、便宜和可靠的器件,通常应用在生物学和医学领域。我们强调这种定向的 SPCE 不是由反射产生的,而是由于被激发的荧光基团的振荡偶极子与金属表面上的表面等离激元耦合,随后在辐射到玻璃基底上而产生的。

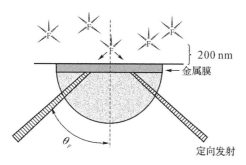

图 17.2　SPCE 的原理图。F 表示一个荧光基团。荧光基团的激发能量耦合到表面等离激元,并辐射到玻璃棱镜中。

在本章中,我们描述荧光基团与金属表面之间的相互作用,这种相互作用导致了SPCE。SPCE 能显著提高检测灵敏度,并实现很多新型的传感应用。这种新的方法可通过将发射耦合至金属表面上的表面等离激元,从而引导大部分发射朝向探测器传输。SPCE 的耦合角和耦合效率强烈地依赖于交界面的条件。由于其对金属表面上方的折射率非常地敏感,类似于 SPR 技术,这种新的方法对于检测绑定在表面上的生物分子、生物分子系统的相互作用和构象变化非常有用,同时它为生物医学检测的发展提供了一个新的平台。

17.2　表面等离激元耦合的发射(SPCE)理论

SPCE 效应与 SPR 密切相关。SPR 和 SPCE 都很复杂,其基本原理对许多在生物化学和(或)荧光光谱学上有经验的人来说都是全新的。一般来说,在平面结构上的等离子共振可用麦克斯韦方程组来描述,由菲涅耳理论求解。为了适用于菲涅耳理论框架,振荡偶极子产生的电磁场表示为在平面波上的积分。这是一种用于描述振荡电磁场与支持表面等离激元的平面结构之间相互作用的简便方法。尤其是,激发的荧光与表面等离激元之间的相互作用导致定向发射,而且可在理论上进行研究。

　　在薄金属层中由荧光基团激发的表面等离激元,可以一个特定的角度辐射到玻璃棱镜中,该角度由发射波长、样品每一层和玻璃的光学特性来决定。尽管 SPR 和 SPCE 过程的理论复杂性较高,但是基本的麦克斯韦理论和理论模型是一个十分有用的工具,可用来设计实验装置和结构、微调测量、预测结果和解释实验结果。计算的物理量有 SPCE 角度、功率水平、辐射衰减增强和衰减时间(荧光寿命)。

　　在本章中,我们介绍了这种理论方法的一个简化版本。感兴趣的读者可参照参考文献[6-9]中对该理论方法的详细描述。一个偶极子的辐射可分解成一个平面波上的积分(参见图 17.3),这是一种二维的傅里叶变换。这种分解也被称为韦尔等式(Weyl identity)[10]。电磁场也被分成 p 偏振光和 s 偏振光两部分,然后可应用菲涅耳理论,即电介质平面结构中的平面波折射理论[11,12](参见图 17.4)。在所有边界和偶极子的位置上平面波需要适当的匹配。图 17.5 是各层结构和角符号的详细图解,首先,通过贝塞尔积分对方位角(φ)进行预积分(预求和)计算(见参考文献[13]),这表明只需计算出一个一维数值积分(对 θ),就可计算出任意一点的电磁场。

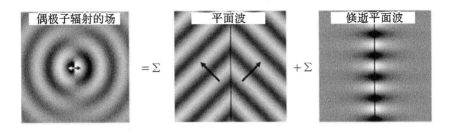

　　图 17.3　振荡偶极子产生的电磁场分解成平面结构的两个主要方向上的平面波的积分(或求和),以符合菲涅耳理论框架。倏逝波,比如不能传播的平面波或波矢法向分量是虚数的平面波都包含在内。当合并到层状结构(图 17.5),假设包含一个电磁源,表面上的电磁场,如上方的垂直线所示,需要正确匹配。

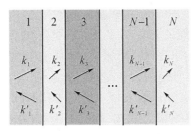

　　图 17.4　在平面电介质结构中,利用菲涅耳平面波传播理论求解电磁场的麦克斯韦方程组。假设两个具有镜像波向量的平面波在每个均匀层中传播,同时与相邻层的平面波的边界条件一致。所有层中的全部波矢在面内分量是相同的(斯涅耳折射定律)。所有的边界都必须满足电磁场的恰当匹配。当其中一层中包含一个振荡偶极子作为辐射源,在偶极子的位置也必须满足电磁场的恰当匹配。

　　该方法也可用索末菲等式(Sommerfeld identity)进行说明[14]。在远场计算中不需要进行积分,帕斯维尔等式(Parseval's equation)被用于表示功率流。在层状结构中对任意位置的电磁场从垂直于平面的偶极子积分,得到:

$$\underline{H} = -\frac{k_0^3 c_0 \boldsymbol{p}}{4\pi} \hat{\varphi}_r \int_0^\infty \mathrm{d}n_p \frac{n_\rho^2}{\sqrt{n_d^2 - n_\rho^2}} J_1(k_0 n_\rho o)(a\mathrm{e}^{\mathrm{i}k_0 n_z z} + b\mathrm{e}^{-\mathrm{i}k_0 n_z z}) \tag{17.1}$$

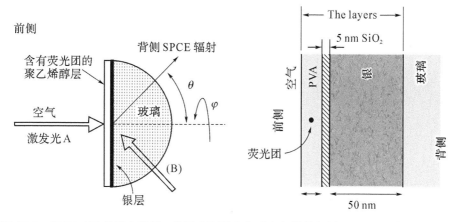

图 17.5　SPCE 实验的基本装置。激发光可是来自垂直入射的左侧(正面, **A**),在聚乙烯醇(**PVA**)层中直接激发出荧光,也可是以表面等离激元角度从右侧入射(背面, **B**),在聚乙烯醇层中通过 **SPR** 倏逝波激发出荧光。

$$E = -\frac{\mathrm{i}u_0 c_0^2 k_0^3 \boldsymbol{p}}{4\pi n m_d} \int_0^\infty \mathrm{d}n_\rho \frac{n_\rho^2}{\sqrt{n_d^2 - n_\rho^2}} \Big[\mathrm{i}\,\hat{\rho}_r n_z J_1(k_0 n_\rho \rho)(a \mathrm{e}^{\mathrm{i}k_0 n_z z} - b \mathrm{e}^{-\mathrm{i}k_0 n_z z}) -$$

$$\hat{z} n_\rho J_0(k_0 n_\rho \rho)(a \mathrm{e}^{\mathrm{i}k_0 n_z z} + b \mathrm{e}^{-\mathrm{i}k_0 n_z z}) \Big] \tag{17.2}$$

等式中物理量的定义如表 17.1 所示。垂直于平面的偶极子远场的单位立体角的功率,用体介质中荧光的总输出功率归一化,得到

$$p = \frac{3n^5 \sin(\theta)^2 \cos(\theta)^2}{8\pi n_d^3 \,|\, n_d^2 - n^2 \sin(\theta)^2 |} \,|\, a \,|^2 \tag{17.3}$$

对于平行于平面的偶极子,归一化的单位立体角的功率的 p 偏振部分和 s 偏振部分由下式给出

$$p_p = \frac{3n^3 \cos(\theta)^2}{8\pi n_1^3} \,|\, a \,|^2 \cos(\varphi)^2 \tag{17.4}$$

$$p_s = \frac{3n^3 \cos(\theta)^2}{8\pi n_1 \,|\, n_1^2 - n^2 \sin(\theta)^2 |} \,|\, a \,|^2 \sin(\varphi)^2 \tag{17.5}$$

层状结构中垂直于平面的偶极子的功率流为

$$\frac{P_z}{P_1} = \frac{3}{4} \Re\Big[\frac{n^*}{n_1^3 n} \int_0^\infty \mathrm{d}n_\rho \frac{n_\rho^3}{\,|\, n_1^2 - n_\rho^2 |} \sqrt{n^2 - n_\rho^2} (a - b)(a^* + b^*) \Big] \tag{17.6}$$

对于与平面平行的偶极子,功率流为

$$\frac{P_{xy}}{P_1} = \frac{3}{8} \Re\Big[\int_0^\infty \mathrm{d}n_\rho n_\rho \Big(\frac{n^*}{n_1^3 n} + \frac{1}{n_1 \,|\, n_1^2 - n_\rho^2 |} \Big) \sqrt{n^2 - n_a^2} (a - b)(a^* + b^*) \Big] \tag{17.7}$$

功率流以连续的体介质中的一个荧光基团的总辐射功率归一化得到,体介质的折射率与荧光辐射层的折射率相同。没有选择以自由真空进行归一化,是因为与真空相比,电介质中辐射衰减增强似乎存在不确定性。根据经典的电磁理论,在均匀的电介质中偶

极子的辐射功率应该与折射率成正比,但是它对所处环境非常敏感。在空腔模型中[15,16],偶极子被认为是在一个介质折射率为 n 的球形空腔内,相对于真空的增强为

$$n\left(\frac{3n^2}{2n^2+1}\right)^2 \tag{17.8}$$

该模型可与参考文献[15]和[16]中的其他模型相比拟。参考文献[15]和[16]提到一个模型,预测与折射率成平方关系,当折射率的值在 $1\sim2$ 之间时,与空腔模型十分吻合。

表 17.1　在各等式中出现的物理量的描述或定义

符　号	描述或定义
k_0	真空中波矢
n	折射率
n_d	偶极子层折射率
k	nk_0
k_d	$n_d k_0$
n_ρ	$k_\rho=k_0 n_\rho$　　k_ρ 是面内波矢
n_Z	$k_z=k_0 n_z$,$n^2=n_\rho^2+n_z^2$　　k_z 是波矢的 z 方向分量
c_0	真空中光速
μ_0	真空磁导率
a	层状结构中前向电磁场的电场系数
b	背向电磁场的电场系数
ρ	辐射偶极矩
$\hat{\varphi}$	偏振角单位矢量
$\hat{\theta}$	入射方向单位矢量
J_m	m 阶贝塞尔函数
$\underline{H}$	磁场
$\underline{E}$	电场
x,y,z	笛卡儿坐标
ρ	$(x^2+y^2)^{1/2}$
p	归一化功率/每弧度
P	z 方向功率流
P_d	体介质中偶极子总功率

17.3　实验研究与理论预测比较

图 17.6 给出了一个 SPCE 实验的典型实验装置的设计图。聚乙烯醇(polyvinylalcohol，PVA)层含有荧光基团，这里荧光基团材料是磺酰罗丹明 101(Rhodamine 101，R101)。氩离子激光器发出波长为 514 nm 的激发光从右边垂直入射(正面，反向克雷奇曼装置，Reverse Kretschmann，RK)，直接激发 PVA 层中的荧光基团；或从左下侧(半球形棱镜侧面，克雷奇曼装置，Kretschmann，KR)以表面等离激元角度在 PVA 层通过 SPR 倏逝波激发荧光基团。荧光通过这个半球形棱镜呈现一个圆锥体形状。在图 17.6 中的插图中显示了在白色屏幕上由 R101 发射的环的真实投影。

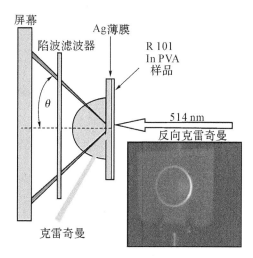

图 17.6　测量原理图。克雷奇曼和反向克雷奇曼结构。内嵌图为 SPCE 环。

　　图 17.7 是一个典型的角度测量装置，用更为方便的半圆柱来代替半球。用于角度强度分布测量的实际装置图如实验示意图下方所示。在该模型的实验中所使用的 PVA 的厚度为 15 nm 或 30 nm。波长在 600 nm 附近的荧光可通过可移动的光纤光学方法以一个特定的角度探测到，也可直接被投影到一块屏幕上，如图 17.6 中的内嵌图所示。在对应于棱镜侧面的环的精确的角度处可观察到强烈的荧光，这就是 SPCE，它源于金属层中由近场和激发的荧光基团相互作用所激发的表面等离子共振[6-9]。图 17.7 右图给出了光纤探测到的荧光强度，它是方位角 θ 的函数。在方位角为 47°、PVA 厚度为 15 nm 和方位角为 50°、PVA 厚度为 30 nm 时，分别观察到荧光强度的急剧增加。

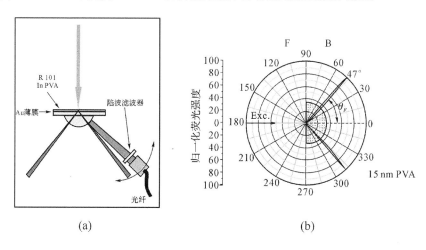

(a)　　　　　　　　　　　　(b)

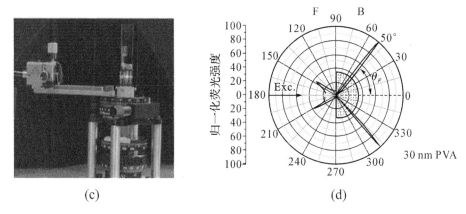

(c)　　　　　　　　　　　　　　　(d)

图 17.7　角度测量的实验装置。右图是角发射强度分布图。

15 nm 的膜厚度差会导致大约 3° 的变化，这一数值非常大，且容易测量。需要特别强调的是，在常规的 SPR 实验中，一般探测到的变化是在毫度级范围内。典型的 SPR 和 SPCE 实验是能够探测到层中亚纳米级别的变化。

为了在理论上解释这些实验结果，让我们考虑如图 17.5 所示的详细的各层结构图。层状结构建在一个半球形棱镜上，在棱镜平面区域，玻璃衬底与折射率匹配液附着。在载玻片上沉积有一层金属（厚度为 50 nm 的 Ag），金属被 5 nm 厚的 SiO_2 层保护，SiO_2 层也作为隔离层避免荧光基团与金属直接接触发生猝灭。掺杂有 R101 的 PVA 层被旋涂在 SiO_2 层上方。计算得到的远场发射图案如图 17.8（上图）所示，荧光强度与方位角的关系如图 17.8（下图）所示。层状结构中荧光基团的光场的计算结果通过图 17.9 说明。根据参考文献[17]，假设玻璃棱镜、SiO_2 和 PVA 层的折射率均为 1.5。根据参考文献[18]，Ag 层的复折射率假定为 0.123 4＋i3.731 6。

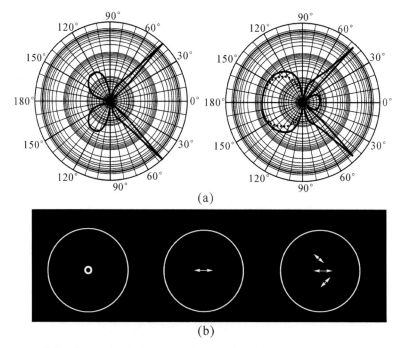

(a)

(b)

图 17.8　图(a)计算得到的远场发射辐射。图(b)对于不同方向的偶极子跃迁，发射强度的方位角依赖性。

　　图 17.8(上图)展示的是由式(3)、(4)和(5)计算出的远场功率密度,图中荧光基团在 15 nm 或 30 nm 厚的 PVA 层的中间,偶极子方向垂直或平行于层状结构。对于 15 nm 厚的 PVA 层,从背面看 SPCE 是高度定向的,且角度为 46.8°,与在参考文献[17]中报道的 47°几乎完全吻合。对于 30 nm 厚的 PVA 层,SPCE 方向角为 50.4°,也与参考文献[17]中报道的 50°几乎完全吻合。SPCE 角度几乎不受 PVA 层内荧光基团的位置和方向的影响。对于所有位置和方向上的荧光基团,15 nm 厚和 30 nm 厚的 PVA 层的半高宽(full widths at half maximum, FWHM)分别为 1.1°和 1.8°。我们对于实验结果和独立完成的理论预测完全一致感到非常惊喜。

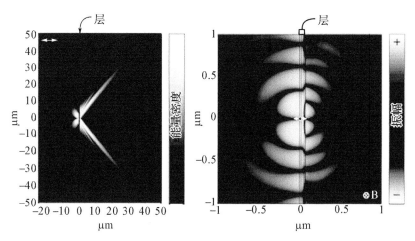

图 17.9　在层状结构中计算得到的荧光发射场。

17.4　SPCE 在生物医学上的应用

　　在精密科学(如物理学)的激励下,更好的生物技术和定量分析方法得到了发展,生物科学因此迅速改变。在这种环境下,所有可被用到的物理和光学现象多年来一直在迅速发展,SPCE 就是一个新兴技术的范例,它为发展基于表面检测提供了一个极好的通用平台。作为一个实际应用,接下来我们将描述利用 SPCE 进行免疫测定的新方法。许多现有的免疫测定法被设计在表面绑定有一层抗体的透明基底上,这些设计本质上兼容了 SPCE 技术。在标准的自由空间条件下,空间中的荧光大多是各向同性的,检测灵敏度部分受到了光收集效率的限制。当使用 SPCE 时,我们可将很大一部分的发射转换成圆锥状的定向波束进入玻璃基底,从而显著提高信号收集效率。此外,我们可保留能反映绑定在表面的生物分子团信息的角度信息。实验中我们使用了一个亲和力检测模型,使用被标记的抗兔免疫球蛋白 G(IgG)抗体抵抗绑定在 50 nm 厚的 Ag 膜上的兔 IgG,免疫测定原理示意图如图 17.10 所示。

17.4.1　背景抑制

　　表面等离激元耦合允许选择性地收集金属附近分子的发射,并且这对任何能局域在表面上的分析化学尤其有用。各种生物成分的荧光背景显著限制了许多免疫测定方法。既然 SPCE 只来源于紧密限制在金属表面附近的薄层,因此我们预测 SPCE 的一个重要属性就是背景抑制。

　　针对高吸收和强荧光背景,我们测试了 SPCE 实验装置的这一所需要的特性。在测定全血或血清时,通常会遇到这样的高度吸收和散射背景。当工作在更短的激发波长时,生物标本的固有荧光是无法忽略的,所以强荧光背景成为了一个难题。

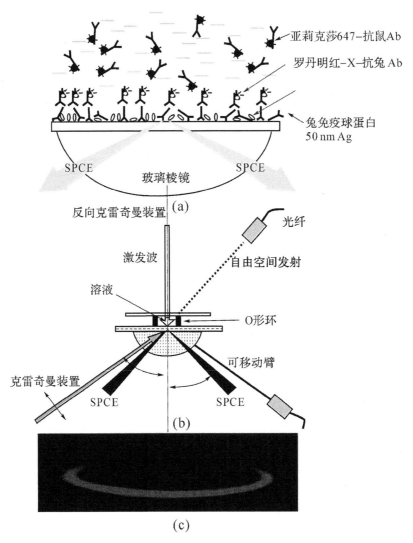

图 17.10　(a)图,免疫分析示意图。(b)图,生物样品的实验装置,该样品位于 O 形环隔离层形成的空间中。(c)图,SPCE 环的照片。

强吸收背景

对于生物医学检测,生理样品的光学特性是一个重要的限制因素(高吸收、散射等)。在实际的医疗测试中,进行均质测定通常是希望没有分离步骤的,有时甚至是用全血。由于信号来自于表面 200 nm 以内的物质,我们推断 SPCE 应该可在光密介质中被检测到。我们在全血和血清中测试了基于 SPCE 的免疫测定的分子动力学。需要引起注意的是,在 550 nm 的波长范围内,0.2 mm 厚的血液样品可使荧光信号衰减超过千倍,而使用 SPCE 信号仅仅衰减了 3 倍(图 17.11)[19]。这些结果表明有望在光密和散射样品中使用 SPCE。

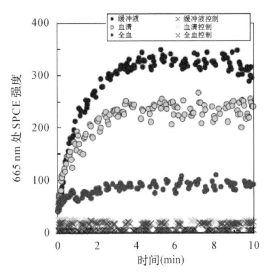

图 17.11　缓冲液、血清、全血中免疫测定的动态曲线。

强荧光背景

我们测试了 3 个光学结构,来确定使用 SPCE 时的相对强度和背景抑制程度,这些结构都显示在图 17.12(上)中。样本是由罗丹明(rhodamine)标记的抗体的饱和表面组成的,然后我们添加了亚莉克莎(Alexa)647 标记的抗体(不与表面绑定),以模拟样品的自发荧光。浓度为 $0.03°$ μM 的抗体(亚莉克莎染料浓度为 $0.13°$ μM)可从样本中产生出一个清晰可见的自由空间的荧光信号。首先,用 RK 装置激发样品,能在与样品的水/缓冲液相同一侧观察到自由空间发射。与随后的测试相比,期望的罗丹明抗体(图 17.12 下)的强度很微弱。在 670 nm 处亚莉克莎- 647 染料的发射在自由空间发射中占主导地位,在 595 nm 处罗丹明的发射只有微弱的贡献。然后我们依旧使用 RK 装置进行照射,测量 SPCE 信号的发射光谱(图 17.12 中)。发射光谱发生了显著变化,从 10 比 1 过度的多余背景荧光,变化为 5 比 1 过度的期望信号[20]。因此,使用 SPCE 可实现对 Ag 膜附近的罗丹明标记的抗体进行选择性探测。

然后,我们改变 KR 结构的激发模式(如图 17.12,右图)。在这种情况下,在 θ_{sp} 角度照射下的样品将会在其中产生倏逝场,总强度增加约 10 倍,同时能进一步抑制来自亚莉克莎- 647 染料所不需要的发射。强度增加和背景减少是金属附近的共振增强场局域激发的结果,在这种情况下的发射几乎完全是由罗丹明产生的,只有小部分是亚莉克莎标记蛋白产生的。

17.4.2　固有波长分辨率

固有波长分辨率是 SPCE 的一个非常引人注目的特性。SPCE 的耦合角度主要取决于与金属相邻的介质的折射率,反过来介质的折射率取决于光波长。我们通过在不同的观测角度下测量不同荧光基团的混合物的发射光谱,测试了 SPCE 的波长分辨率。为了达到这个检测目的,我们在 Ag 薄膜上的 PVA 层中旋涂了罗丹明 123(rhodamine 123,R123)、S101 和吡啶 2(pyridine 2,Py2)的混合物。每个荧光团都用波长为 514 nm 的光波对 3 种染料进行激发,并调整混合物的浓度以得到大致相同的强度,所有的 3 个荧光基团对自由空间发射均有贡献(图 17.13 上)。当观察角从 52°变到 42°时(如图 17.13 所示),表面耦合的发射光谱发生了显著的变化,峰从 540 nm(R123)处移到了 590 nm

(S101)处,再移到了 660 nm(Py2)处。该效果非常显著,以至于一个人只要绕着半圆柱轴移动他的眼睛,就可观察到颜色的变化。参考文献[17]和[19]展示了图 17.13 中系统中的荧光环的图像,它可利用半球形棱镜得到。利用一个简单的数码相机和 SPCE 的固有波长色散,就可获得极高的色彩分辨率。

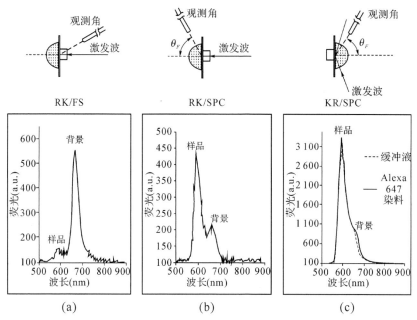

图 17.12　观察的荧光:(a) RK 激发模式中的自由空间发射;(b) RK 激发模式中的 SPCE;(c) KR 激发模式中的 SPCE。

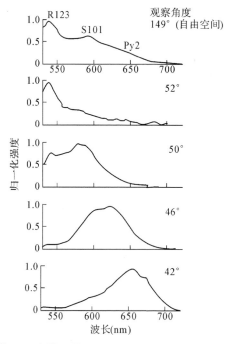

图 17.13　在 Ag 膜上的 PVA 中的罗丹明 123(R123)、S101 和吡啶 2(Py2)的混合物发射光谱。发射光谱在不同的观察角度下进行测量。

17.4.3　多波长免疫测定

作为 SPCE 在免疫测定中的最后一个新型应用例子,我们将描述多波长免疫检测。SPCE 的固有波长分辨率为基于不同颜色标记(图 17.14)的多元检测开启了新的有趣的发展可能。用于双波长 SPCE 的实验装置与图 17.10 中展示的相似,在表面等离激元角度透过玻璃棱镜对蛋白涂覆的 Ag 表面进行照射(KR 装置),或从样品一侧(RK 装置)进行照射。所发射的辐射通过棱镜传播时对应的角度取决于相关波长的表面等离子共振角度。这些角度取决于发射波长,允许利用多个发射波长检测多种分析物。我们证明了用罗丹明红‐X(Rhodamine Red‐X)或亚莉克莎‐氟‐647(Alexa‐Fluor‐647)标记抗体的可能性[21,22],这些抗体朝向绑定在 Ag 表面的抗原蛋白。在玻璃棱镜上的每个标记抗体在不同的角度发生发射,这就允许独立测量绑定有各种抗体的表面。这种 SPCE 的免疫检测方法可很容易地扩展到 4 个或更多个波长。

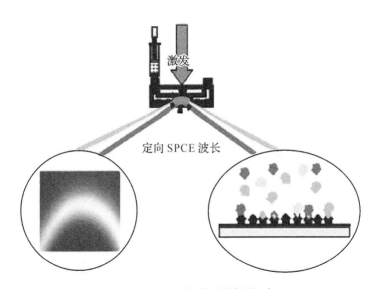

激发

定向 SPCE 波长

图 17.14　多波长(多元)检测概念。

我们通过水相(RK)激发样品来证明发射波长的分辨率。所与观察角度有关的与发射信号如图 17.15 所示。在表面等离激元角度处,在对应的发射波长下,棱镜中的每个被标记的抗体的发射具有很强的定向性。运用 KR 结构激发也可得到类似的结果。这一结果表明 SPCE 是激发的荧光基团与金属表面之间的相互作用引起的,并不取决于入射光产生的表面等离激元。

KR 装置激发和两种观察模式——SPCE 和自由空间(free space,FS)的表面绑定动力学如图 17.16 所示。基本上,只需要约 30 分钟就完成绑定过程。

图 17.15 中的与角度相关的发射强度是通过发射滤光片,隔离每一个被标记的抗体的发射来进行收集的。然而,这些测量方式并不能分解得到各抗体的发射光谱。图 17.17 展示了观测角度分别为 71°、69.5°和 68°时收集到的发射光谱。当角度为 71°时,发射几乎完全是由具有最大发射波长为 595 nm 的罗丹明红‐X 抗体(Rhodamine Red‐X‐Antibody)产生的。当角度为 68°时,发射主要是由 665 nm 处的 Alexa 抗体产生的,剩下的部分发射来自于 595 nm 处的罗丹明红‐X 抗体。当处于中间角度 69.5°时,能够看出

两个标记的抗体均发出发射。这些发射光谱说明可通过调整观测角度来选择所期望得到的发射波长。

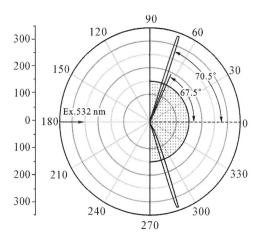

图 17.15　在 595 nm 和 665 nm 处表面绑定 RhX‑Ab 和 Alexa‑Ab 的与角度有关的发射。样品通过 RK 装置在 532 nm 处激发。

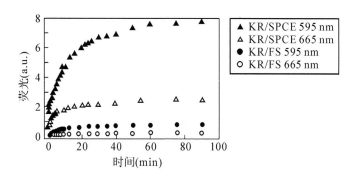

图 17.16　观察到的 SPCE(▲,△)和自由空间荧光(●,○)的绑定动力学图。

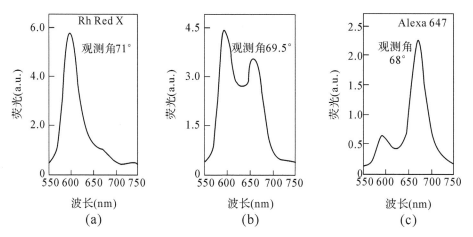

图 17.17　使用 KR 装置,不同观测角下检测到的罗丹明‑红‑X 抗体和 Alexa‑647 抗体的发射光谱。

17.5　结论

表面等离激元耦合的发射(SPCE)现象为高灵敏度荧光检测提供了新的机遇。利用其固有的简单性和非常高效的荧光信号采集,能够实现基于荧光检测器件来设计更加简单的新方法。尤其是,SPCE 可能会应用于检测绑定在表面上的生物分子(类似于传统的SPR)、医学检测发展和 DNA 杂交上。SPCE 可很容易地用于高通量放映(high-throughput screening, HTS)和荧光显微镜,从而促进单分子检测。

致谢

感谢 NIH: NCRR,RR－08119,NCI,CA114460－1,BITC,Philip Morris USA 等单位对这项研究的支持。

参考文献

[1] B. L. Frey, C. E. Jordan, S. Kornguth, R. M. Corn: Control of the specific adsorption of proteins onto gold surfaces with poly(l-lysine) monolayers, Anal. Chem. 67, 4452-4457 (1995).

[2] A. G. Frutos, R. M. Corn: SPR of ultrathin organic films, Anal. Chem. 70, 449A-455A (1998).

[3] Z. Salamon, H. A. Macleod, G. Tollin: Surface plasmon resonance spectroscopy as a tool for investigating the biochemical and biophysical properties of membrane protein systems. I: Theoretical principles, Biochim. Biophys. Acta 1331, 117-129 (1997).

[4] B. P. Nelson, A. G. Frutos, J. M. Brockman, R. M. Corn: Near-infrared surface plasmon resonance measurements of ultrathin films. 1. Angle shift and SPR imaging experiments, Anal. Chem. 71, 3928-3934 (1999).

[5] B. Liedberg, I. Lundstrom: Principles of biosensing with an extended coupling matrix and surface plasmon resonance, Sensors Actuators B 11, 63-72 (1993).

[6] N. Calander: Theory and simulation of surface plasmon-coupled directional emission from fluorophores at planar structures, Anal. Chem. 76, 2168-2173 (2004).

[7] N. Calander: Surface plasmon-coupled emission and Fabry-Perot resonance in the sample layer: a theoretical approach. J. Phys. Chem. B 109 (29), 13957-13963 (2005).

[8] S. Ekgasit, C Thammacharoen, F. Yu, W. Knoll: Evanescent Field in Surface Plasmon Resonance and Surface Plasmon Field-Enhanced Fluorescence Spectroscopies, Anal. Chem. 76, 2210-2219 (2004).

[9] K. Vasiliev, W. Knoll, M. Kreiter: Fluorescence intensities of chromophores in front of a thin metal film, J. Chem. Phys. 120 (7), 3439-3445 (2004).

[10] M. Born, E. Wolf: Principles of Optics (Pergamon, Oxford, 1980).

[11] C. W. Chew: Waves and Fields in Inhomogeneous Media (Van Nostrand Reinhold, New York, 1995).

[12] R. E. Benner, R. Dornhaus, R. K. Chang: Angular Emission Profiles of Dye Molecules Excited by Surface-Plasmon Waves at a Metal-Surface, Opt. Commun. 30 (2), 145-149 (1979).

[13] M. Abramowitz, I. A. Stegun eds: Handbook of Mathematical Functions, 1st edn (Dover Publications Inc, New York, 1965).

[14] A. Sommerfeld: Partial Differential Equations in Physics (Academic Press, New York, 1949).

[15] F. J. P. Schuurmans, A. Lagendijk: Luminescence of Eu(fod)(3) in a homologic series of simple alcohols. J. Chem. Phys. 113 (8), 3310-3314 (2000).

[16] R. M Amos, W. L Barnes: Modification of the spontaneous emission rate of Eu3+ions close to a thin metal mirror, Phys. Rev. B 55 (11), 7249-7254 (1997).

[17] I. Gryczynski, J. Malicka, Z. Gryczynski, J. R Lakowicz: Radiative decay engineering 4. Experimental studies of surface plasmon coupled directional emission, Anal. Biochem. 324, 170-182 (2003a).

[18] E. D. Palik: Handbook of Optical Constants of Solids (Academic, New York 1985).

[19] E. G. Matveeva, Z. Gryczynski, J. Malicka, J. Lukomska, S. Makowiec, K. W. Berndt, J. R. Lakowicz, I. Gryczynski: Directional surface plasmon-coupled emission—application for an immunoassay in whole blood, Anal. Biochem. 344(2), 161-167 (2005).

[20] Z. Gryczynski, I. Gryczynski, E. Matveeva, J. Malicka, K. Nowaczyk, J. R. Lakowicz J: Surfaceplasmon-coupled emission: New technology for studying molecular processes. In: Cytometry: New Developments, Methods in Cell Biology, vol. 75, 4th edn, ed by Z. Darzynkiewicz, M. Roederer, H. J. Tanke (Academic Press, New York, 2004), pp. 73-104.

[21] E. Matveeva, J. Malicka, I. Gryczynski, Z. Gryczynski, J. R. Lakowicz: Multi-wavelength immunoassays using surface plasmon coupled emission, Biochem. Biophys. Res. Commun. 313, 721-726 (2004).

[22] J. R. Lackowicz, J. Malicka, I. Gryczynski, Z. Gryczynski: Directional surface plasmon-coupled emission: a new method for high sensitivity detection, Biochem. Biophys. Res. Commun. 307, 435-439 (2003).